LA GUERRE
CONTRE LES VIRUS

JEAN-FRANÇOIS SALUZZO

LA GUERRE CONTRE LES VIRUS

Plon

ISBN 2-259-19745-0

A mon épouse, à mes enfants.

INTRODUCTION

« Souvenez-vous que dans les sciences d'observation, le hasard ne favorise que les esprits préparés. » Cette citation de Louis Pasteur, lors de l'inauguration de la faculté des sciences à Lille, le 7 décembre 1854, aurait pu être le titre de cet ouvrage. Il fallut parfois beaucoup de chance à ces scientifiques préparés pour apporter une contribution majeure à la recherche.

Lorsqu'en 1933 une importante épidémie de grippe sévit à Londres, le Dr Wilson Smith observe que les furets de son élevage ont la fièvre et éternuent ; il pense immédiatement à la grippe : le furet allait devenir l'animal de référence pour étudier cette redoutable maladie. George Hirst, en blessant involontairement un poulet, laisse échapper quelques gouttes de sang qui se répandent sur une suspension de virus de la grippe ; il observe que les globules rouges s'agglutinent : une nouvelle technique, l'hémagglutination, était née. C'est par un chaud après-midi d'été que Renato Dulbecco allait résoudre son problème pour observer les plages de lyse faites par les virus. L'inoculation d'un virus provoque une destruction des nappes cellulaires sous forme de trous, mais comment les visualiser ? Dans son jardin, Dulbecco admire sa magnifique pelouse verdoyante, mais dans certaines parties l'herbe est sèche, il apparaît des taches rougeâtres, ce sera le principe de sa méthode de titrage : il suffit de colorer les cellules vivantes avec un colorant vital, les cellules mortes, c'est-à-dire infectées par le virus, ne seront pas colorées. Ainsi est née la technique des plages de lyse qui allait révolutionner la virologie moderne. Quant à Max Theiler, dans la longue série de transmission du virus de la fièvre jaune d'œuf à œuf, il ne comprendra jamais pourquoi entre les 89e et 114e passages le virus est devenu atténué et a ainsi fourni l'un des vaccins les plus efficaces que nous continuons à utiliser.

Mais ce n'est pas que de la chance que devront bénéficier les chasseurs de virus, il leur faudra beaucoup de courage. Lorsque, en 1900, à Cuba, la commission américaine dirigée par Walter Reed se propose d'étudier le rôle du moustique comme vecteur de la maladie, il n'y a aucun modèle animal connu, il faudra expérimenter chez l'homme. 80 % des sujets infectés meurent de la fièvre jaune. Un véritable meurtre que cette expérience chez les humains. Perdre des vies pour en sauver, telle sera la position de Walter Reed qui demande aux trois autres membres de la commission de donner l'exemple et de réaliser les premières expériences de transmission sur eux-mêmes. L'un d'entre eux, Jesse Lazear, sera la première victime. La fièvre jaune fera de nombreuses autres victimes pour la science. La Fondation Rockefeller perdra huit de ses plus brillants chercheurs avant la découverte du vaccin.

Plus près de nous, il aura fallu du courage aux chasseurs de virus pour aller combattre en Afrique les redoutables virus des fièvres hémorragiques : Lassa, Ebola, Marburg ; ou étudier le virus du sida dans les laboratoires. Mais n'oublions surtout pas les nombreuses victimes des expérimentations. Ces enfants décédés de la poliomyélite parce que le candidat vaccin était mal inactivé.

La ténacité est également une qualité de ces chasseurs de virus. Il aura fallu des années à Jenner pour imposer sa méthode de prévention de la variole qui allait constituer le principe de la vaccination. Les experts des rétrovirus durent attendre près de quatre-vingts ans avant que Robert Gallo ne découvre enfin le premier rétrovirus humain (HTLV-1). Cette découverte allait ouvrir la voie à l'isolement et à la rapide caractérisation du virus du sida.

Mais les chasseurs de virus sont avant tout des hommes qui laissent souvent manifester leur orgueil. Dans le domaine de la science il faut être le premier si l'on ne veut pas être un simple plagiat. Le combat entre Jonas Salk et Albert Sabin, pour imposer leur vaccin, s'est accompagné d'une lutte pas toujours courtoise — en témoignent des déclarations médiatiques très acides : « Enfermez-vous dans votre cuisine et vous ferez aussi bien que lui », déclarait Sabin pour traduire le mépris qu'il portait au travail de Salk. Plus récemment, la course à la découverte du virus du sida fut également illustrée par un combat sans merci entre Montagnier et Gallo. Les épithètes de l'époque de Sabin-Salk sont revenues, amplifiées par un relent nationaliste. Les scientifiques resteront avant tout des hommes, avec leurs ambitions souvent démesurées.

Face à eux, il y a les virus, « les seuls prédateurs connus de l'espèce humaine ». Ils auront en partie façonné l'histoire de l'humanité. Ce n'est pas une poignée de mercenaires dirigés par Cortez ou Pizarro qui aura détruit les Empires aztèque ou inca, mais les virus de la variole et de la rougeole. En quelques années les peuples amérindiens auront été anéantis par les maladies. Au contraire, ce sont les maladies qui auront empêché la conquête du continent africain par les colons blancs. Le bilan est sans appel, la grande sensibilité aux maladies dans le Nouveau Monde et la résistance dans l'Ancien ont abouti à la quasi-disparition des peuples amérindiens alors que l'Afrique connaît la démographie la plus élevée de la planète. La fièvre jaune aura permis au jeune Etat américain de réaliser une extension rapide de son territoire sur le flan ouest ; par contre la variole aura empêché la conquête du Canada.

C'est l'histoire de ces hommes, chasseurs de virus ou victimes, que nous avons voulu faire revivre dans cet ouvrage, en nous limitant à quelques-uns de ces agents les plus redoutables.

1

LA VARIOLE

Les historiens se sont toujours demandé comment une poignée d'aventuriers dirigée par Cortez avait pu au début du XVIe siècle conquérir aussi facilement et rapidement l'Empire aztèque peuplé de plusieurs millions d'habitants. Certes, le courage et l'armement de ces conquistadors ne sont plus à mettre en doute. Dès son arrivée sur la côte, Cortez ordonne de couler sa flotte pour éviter toute velléité de retour dans les Caraïbes. Les armes à feu et les chevaux ont impressionné les indigènes, le génie militaire et le sens de l'intrigue ont permis à Cortez et ses hommes de rapidement pénétrer à l'intérieur du pays. Ces faits sont parfaitement établis et décrits dans les ouvrages historiques. Mais après un effet de surprise évident, la résistance s'opère. Le gouverneur de Cuba décide d'envoyer des renforts avec comme objectifs principaux de surveiller et limiter l'ambition grandissante de Cortez et de ses hommes enivrés par tant de richesse. Parmi ceux qui débarquent à Veracruz en avril 1520, un Noir est atteint de la variole. Il introduira la maladie sur le continent. Depuis la côte, la maladie se répand à l'intérieur des terres. En septembre, la capitale, Tenochtitlan, est atteinte. La maladie se répand de façon très rapide, les soldats et leurs chefs militaires sont touchés. Le fait que les Espagnols soient résistants à la maladie démoralisera définitivement les Aztèques. En moins de six mois, la moitié de la population meurt de la variole, dont l'empereur Cuitlahuac, et en quelques années cette maladie ravagera le continent. Elle assurera la suprématie des

Espagnols [1]*. Le virus diffuse dans le Sud, au Guatemala et dans le Yucatan. Entre 1527 et 1528, une importante épidémie ravage l'ensemble de l'Empire inca. L'empereur et ses successeurs désignés meurent de la maladie, entraînant une guerre de succession très déstabilisatrice. Ces événements affaibliront considérablement l'Empire, et Pizarro et ses hommes entreront en triomphe à Cuzco en 1533 sans rencontrer de résistance.

La maladie avait commencé à faire ses premiers ravages dès 1503 dans l'île d'Hispaniola, introduite avec la traite des Noirs. Elle diffuse dans les autres îles, à Cuba en 1518 et à Porto Rico en 1519. En moins de cinquante ans, l'ensemble du continent est touché [2]. En 1506, le Nouveau Monde est partagé par décret papal en deux zones d'influence, espagnole et portugaise. Le Brésil, sous domination portugaise, est atteint par la variole dès 1555 : le virus a été introduit par les premiers huguenots français. En 1588, les épidémies se succèdent dans l'ensemble de l'Amérique du Sud, décimant les populations locales. Aucune partie du continent n'est épargnée, même les Indiens vivant à l'intérieur de la forêt brésilienne seront atteints. Les Jésuites ont installé une mission à l'intérieur des terres, le long du fleuve Amazone, ils y introduiront le virus : sur les cent mille indigènes, quarante-quatre mille périront en quelques mois.

Comment expliquer la grande sensibilité des populations du Nouveau Monde à ces maladies introduites par les conquérants ?

Les maladies infectieuses semblent ne pas avoir existé avant l'arrivée des Européens. Bien que les Empires aztèque et inca aient atteint une densité de population suffisante pour permettre une transmission interhumaine, aucune grande épidémie ne semble avoir ravagé le continent américain, contrairement à l'Ancien Monde. L'absence d'animaux domestiques pourrait expliquer cette particularité. En effet, à l'époque précolombienne, peu d'animaux avaient été domestiqués sur le continent américain, à l'exception des lamas, des alpagas et

---

* On trouvera les notes numérotées, renvoyant aux références bibliographiques, en fin de volume.

des cobayes. Les lamas, peu nombreux, vivaient dans les hauts plateaux de la cordillère des Andes : leur rôle dans la transmission de maladies a été insignifiant. Les alpagas auraient pu jouer un rôle similaire à celui du bétail en Europe dans la transmission des maladies infectieuses. Probablement la faible densité des troupeaux n'a-t-elle pas permis l'amplification de germes ; de plus, les pratiques d'élevage — animaux en semi-liberté — ne permettaient pas un étroit contact avec les animaux domestiqués, comme cela était le cas en Eurasie. Les cobayes ont peut-être joué un rôle dans l'émergence de la maladie de Chagas et de la leishmaniose. La domestication des moutons, bœufs, porcs, volailles, chevaux, était totalement inconnue des Incas et des Aztèques. Or, la plupart des grandes maladies infectieuses humaines ont une origine animale. La tuberculose, la rougeole ou encore la variole sont un héritage du passage et de l'adaptation d'un agent infectieux à l'homme provenant du bétail ; la grippe est une zoonose faisant intervenir les canards et les porcs. Les conditions d'épidémisation n'existaient donc pas sur le continent américain en raison de l'absence d'élevage [3].

A ce sujet, il faut remarquer que l'introduction des chevaux dans le Nouveau Monde a abouti à l'émergence de différents virus responsables d'encéphalites chez l'homme : le virus de l'encéphalite équine de l'Est, celui de l'encéphalite équine de l'Ouest, enfin le virus de l'encéphalite du Venezuela. Ces virus existaient, mais l'absence d'hôte amplificateur ne permettait pas de révéler leur présence. Ils n'ont pas été importés par les Européens puisque tous ces virus ne sont pas présents en Eurasie ni en Afrique, ils sont spécifiques du Nouveau Monde.

Ces dernières années, les historiens ont dû revoir leur estimation de la population du continent américain avant la conquête espagnole. Ce n'était pas un territoire quasiment vierge ; on estime de nos jours qu'à l'époque précolombienne la population atteignait cent millions, dont au moins trente millions habitaient l'actuel Mexique et vingt millions vivaient dans la cordillère des Andes. On imagine l'effet de l'introduction de maladies infectieuses dans cette population absolument non protégée, et notamment dans des villes telles que Tenochtitlan ou Cuzco.

Incontestablement, la variole a été la principale maladie qui a ravagé le continent américain. Lors de la conquête du nord du continent, la maladie produira les mêmes effets dans les différentes tribus d'Indiens. Les jeunes écoliers américains ont pu apprendre dans leurs livres d'histoire que le nord du continent était une terre faiblement peuplée : on parlait d'un million d'habitants répartis dans cet immense territoire. Cela permettait de justifier la conquête par les Européens. Les recherches récentes permettent de conclure qu'environ vingt millions d'habitants vivaient dans le nord de l'Amérique, en particulier dans la région du bassin du Mississippi. Hernando de Soto, le premier Européen a avoir pénétré le sud-est des Etats-Unis, en 1540, a décrit ce peuplement des Indiens dans des villes. Les expéditions ultérieures réalisées dans les années 1600 par les Français devaient constater leur disparition. Ce n'est pas la guerre mais les maladies introduites par les Européens qui ont décimé ces populations indiennes. Les hommes étaient si sensibles à la variole que les Européens l'utilisèrent comme arme de guerre bactériologique. Des couvertures contaminées par le virus offertes aux chefs de tribu furent plus efficaces que des combats militaires. Cette correspondance échangée entre le général Amherst, gouverneur de la Nouvelle-Ecosse, et son subordonné le colonel anglais Bouquet lors de l'affaire Pontiac *, en 1763, atteste de la réalité de cette pratique militaire :

« Ne pourrions-nous pas, écrit le général, tenter de répandre la petite vérole [variole] parmi les tribus indiennes qui sont rebelles ? Il faut, en cette occasion, user de tous les moyens pour les réduire.

— Je vais essayer, répond le colonel, de répandre la petite vérole, grâce à des couvertures que nous trouverons le moyen de leur faire parvenir, en prenant soin de ne pas me contaminer moi-même.

---

* Nom d'un chef de tribu indienne qui s'opposa farouchement aux Anglais.

— Vous ferez bien, approuve le général, de répandre ainsi la petite vérole et d'user de tous les autres procédés capables de les exterminer. »

Le capitaine Ecuyer, quant à lui, se rappelle dans son Journal avoir offert deux couvertures provenant de malades atteints de la variole à des chefs indiens hostiles. En précisant qu'il espérait que ce cadeau produirait « l'effet escompté » (rapporté par Oldstone, 1998).

Les maladies auront, en moins d'un siècle, réduit les populations d'Indiens de 95 %. En quelques années, la variole, la rougeole, la grippe allaient anéantir les populations amérindiennes [4].

Entre les XVIe et XVIIe siècles, les Européens auront colonisé l'ensemble du continent américain. En Afrique, la situation a été totalement différente. Au début du XVIIIe siècle, on ne compte que quelques milliers de colons européens, principalement localisés sur des comptoirs côtiers. La pénétration du centre de l'Afrique ne se fera qu'à la fin du XIXe siècle. Contrairement au continent américain, ce sont les maladies qui ont empêché la colonisation du continent africain. Il a fallu attendre la découverte de la quinine pour rendre effective la pénétration des Européens au cœur de l'Afrique. Les maladies infectieuses, et notamment la fièvre jaune, le paludisme, ont constitué un rempart efficace au processus de colonisation. Au XXIe siècle, le bilan est sans équivoque : il ne reste quasiment plus d'Amérindiens alors que l'Afrique connaît la plus forte démographie du globe. La fragilité vis-à-vis des maladies d'un côté, la résistance de l'autre expliquent cette évolution.

La résistance acquise par les Européens était le résultat d'infection naturelle par le virus de la variole. Toutefois, il semblerait que le virus qui circulait au XVIe siècle ait été beaucoup moins virulent qu'il ne l'avait été dans le passé, permettant ainsi à une large tranche de population de devenir immune contre la maladie. Par contre, chez les populations amérindiennes, ce virus allait être à l'origine d'une véritable hécatombe, comme cela avait été rapporté dans le passé en Europe et retrouvé au XVIIe siècle. Il n'est pas exclu que la virulence du virus de la variole observée en Europe au XVIIe siècle soit le résultat de la réintroduction du virus qui avait atteint et décimé les populations amérindiennes. Les passages successifs du virus chez des populations totalement non immunes ont pu aboutir à une souche virale hautement pathogène.

La maladie semble ancienne [5]. On a retrouvé au musée du Caire trois momies qui présentent des lésions caractéristiques de l'éruption variolique ; parmi celles-ci, Ramsès V, qui serait mort en 1157 av. J-C, à l'âge de quarante ans. Par contre, on ne rencontre pas de description d'épidémie par les auteurs gréco-romains. Certains ont attribué l'épidémie d'Athènes en 430 av. J-C, remarquablement décrite par Thucydide, à la variole. Mais il pourrait tout aussi bien s'agir du typhus exanthématique ou de la peste. De même le rôle du virus de la variole dans l'épidémie à l'époque d'Antonin, en 165 de notre ère, n'est pas définitivement établi.

D'Egypte, le virus aurait pu être introduit en Inde au cours du premier millénaire av. J-C par le transport maritime. Les données pour confirmer cette hypothèse sont relativement restreintes et contestées. Mais il est certain que, pendant plus d'un millénaire, le bassin du Gange a constitué un important foyer d'épidémie de variole et demeurera l'un des derniers foyers lors de l'éradication. Des bassins du Nil et du Gange, le virus a diffusé au début de l'ère chrétienne en Europe et en Asie. La maladie semble être endémique en Chine dès le IVe siècle, comme l'attestent les descriptions de Ko Hung. Le virus diffuse alors dans la péninsule coréenne et au Japon au Ve siècle.

En Europe, la maladie semble avoir été décrite pour la première fois par Marius, évêque d'Avranches, en 570 ; il introduit le terme de variole pour désigner les pustules rencontrées durant la maladie. Les descriptions cliniques fournies par Marius seront complétées dix ans plus tard par Grégoire de Tours.

A la même époque, la variole a été décrite dans le Coran lors du siège de La Mecque par les Ethiopiens. Une intervention divine aurait fait pleuvoir sur l'envahisseur une nuée de pierres infectées par le virus, transportées par des oiseaux, ce qui aurait provoqué le retrait des troupes éthiopiennes.

Nous devons au grand médecin perse Rhazès, en 910, une description clinique détaillée de la variole et sa comparaison avec la rougeole — jusqu'alors elles étaient généralement confondues. A partir de cette date, la maladie est parfaitement individualisée dans le groupe des fièvres exanthématiques.

L'expansion de l'islam au VIIe siècle sera une cause d'introduction de la variole en Europe. Inversement, les croisades permettront sa dispersion dans le bassin méditerranéen et au Moyen-Orient. Au XVIe siècle, la maladie est endémique dans l'ensemble de l'Europe. A cette date apparaît la syphilis, introduite par les compagnons de Christophe Colomb à leur retour des Caraïbes. Le terme de grande vérole est attribué à la syphilis, la variole devenant la petite vérole. L'adjectif, qualifiant la taille des lésions observées dans la syphilis primaire et tertiaire, qui en langue anglaise permettait de différencier « the great pox » et « the small pox », donna le nom de small-pox à la maladie. La distribution de la maladie différenciait aussi syphilis et variole. La première touchait les adultes, la seconde était endémique chez les enfants. Nous avons vu les conséquences de l'extension de la maladie en Espagne d'où les marins vont l'introduire au XVIe siècle dans le Nouveau Monde. C'est à partir du XVIIe et au XVIIIe siècle que la maladie va jouer un rôle déterminant dans la démographie de l'Europe. Toutes les couches de la population sont touchées. La reine Marie II d'Angleterre, l'empereur Joseph Ier d'Autriche, le roi d'Espagne Louis Ier, le tsar de Russie Pierre II mourront de variole. En France, le roi Louis XV contracta la maladie : la comtesse du Barry lui avait fourni une jeune fille qui était en période d'incubation, elle contamina le roi qui décéda le 10 mai 1774. Ces décès dans les familles royales d'Europe auront pour conséquence de favoriser l'introduction du procédé de variolisation afin de se protéger contre la maladie.

La mortalité à cette époque est dramatique, on estime que 10 % des enfants meurent chaque année de la variole. Londres perd trente-six mille personnes en moins de deux décennies.

L'introduction du procédé de vaccination promu par Jenner permettra progressivement de réduire la mortalité. La présence permanente de la maladie en Angleterre aura une conséquence inattendue aux Etats-Unis. Il était fréquent que les riches colons du nouvel Etat envoient leurs enfants faire leurs études dans les prestigieuses universités anglaises de Cambridge et d'Oxford. Mais en raison des épidémies de variole, les riches familles américaines créèrent les premiers collèges outre-Atlantique : c'est ainsi que sont nées l'université de Harvard en 1636 et celle de Yale en 1701.

Depuis les foyers européens, la maladie est introduite dans les pays nouvellement colonisés. L'Angleterre, qui a perdu ses colonies d'Amérique du Nord, se lance à la conquête des terres australes. James Cook explore la côte de l'Australie au cours de ses fameux voyages de 1768-1771. Dès 1789, une première épidémie de variole touche les populations aborigènes qui n'avaient jamais été en contact avec le virus. D'autres épidémies se produiront plus tardivement, entre 1829 et 1831. La variole semble avoir joué un rôle non négligeable dans le déclin démographique des populations aborigènes dans la première moitié du XIXe siècle. Les autres îles du Pacifique possédaient une densité de population trop faible pour permettre l'apparition d'épidémies. Quelques rares cas isolés ont été rapportés à la fin du XIXe siècle en Nouvelle-Zélande.

La maladie et son virus

La variole est une maladie épidémique, éruptive et extrêmement contagieuse. La période d'incubation silencieuse dure environ deux semaines, puis apparaît une courte période d'invasion avec la fièvre, des frissons, des vomissements. L'exanthème variolique signe la période d'état. Apparaissent d'abord des macules rouges qui deviennent des papules. Puis débute la phase vésiculaire par transformation des papules de consistance de grains de plomb. La suppuration apparaît vers le cinquième jour, en s'étendant de la face jusqu'aux extrémités.

Plus tardivement s'effectue la dessiccation avec formation de croûtes qui chuteront progressivement, laissant place à des cicatrices indélébiles de couleur blanchâtre. Les formes sévères sont associées à un syndrome hémorragique ou à des troubles nerveux. Le viscérotropisme du virus explique les nombreuses manifestations qui peuvent compléter le tableau clinique : hépatite, orchite, myélite. La mortalité peut atteindre plus de 30 % dans certaines épidémies. Ces formes cliniques sévères sont connues sous le terme de « variola major ».

A la fin du XIXe siècle est apparue, presque simultanément en Afrique du Sud et aux Etats-Unis, une forme atténuée ou « variola minor », dénommée aussi « alastrim ». Dans ce cas la mortalité est faible, inférieure à 1 %. Il ne semble pas qu'il y ait eu une relation entre les deux foyers. Des Etats-Unis, la maladie a diffusé dans tout le continent américain, puis a traversé les océans pour se répandre en Australie, Nouvelle-Zélande, ou encore en Europe. En Afrique de l'Est, les deux formes de la maladie ont coexisté pendant le XXe siècle, jusqu'à son éradication.

Le malade est contagieux dès le début de la fièvre, avant l'apparition du rash. Le virus est alors transmis par les sécrétions nasales ou par la toux. Lorsque l'éruption apparaît, les lésions cutanées sont une source de transmission de la maladie. Le virus peut alors contaminer les habits, les draps, les couvertures, les différents objets de la vie quotidienne. Sa grande résistance lui permet de survivre plusieurs mois. On comprend ainsi l'intérêt passé et présent de ce virus comme source d'agent de guerre bactériologique. Les enfants étaient particulièrement vulnérables. Il était commun d'affirmer au XVIIIe siècle « qu'il ne [fallait] compter ses enfants qu'après qu'ils [ont] eu la variole ».

Le virus de la variole appartient au genre des orthopoxvirus qui contient plusieurs virus responsables d'infection éruptive chez l'homme et l'animal. Le cowpox atteint les vaches et peut être transmis à l'homme, sous forme de lésions cutanées faiblement contagieuses. Cette maladie des vachers était connue en France sous la dénomination de picote. Ce virus sera à la base du procédé de vaccination développé par Jenner. La vaccine est un autre poxvirus dont l'origine est inconnue. Il semblerait qu'elle résulte d'une recombinaison génétique du virus de la variole et de celui du cowpox : l'infection concomitante d'un sujet naturellement infecté et vacciné avec le cowpox aurait pu donner naissance au virus de la vaccine, qui serait donc un virus hybride. Lorsqu'on parle de vaccination jennérienne, on se réfère à la fois au cowpox et à la vaccine. A l'époque de Jenner, seul le cowpox était utilisé pour vacciner, puis le virus de la vaccine a progressivement remplacé ce dernier. De nos jours, la souche dite vaccinale contre la variole se réfère uniquement à la vaccine. Parmi les autres poxvirus, citons le monkeypox, virus simien, à l'origine d'infections humaines dans un foyer limité d'Afrique centrale. Ce virus induit chez l'homme une maladie proche de la variole, mais sa contagiosité est très faible. Récemment, des cas de transmission interhumaine ont été rapportés, en Afrique, dans le Kansaï oriental entre 1996 et 1997. La mortalité est restée faible au cours de cette épidémie (3,3 %). Quant au virus de la variole, son origine est inconnue, elle dérive certainement d'un poxvirus animal. Il pourrait s'agir du cowpox ou du monkeypox, ou encore d'un réservoir inconnu et disparu depuis lors. Dans tous les cas, il n'existe pas de réservoir animal qui abriterait le virus de la variole.

La variolisation, la vaccination. L'œuvre de Jenner

On doit clairement distinguer la variolisation de la vaccination. La variolisation est une pratique très ancienne qui consiste à prélever des croûtes ou du pus chez un sujet atteint de variole et à l'inoculer à un sujet sain. Le but est de reproduire une maladie atténuée qui protégera contre une atteinte ultérieure de la variole. Le virus utilisé dans ce cas est celui de la variole. Cette pratique est dangereuse : dans un certain nombre de cas le sujet peut présenter la variole. La vaccination est une pratique découverte par Jenner au XVIIIe siècle : elle fait appel au virus du cowpox ou de la vaccine ; l'origine de ce dernier virus n'est pas connue, mais il semble dériver du cowpox. La vaccination consiste à inoculer du pus prélevé chez un animal infecté et à l'appliquer à la personne que l'on souhaite protéger. Cette opération fait donc appel à une immunisation hétérologue, c'est-à-dire obtenue avec un virus provenant d'une espèce différente de la maladie humaine. L'inoculation du cowpox ou de la vaccine ne produit en aucun cas une maladie similaire à la variole. Toutefois les accidents post-vaccinaux sont relativement fréquents.

La variolisation a été pratiquée dès le XIe siècle en Chine. Des croûtes étaient prélevées chez un sujet atteint de variole, elles étaient maintenues au moins un mois à la température ambiante, puis broyées et mélangées à une plante. La poudre était insufflée à l'aide d'un long tube en argent, dans la narine droite lorsqu'il s'agissait d'un garçon, ou dans la narine gauche pour les filles [6]. En Inde, cette pratique semble antérieure à la Chine : elle consistait à prélever du pus d'un malade et à l'inoculer par scarification sur le muscle deltoïde ; cette opération était suivie de l'application d'une pâte à base de riz. La méthode chinoise était beaucoup plus dangereuse que celle utilisée en Inde. En Arabie, cette pratique était courante, elle s'effectuait avec une aiguille ordinaire. La variolisation a été introduite en Europe au début du XVIIIe siècle à partir de la Turquie qui, à cette date, dominait le puissant Empire ottoman. Deux communications furent présentées à la Royal Society, qui firent connaître la pratique de la variolisation. La première (1714) était signée par le Dr Emanuel Timoni [7], d'origine italienne : il avait fait ses études à Padoue et à Oxford, et il avait acquis l'expérience de cette pratique alors qu'il était médecin à l'ambassade d'Angleterre à Constantinople. Lors d'une importante épidémie dans la ville de Constantinople en 1701, Timoni avait eu l'occasion de pratiquer à de nombreuses reprises la variolisation. La deuxième communication (1716) provenait d'un autre Italien, le Dr Jacobo Pylarini [8], qui avait également pratiqué la variolisation lors de l'épidémie de Constantinople. Le corps médical de la Royal Society accueillit cette pratique avec intérêt, mais aucune suite ne fut donnée, malgré les épidémies importantes qui sévissaient à Londres.

Incontestablement, on doit l'introduction de la variolisation en Europe à lady Wortley Montagu — en atteste l'inscription apposée sur sa tombe après sa mort : « En mémoire de lady Montagu, qui introduisit depuis la Turquie, dans notre pays, le salutaire art de l'inoculation de la variole »... Lady Montagu était de sang noble, son père était le duc de Kingston. Elle était d'une beauté exceptionnelle, à tel point que le grand peintre de l'aristocratie anglaise, sir Godfrey Kneller, réalisa son portrait à côté de ceux de Charles II, Louis XIV ou Pierre le Grand. Elle avait accompagné son mari, ambassadeur d'Angleterre à Constantinople de 1716 à 1718. Elle connaissait bien la maladie puisque son frère en était mort. En 1717, elle contracta la variole et devait à jamais en conserver de forts disgracieuses cicatrices sur son visage. En 1718, elle fit varioliser son enfant Edward, âgé de six ans. Ce fut un succès qui inspira rapidement le secrétaire de l'ambassade de France : il fit également inoculer ses trois enfants.

A son retour en Angleterre, lady Montagu profita de sa position sociale et du soutien de la princesse de Galles, future reine d'Angleterre, pour faire connaître cette pratique. En 1721, lors d'une épidémie de variole à Londres, la princesse de Galles demanda au Dr Maitland d'inoculer sa fille âgée de trois ans. Quelque temps après, en présence de la princesse et des membres de la Royal Society, le Dr Maitland inoculera six prisonniers à qui on avait promis la liberté pour ceux qui survivraient. Ce fut un succès, ils survécurent tous les six. Il fut exigé que l'un d'entre eux, une jeune fille âgée de dix-neuf ans, partage le lit d'un enfant atteint de variole pendant six semaines. Elle ne présenta pas la maladie, elle était protégée. Le Dr Maitland voyagera au travers de l'Europe pour faire connaître cette pratique ; il variolisera notamment le prince Frederick de Hanovre.

Malgré ces résultats encourageants, la pratique restera limitée : en 1735, seulement 850 personnes auront été variolisées en Angleterre. Il faut dire que la préparation à cette épreuve était décourageante. Les volontaires subissaient une série de saignées, associées à des purges drastiques et à un régime sévère. Au moment de recevoir le virus, ils étaient particulièrement affaiblis. Il fallut près de trente ans avant que cette préparation traumatisante soit abandonnée. En outre, des accidents parfois mortels vont rapidement freiner cet enthousiasme. Lady Montagu va alors faire l'objet de sévères critiques, notamment de la part du clergé ainsi que du corps médical, pas encore convaincu de l'efficacité du procédé et surtout de son innocuité. James Jurin entreprend d'analyser en détail tous les cas mortels afin d'apprécier son incidence. Sa conclusion est que, à la suite d'une infection naturelle par le virus de la variole, le risque de décès et de 1 pour 6 cas. En ce qui concerne la variolisation, ce risque « n'est que » de 1 sur 50 [9] ! Ces données permirent l'essor de la variolisation et la création en 1746 du « Smallpox and Inoculation Hospital ».

En France, cette pratique ne suscita que peu d'intérêt malgré l'appui de Voltaire. Ce ne fut qu'après la mort de Louis XV, en 1774, qu'elle se généralisa à la Cour. La variolisation a été introduite aux Etats-Unis dès 1721 lors d'une épidémie à Boston. Mais elle restera très limitée, bien que son efficacité soit établie dans cette ville : 6 morts sur 244 personnes inoculées (2,5 %) contre 844 morts parmi les 5 980 personnes infectées (14,1 %) naturellement par le virus de la variole [10].

En 1775, l'armée américaine, après s'être emparée de la ville de Montréal, s'apprête à lancer une offensive contre celle de Québec, sous le contrôle des Anglais. La variolisation est une pratique généralisée chez les Anglais, alors qu'elle reste inconnue chez les militaires américains. Le commandant anglais décide de faire varioliser des civils et de les disperser dans les troupes adverses ; il s'ensuivra une dramatique épidémie de variole qui va anéantir l'offensive des Américains : sur 10 000 soldats 5 500 seront atteints. Sans cette épidémie, le Canada ferait probablement partie des Etats-Unis de nos jours. Les Anglais utiliseront cette pratique de dissémination de la maladie par le procédé de la variolisation à plusieurs reprises lors des conflits qui les opposeront aux Américains, et notamment lors du siège de Boston en 1776. En 1777, le général Washington fera varioliser toutes les troupes américaines [11].

Le bilan global de la variolisation est loin d'être positif. Cette pratique ne présentait un intérêt que lors des épidémies ; elle avait toutefois l'inconvénient d'entretenir les épidémies de variole. Comme le souligne Claude Chastel, la variolisation aura eu le mérite de préparer la vaccination avec le cowpox ; les variolisateurs deviendront les vaccinateurs [12].

Edward Jenner est né le 17 mai 1749, à Berkeley, Gloucestershire, en Angleterre. Il est orphelin dès l'âge de cinq ans ; c'est son frère aîné qui s'occupera de son éducation. A l'âge de huit ans, Edward est variolisé : il faillit en mourir et gardera à jamais un très mauvais souvenir de cette pratique. A l'âge de vingt ans, il rejoint Londres pour travailler au St George Hospital auprès du fameux chirurgien John Hunter. Celui-ci est considéré comme le père de la chirurgie expérimentale. Il aura une fin tragique : pour démontrer l'origine vénérienne de la gonococcie, il s'inocule du pus prélevé chez un malade ; par malchance, le patient était contaminé par le gonocoque, mais également par le germe de la syphilis. John Hunter sera ainsi doublement infecté. Jenner participe à la préparation du matériel ramené par le grand naturaliste Joseph Banks lors du premier voyage de Cook. Il lui fut par la suite proposé de faire partie de l'équipage lors du deuxième voyage, mais Jenner refusa, souhaitant se consacrer à la médecine dans la petite bourgade de Berkeley. Il y mène une vie paisible de médecin de campagne, soignant les angines, les diarrhées ; il est aussi confronté à des épidémies de variole. Il continue ses observations naturalistes, s'intéressant tout particulièrement à la migration des oiseaux. Ce sont ses travaux sur le coucou qui le rendront célèbre et lui permettront de rejoindre la Royal Society. Il publie son fameux article « The natural history of the cuckoo ». On lui doit également l'observation selon laquelle c'est le rouge-gorge qui chante le premier à l'aube et non l'alouette, comme on le croyait couramment.

La tradition veut que Jenner ait pressenti la découverte de la vaccination lors de l'examen clinique d'une vachère qui présentait une éruption cutanée. Jenner suspecte un cas de variole, une épidémie sévissant dans la région ; la jeune fille lui répond : « Impossible, j'ai déjà eu le cowpox. » A partir de cette date et pendant des années, Jenner va essayer de confirmer le rôle protecteur du cowpox vis-à-vis de la variole. Il constata que beaucoup de patients qui avaient contracté le cowpox étaient effectivement protégés lors des épidémies de variole. Cette observation n'était pas unique. Le rôle protecteur du cowpox était connu dans les campagnes aussi bien en Angleterre qu'en France, où l'infection était appelée « picote ». Au cours d'une réunion scientifique, le Dr Frewster présente des informations suggérant le rôle protecteur du cowpox vis-à-vis de la variole. Pendant plusieurs années, ce sujet sera débattu à la Société médicale de Londres. Jenner y prendra une part active.

Le 17 décembre 1789, Jenner examine une infirmière qui présente des lésions cutanées dues au swinepox (maladie du porc). Il prélève du pus et l'inocule à trois volontaires, dont un de ses fils. Neuf jours plus tard, ils sont malades et présentent de la fièvre associée à des lésions cutanées au point d'inoculation. Quelques semaines après, Jenner variolise les trois volontaires. Rien ne se passe, aucune éruption n'apparaît. Jenner fait part de son observation au Dr Hicks qui étudie une épidémie de swinepox chez des éleveurs de la région, il communique également ses observations en septembre 1790 à la Société médicale. Mais ces travaux n'attirent pas l'attention. Jenner lui-même ne saisit pas l'importance de sa découverte. Un an après cette première inoculation, Jenner variolise de nouveau son fils. Il est alors surpris de constater l'apparition d'une éruption. Nous savons de nos jours que l'immunité conférée par certains poxvirus provenant d'animaux n'est que transitoire. L'expérience de Jenner traduit parfaitement cette difficulté à établir une immunité protectrice avec le swinepox. Mais à cette époque Jenner ne pouvait pas anticiper ces connaissances.

C'est le 14 mai 1796 qu'il réalise l'expérience décisive. Il prélève du pus d'une pustule sur la main d'une fermière, Sarah Nelmes, atteinte de cowpox, et il inocule le jeune James

Phipps, âgé de huit ans. L'enfant présente une discrète lésion au point d'inoculation ; deux mois plus tard, Jenner inocule le virus de la variole. L'enfant est protégé. Il prélève le pus chez le jeune James et l'inocule à un nouveau groupe de volontaires. Il transmet ainsi le cowpox de bras à bras à huit enfants âgés de onze mois à sept ans. Tous, sauf un, réagissent et présentent une infection locale due au cowpox. Deux enfants seront variolisés quelques semaines plus tard, sans éruption. Par contre un témoin négatif, non vacciné, présentera une infection généralisée. Enfin, un seul enfant n'a pas réagi à l'inoculation du cowpox, son fils Robert Jenner. A peine cette série de vaccinations est-elle réalisée qu'une importante épidémie de variole se produit dans la région. Jenner fera ce que tout père aurait fait en cette circonstance, il variolisera le petit Robert.

Jenner adresse une communication à la revue de la Royal Society, dans laquelle il rapporte ces résultats qui établissent l'effet protecteur du cowpox vis-à-vis de la variole et un procédé simple de vaccination de bras à bras, sans nécessairement s'approvisionner chez l'animal. Le papier est soumis au président de la Royal Society, sir Joseph Banks, celui-là même avec lequel Jenner avait travaillé pour classer et inventorier le matériel ramené au cours du voyage de Cook. Mais la publication est refusée, J. Banks considérant que le nombre de sujets ayant participé à l'étude était trop faible. Il fallait poursuivre les investigations. Mais les cas de cowpox sont rares, la maladie se manifeste à des intervalles irréguliers, impossibles à prédire. Jenner considère qu'il ne peut attendre plusieurs mois avant de compléter cette première étude. Il rédige plusieurs copies du manuscrit qu'il soumet à des confrères. Tous reconnaissent la grande valeur scientifique et l'intérêt exceptionnel de ce document. L'année 1797 lui permet de compléter ces résultats par d'autres données tout aussi encourageantes. En 1798, il publie, à ses frais, une monographie de 64 pages chez l'éditeur londonien Law. C'est le fameux *An enquiry into the causes and effects of the variolae vaccinae, a disease discovered in some of the western countries of England, particularly Gloucestershire, and known by the name of cowpox* [13].

Dans ce document, Jenner rapporte une description minutieuse de vingt volontaires vaccinés avec le cowpox et protégés contre une inoculation du virus de la variole. Cette publication sera traduite en français, en allemand, en italien et en latin. L'année suivante, il publie des observations complémentaires [14].

La pratique de la vaccine se répand en Europe, avec parfois des réticences. On reproche une pratique révoltante qui consiste à inoculer à l'homme du matériel répugnant provenant d'un animal. Dans les journaux, des caricatures apparaissent montrant de jeunes enfants vaccinés à qui poussent des cornes ou dont le visage se transforme en tête de veau. Ces critiques sont compensées par de nombreux éloges. Le président des Etats-Unis, Thomas Jefferson, lui écrit pour le féliciter. Napoléon autorise la libération de prisonniers anglais à la demande de Jenner en déclarant : « Rien ne peut être refusé à un bienfaiteur de l'humanité. » Le chef des cinq nations indiennes d'Amérique du Nord adressera « au grand frère » Jenner une vibrante lettre de félicitations accompagnée de cadeaux, dont une ceinture qu'il portera à maintes reprises lors des cérémonies officielles. En Angleterre, il recevra diverses récompenses dont dix mille livres sterling en 1802, puis vingt mille en 1807 ; il sera nommé médecin extraordinaire de Sa Majesté le roi George IV.

Le procédé va être adopté à travers le monde. Des échantillons de vaccine seront distribués, parfois avec de grandes difficultés. Le roi d'Espagne Charles IV, dont la fille avait été atteinte de variole, voulut faire bénéficier ses colonies de la vaccination jennérienne. Une expédition fut organisée à bord de la *Maria-Pinta*. Vingt-deux orphelins âgés de trois à neuf ans furent recrutés. Le premier jour, deux d'entre eux furent vaccinés, puis tous les dix jours cette pratique fut poursuivie, à bord du navire, à l'aide du pus frais. Ainsi le virus fut introduit à Porto Rico. Ce succès amena d'autres expéditions afin d'introduire la vaccination dans les colonies espagnoles d'Asie.

Jenner commit néanmoins une erreur en ne voulant jamais admettre la nécessité de revacciner, considérant que sa méthode conférait une immunité à vie. Lors de la guerre franco-prussienne de 1870, les soldats prussiens étaient revaccinés tous les sept ans. En France, l'Académie de médecine était opposée à la revaccination. Lors du conflit, une épidémie de variole fit 8 360 cas dont 440 décès parmi les 800 000 soldats prussiens. Du côté français, 280 000 cas de variole et 23 000 décès furent recensés. L'Académie révisa sa position ! D'autres problèmes furent associés à la vaccination. Le passage de bras à bras s'accompagnait de la transmission d'infections, et en particulier de la syphilis. Une épidémie fut même décrite dans un couvent de nones qui avaient acquis le germe, semble-t-il, d'un donneur infecté. Il semblerait également que cette pratique fût à l'origine de la transmission du virus de l'hépatite B, bien évidemment inconnu à cette époque. En 1885, Lürman décrit une épidémie de jaunisse chez 191 sujets sur 1 200 vaccinés dans une usine de Brême [15].

En 1799, le Dr William Woodville, directeur du célèbre « Smallpox and Inoculation Hospital » à Londres, vaccine massivement lors d'une épidémie de variole. Il en résulte des contaminations entre le virus vaccinal et le virus de la variole au cours des transferts de bras à bras, et par conséquent de véritables cas de variole. Certains auteurs pensent que c'est au cours de ces vaccinations que s'est produite une recombinaison génétique entre les deux virus qui a donné naissance à la vaccine. Enfin, les passages successifs provoquaient une atténuation du pouvoir immunogène de la vaccine. Il n'était pas possible de revenir au cowpox original, les besoins étaient trop importants.

C'est d'Italie que vint la solution. En 1804, Michele Troja et Genaro Galbiati mettent au point la production de la vaccine animale. Ils inoculent la vaccine sur les flancs de génisses en bonne santé : cette pratique fournira une importante quantité de pulpe vaccinale. La méthode sera exportée dans le monde entier. En France, le 6 décembre 1864, une génisse inoculée à Naples arrive à la gare de Lyon-Perrache ; elle y sera accueillie par tous les membres du congrès de Médecine et de nombreux hommes politiques. Cette nouvelle méthode de production se répandra rapidement en Europe, bien que plus tardivement en Angleterre. Les améliorations successives viseront à une meilleure conservation de la pulpe vaccinale, jusqu'à l'obtention d'un vaccin lyophilisé qui sera l'arme de l'éradication de la variole.

A l'époque de Jenner, l'inoculation du virus de la variole et celle du cowpox ont coexisté pendant de nombreuses années. Pour distinguer les deux pratiques, on proposa pour la seconde les termes d'inoculation jennérienne, ou d'inoculation du cowpox, et finalement le Dr Dunning de Plymouth proposa celui de vaccination. Un siècle plus tard, Louis Pasteur, grand admirateur de Jenner, généralisa ce terme aux vaccins qu'il venait de mettre au point.

L'ÉRADICATION DE LA VARIOLE [16]

Le premier projet d'éradication d'une maladie virale a concerné la fièvre jaune. Dès la découverte, en 1901, du rôle du moustique *Aedes aegypti* dans la transmission de la maladie, d'intenses campagnes de lutte contre ce vecteur ont été entreprises. Elles ont abouti à une rapide disparition de la fièvre jaune dans ces foyers historiques des Caraïbes et d'Amérique du Sud. En 1905, le général Gorgas, initiateur des programmes de lutte, déclarait que l'éradication de la maladie paraissait possible. Mais la découverte, en 1932, que cette virose était une zoonose qui impliquait dans son cycle selvatique des singes et différentes espèces de moustiques a ruiné tout espoir d'éradication du virus. La mise au point de vaccins très efficaces contre cette virose, dans les années 1930, a permis de limiter ce fléau.

L'expérience acquise dans la lutte contre la fièvre jaune révélait deux points essentiels : l'élimination d'un virus qui possède un réservoir autre que l'homme apparaît irréaliste, en revanche il est possible grâce à la vaccination de contenir une maladie virale à un niveau acceptable en termes de santé publique.

Dans le cas de la variole, il n'existe pas de réservoir animal, seul l'homme abrite le virus. Le vaccin présente de remarquables propriétés qui le rendent apte à la réalisation de campagnes de masse. Il s'agit d'un vaccin vivant, très stable, facile à administrer, et qui induit une immunité solide et persistante pendant plusieurs années. En outre, son inoculation est suivie de l'apparition d'une cicatrice indélébile qui permet ainsi d'identifier les sujets vaccinés. Ces éléments biologiques allaient être déterminants dans le projet d'éradication de la variole dans le monde.

En 1958, le Dr Viktor Zhdanov, académicien, vice-ministre de la Santé en Union soviétique, présente devant l'Organisation mondiale de la santé un projet d'éradication de la variole. Outre ses fonctions administratives, Zhdanov était un brillant virologue de réputation internationale. La lutte contre la variole en Union soviétique l'avait convaincu de la nécessité de réaliser une politique globale contre cette virose. La communication de Zhdanov eut lieu lors de la onzième session de l'OMS qui se tenait à Minneapolis aux Etats-Unis. Le Pr Zhdanov avait commencé son discours par une référence au président Thomas Jefferson qui, en 1806, félicite Jenner en ces termes : « Les générations à venir apprendront par l'Histoire que la répugnante variole a existé et que c'est vous qui l'aurez éliminée. » Il détailla un plan sur dix ans qui devait aboutir à l'éradication mondiale de la maladie et de son agent. La stratégie était basée sur la vaccination massive afin d'atteindre rapidement une couverture supérieure à 80 %.

Ce projet était loin de faire l'unanimité parmi les membres de l'OMS, qui était déjà engagée dans l'éradication du paludisme. La lutte contre cette parasitose était une priorité, mais les résultats étaient médiocres, alors que ce programme utilisait plus de 40 % du budget de l'organisation. Un nouveau projet paraissait impossible en termes financiers. De plus, le directeur général, le Dr Marcolino Candau, brésilien, n'était pas convaincu des programmes d'éradication, son expérience avec la fièvre jaune l'ayant rendu très prudent. Des considérations politiques vont l'emporter. L'Union soviétique, sous la direction de Khrouchtchev, semblait tourner la page du stalinisme et s'ouvrait timidement à l'Occident. Le pays avait rejoint différentes organisations internationales, il ne fallait en aucun cas décevoir les Soviétiques. La résolution fut adoptée à l'unanimité au cours de cette assemblée en 1958.

Le programme débuta dès 1959. L'OMS était chargée de coordonner la lutte et d'apporter une assistance technique aux différents pays. Le budget fourni pour ce projet, insignifiant — 300 000 dollars —, permettra de recruter quatre fonctionnaires. L'URSS, le plus important producteur de vaccin contre la variole, devra fournir 25 millions de doses. Chaque année un bilan sera présenté par le directeur général. En 1964, après cinq années de lutte, les résultats sont relativement décevants ; il apparaît que la couverture de 80 % est inefficace pour éliminer la circulation du virus de la variole.

Un homme va jouer un rôle déterminant dans ce projet : Donald Henderson, un épidémiologiste du CDC (Centers for Disease Control), qui rejoindra l'OMS à Genève en 1967. Il avait acquis une bonne expérience de la lutte contre la variole en Afrique, en dirigeant un projet américain de vaccination mixte rougeole-variole dans neuf Etats d'Afrique de l'Ouest. Les résultats étaient encourageants. Mais un élément déterminant allait faire changer la stratégie du projet d'éradication de la variole. L'équipe de Henderson était représentée au Nigeria par le Dr William Foege. En décembre 1966, ce dernier est informé de cas de variole dans la province d'Ogoja qui compte 100 000 habitants. Foege ne possède que quelques milliers de doses, il n'est pas possible d'envisager une campagne de masse. Il a alors l'idée de limiter les vaccinations dans les quelques villages où des cas suspects ont été rapportés et d'isoler les malades. Son équipe visitera les différents villages de la région et, en présence d'un cas, ils vaccineront les sujets en contact. Par cette approche, Foege pense limiter l'extension de l'épidémie jusqu'à l'arrivée d'une importante quantité de vaccins qui lui permettra alors de compléter les vaccinations. Cela ne sera pas nécessaire. Cette approche donne des résultats surprenants : en quelques semaines l'épidémie est enrayée. En vaccinant moins de 15 % d'une population sélectionnée dans la région et en isolant les malades, le virus a disparu. Ce sera le principe de la lutte mondiale contre la variole.

Le projet initial de vaccination de masse visant à atteindre 80 % de la population est abandonné. La lutte passera par une surveillance épidémiologique intense, le recensement des cas, leur isolement et la vaccination sélective dans les villages atteints. Cette stratégie sera d'abord appliquée par les experts du CDC en Afrique de l'Ouest. En quelques mois, la variole disparaît de cette région. Les méthodes de lutte qui ont réussi en Afrique seront étendues à l'ensemble du monde. Des équipes de surveillance visiteront tous les villages où des cas suspects auront été observés, en Inde par exemple. Cent mille auxiliaires de santé seront recrutés et formés par l'OMS.

Le programme d'éradication de la variole bénéficiera d'une importante amélioration dans les techniques de vaccination. Après la Seconde Guerre mondiale, l'armée américaine avait mis au point un injecteur sous pression, le fameux « ped o jet », sorte de pistolet sans aiguille à air comprimé. D'une remarquable efficacité, il permettait de vacciner des centaines de personnes par jour, mais il présentait un inconvénient majeur, son entretien était particulièrement délicat dans les pays tropicaux. On doit au Dr Ben Rubin, de la société pharmaceutique Wyeth, la mise au point de l'aiguille bifurquée. Il suffisait de l'immerger dans le flacon contenant le vaccin liquide, puis de l'appliquer par une série de petites ponctions sur la peau du sujet à vacciner. L'aiguille était calibrée pour contenir l'équivalent d'une dose de vaccin. Peu coûteuse, facile à décontaminer, elle allait assurer le succès de la campagne d'éradication.

Une nouvelle stratégie de lutte associée à un matériel d'emploi aisé, peu coûteux, et un vaccin lyophilisé très stable vont permettre une rapide disparition de la variole.

L'ultime cas fut rapporté en Somalie le 26 octobre 1977. Il s'agissait d'Ali Maow Maalin. Deux après, l'OMS déclarait l'éradication mondiale de la variole. En décembre 1979, la vaccination était abandonnée.

Le 8 mai 1980, l'Assemblée mondiale de la santé, lors d'une cérémonie officielle à Genève, confirmait cette extraordinaire victoire contre un des fléaux les plus meurtriers que l'humanité ait jamais connus. La variole était vaincue et son virus avait disparu de la planète.

La période post-éradication

A peine dix mois après le dernier cas officiel de variole, détecté en Somalie, les autorités anglaises notifiaient à l'OMS, le 28 août 1978, que Mme Janet Parker, âgée de quarante ans, était atteinte de la variole. Elle devait décéder le 11 septembre. Elle était photographe au Département d'anatomie à l'université de Birmingham. Elle avait été vaccinée en 1966 et n'avait effectué aucun voyage dans la période qui avait précédé sa maladie. L'enquête révéla que le virus provenait du laboratoire de virologie situé un étage au-dessous du studio de photographie de Mme Parker. Ce laboratoire était dirigé par le Pr Henry S. Bedson, directeur du Département de microbiologie à l'université de Birmingham, membre d'une commission de lutte contre la variole à l'OMS. Dans ce laboratoire, Bedson travaillait sur différentes souches de variole, mais il avait orienté ses recherches principalement sur le « whitepox », un nouveau virus isolé à partir de singes et de rongeurs, en Afrique, par les chercheurs russes et hollandais. Ce laboratoire avait été inspecté par l'OMS, le 4 mai 1978, soit trois mois avant l'accident. Un rapport concluait qu'il ne répondait pas aux normes de sécurité pour la manipulation du virus de la variole et que d'importantes modifications étaient nécessaires ; à court terme, il apparaissait même prudent d'arrêter toutes les activités sur les poxvirus. Dans sa lettre de réponse aux autorités anglaises, Bedson apporta des éléments convaincants qui devaient lui permettre de poursuivre ses travaux, en particulier sur le whitepox. Ces études avaient pour but de comparer ce virus à celui de la variole par des méthodes d'analyse génétique. Les autorités anglaises autorisèrent la poursuite des travaux.

Près de 290 personnes avaient été en contact avec Mme Parker, elles furent suivies par les autorités de santé. Le père de la victime présenta de la fièvre et fut hospitalisé le

7 septembre, il devait décéder des suites d'une crise cardiaque. Le 2 septembre, le Pr Bedson s'était suicidé. Le 8 septembre, la mère de Mme Parker fut hospitalisée, elle présenta une forme bénigne de variole et elle quitta l'hôpital le 22 septembre. Ainsi se termina cette dramatique épidémie à Birmingham. Le dernier cas de variole dans le monde aura donc été rapporté au pays de Jenner !

Une enquête révéla que l'épidémie était due à la souche « Abid » de *variola major* — ce virus avait été isolé au Pakistan —, elle était manipulée dans le laboratoire de virologie de Bedson. La cause de l'infection ne fut pas établie avec certitude, il semble toutefois probable que le virus se soit propagé jusqu'au studio de Mme Parker par les gaines de ventilation. Le mystère du « whitepox » fut résolu quelques mois plus tard. L'analyse du génome par les méthodes d'empreintes génétiques révéla que ce virus, considéré comme nouveau, était tout simplement une souche de virus de la variole qui avait contaminé les cultures des chercheurs russes et hollandais.

Le dramatique accident de Birmingham eut un énorme retentissement dans la presse. Il faisait prendre conscience aux autorités de santé du risque que représentent les laboratoires dans la diffusion des germes. Le nombre de laboratoires autorisés à maintenir le virus de la variole fut progressivement réduit, et en 1980 l'OMS exigea la destruction de tous les stocks et échantillons de virus de la variole. L'Afrique du Sud fut le dernier pays qui, en 1983, détruisit ses stocks. Deux laboratoires nouvellement construits au CDC d'Atlanta et à l'Institut de recherche pour les produits virologiques à Moscou, spécialement équipés, furent officiellement reconnus les seuls à pouvoir conserver le virus de la variole.

Pourquoi sauvegarder ce virus ? Cette question a été débattue à maintes reprises, et la décision de le détruire n'a toujours pas été prise. Certains nostalgiques affirment que l'on ne peut détruire des espèces naturelles ; les virologues moléculaires répondent qu'ils ont pu cloner, sous forme de fragment d'ADN, l'information génétique du virus, et qu'il serait possible de le reconstituer. Mais la principale question demeure :

a-t-on encore besoin d'étudier ce virus ? Cette possibilité pourrait se présenter si le virus réapparaissait. L'émergence d'un poxvirus qui se substituerait à la variole est peu probable. Des cas humains de *monkey pox* ont été rapportés en Afrique centrale, mais le potentiel de diffusion de ce virus par transmission interhumaine est inexistant. Tout au plus des épidémies très localisées pourront-elles de nouveau apparaître, comme cela a été le cas, en 1996-1997, au Zaïre [17].

Dans l'immédiat, l'OMS a décidé, en mai 1999, d'autoriser le maintien temporaire, mais au plus tard jusqu'en 2002, des stocks existants de virus variolique dans les sites actuels, c'est-à-dire au CDC d'Atlanta et au laboratoire Vector dans la région de Novossibirsk après le transfert clandestin du virus opéré par les Russes depuis Moscou. Les chercheurs de ces deux centres ont établi une étroite collaboration en vue notamment de mettre au point des médicaments efficaces contre la variole. Le cidofovir, un inhibiteur de l'ADN polymérase des virus à ADN, a donné des résultats *in vitro* encourageants. Des recherches sont également menées pour la mise au point d'un modèle animal capable de reproduire la maladie humaine qui permettrait de tester les médicaments.

LE VIRUS DE LA VARIOLE COMME ARME DE GUERRE BIOLOGIQUE [18] [19]

Au cours du XVIIIe siècle, les colons anglais avaient utilisé le virus de la variole pour lutter contre les tribus indiennes ; des couvertures contaminées s'étaient révélées une arme très efficace. Pendant la guerre contre les Américains, les Anglais avaient variolisé des civils qui, dispersés parmi les troupes américaines, avaient occasionné une épidémie particulièrement mortelle. Plus récemment, pendant la Seconde Guerre mondiale, les Anglais et les Américains avaient envisagé d'utiliser le virus de la variole comme arme de guerre bactériologique. Mais la difficulté de manipulation de ce virus et surtout la vaccination des troupes adverses avaient rapidement montré les limites de cet agent. La fameuse Unité 321 de l'armée japonaise avait réalisé des expérimentations humaines en Chine. Au lendemain de la Seconde Guerre mondiale, les Américains avaient poursuivi leurs recherches dans le centre de Fort Detrick. Mais après les accords signés par le président Nixon sur la non-prolifération des armes biologiques, en 1972, ces études avaient été définitivement arrêtées.

Pour leur part, les Soviétiques avaient acquis une longue expérience du virus de la variole. Dès 1947, le ministère de la Défense avait créé un laboratoire de recherche près de Zagorsk, au nord de Moscou. Les militaires y étudièrent différentes souches de variole. En 1959, une épidémie de variole avait fait 46 victimes à Moscou, le virus avait été introduit par un voyageur venu d'Inde. Ce virus était extrêmement virulent, une épidémie de grande ampleur fut évitée de justesse. Une équipe de médecins russes accompagnée d'agents du KGB se rendit en Inde pour étudier ce virus. Ils en revinrent avec la souche India-1967. C'est la seule souche qui soit capable de reproduire la maladie chez les singes ; en outre elle est particulièrement stable en aérosols, elle deviendra la référence en termes de guerre bactériologique. De petites bombes renfermant le virus de la variole sous forme de poudre furent mises au point ; elles équipaient les missiles intercontinentaux SS-11, SS-13 et SS-17. En 1972, les Soviétiques signèrent la convention sur les armes biologiques, ce qui ne les empêcha pas de poursuivre leurs recherches. En 1973, ils créèrent un organisme officiel, Biopreparat, destiné à coordonner le programme sur les armes bactériologiques. Officiellement, cet organisme d'Etat était chargé de la recherche et de la production de médicaments et de vaccins. Son premier directeur fut le Pr Viktor Zhdanov, celui-là même qui en 1958 avait proposé à l'OMS le projet d'éradication de la variole. Il demeurera seulement deux ans à ce poste qui fut confié aux militaires.

La production du virus de la variole se poursuivait en Union soviétique. Pour en augmenter la capacité, on avait mis au point la culture du virus sur cellules de mammifères en biofermenteur de grande capacité. Les Soviétiques maintenaient en permanence vingt tonnes de virus variolique dans leur centre de Zagorsk, de quoi contaminer plusieurs fois la totalité de la planète. Le virus de la variole n'était pas le seul agent de la panoplie d'armes de guerre biologique. Les Soviétiques préparaient également des stocks de virus Ebola, Marburg, ou celui de l'encéphalite équine du Venezuela. Ils produisaient également de grandes quantités de bactéries : anthrax, peste, tularémie. L'importance du projet de production d'armes biologiques fut révélée à l'Occident lorsque le Dr Vladimir Pasechnik, un biochimiste, fit défection pour rejoindre l'Angleterre en octobre 1989. Les informations fournies par Pasechnik étonnèrent les spécialistes occidentaux, notamment par l'ampleur de la production, les germes eux-mêmes étant connus [20].

En avril 1990, George Bush et Margaret Thatcher protestèrent officiellement auprès de Gorbatchev qui nia en bloc les accusations. Au cours d'un sommet entre les Etats-Unis et l'Union soviétique, les deux présidents décidèrent d'accepter une inspection des sites suspects dans les deux pays. En janvier 1991, des inspecteurs américains et anglais se rendirent en Union soviétique. Ils furent reçus notamment par Kanatjan Alibekov, le directeur adjoint de Biopreparat. Celui-ci avait joué un rôle essentiel dans le développement du projet d'armes biologiques. Dans l'immédiat, il avait pour mission de maquiller les installations soviétiques afin de les rendre présentables aux inspecteurs occidentaux. En quelques mois, les agents biologiques suspects avaient été évacués des différents centres.

L'attention des inspecteurs se porta tout particulièrement sur le centre Vector situé près de Novossibirsk. Plus de 4 500 personnes, dont 250 chercheurs, y travaillaient. L'équipement était remarquable : Vector possédait plusieurs laboratoires de haute sécurité de niveau 4. Parmi ceux-ci, le bâtiment 6 était dédié à la manipulation du virus de la variole ; il était complété par une extension 6A, comportant une pièce utilisée pour les expériences de transmission des agents infectieux par aérosols. Dans le bâtiment 6, les Soviétiques avaient mis au point la production du virus de la variole sur les cellules de mammifères cultivées sur microporteurs dans un biofermenteur de 630 litres. Par la suite, cette production avait été transférée dans un nouveau bâtiment dénommé 15, et réalisée dans un biofermenteur de 2 500 litres.

Les recherches sur le virus même de la variole étaient également conduites à Vector. Par les techniques de génie génétique, les Soviétiques avaient créé des virus chimères, dont celui de la variole/Ebola. Il s'agissait d'un virus de la variole dans lequel les gènes de virulence du virus Ebola avaient été incorporés. Le but était d'obtenir un virus très stable comme celui de la variole et doté d'un pouvoir pathogène identique à celui du virus Ebola. Aucune donnée sur les propriétés de cette chimère n'a été rapportée, mais il n'est pas évident que cette superposition des propriétés biologiques de deux virus aboutisse aux résultats escomptés. Lors de la visite des inspecteurs occidentaux, il avait été relativement aisé à Alibekov de justifier ces installations pour la manipulation, non pas du virus de la variole, mais de celui de la vaccine. Les structures en place pouvaient être dédiées à la production de la vaccine, et les expérimentations animales à la vérification de l'efficacité du vaccin contre différents poxvirus d'animaux, et notamment le monkeypox.

Les inspecteurs occidentaux furent très intrigués par les bâtiments 6 et 6A, et peu convaincus de la nécessité d'un tel niveau de sécurité pour manipuler le virus de la vaccine et encore moins par la production en grande quantité d'un vaccin qui n'était pas utilisé ! Les bâtiments avaient été désinfectés et toute activité suspendue pendant l'inspection. Un inspecteur demanda à un technicien quel virus était manipulé dans le bâtiment 6 : « Le virus de la variole », répondit-il. Fort embarrassés, les Soviétiques expliquèrent qu'il s'agissait de copies d'ADN contenues dans des plasmides et destinées à analyser le génome du virus. Toutes ces informations furent loin de convaincre les inspecteurs.

En décembre 1991, ce fut au tour des Soviétiques d'inspecter différents sites aux Etats-Unis : Fort Detrick dans le Maryland, principal centre américain de recherche sur les armes biologiques, le Salk Institute en Pennsylvanie, Dugway dans l'Utah et Pine Bluff. Ces sites avaient joué un rôle important dans les années 1960 dans la recherche, la production et l'expérimentation des armes biologiques, mais depuis la signature de la convention de 1972 leur activité était uniquement limitée à des recherches défensives. Les unités de production de Pine Bluff avaient été démantelées, l'Institut Salk se consacrait à la production de vaccins pour l'armée. Alibekov, le responsable de l'inspection soviétique, était convaincu que les Américains avaient abandonné la production des armes biologiques. Ce ne fut pas la conclusion du rapport final rédigé en 1992 qui, pour justifier la poursuite des programmes en Union soviétique, affirma que les Américains poursuivaient des recherches secrètes dans la mise au point d'armes biologiques.

Alibekov, aidé par la CIA, quittait la Russie en 1992 pour rejoindre les Etats-Unis où il s'installait avec sa famille en Virginie. Il prenait le nom de Ken Alibek. Maintenu au secret pendant plusieurs années, il publia en 1999 un ouvrage intitulé *La Guerre des germes* [21] qui révélait l'ampleur du programme soviétique en termes d'armement biologique — la variole y tient une part prépondérante.

Au lendemain du démantèlement de l'Union soviétique, ces stocks d'agents biologiques ont probablement été maintenus, et le programme de recherche se poursuit avec de faibles moyens financiers. Le laboratoire Vector a fait appel aux compagnies pharmaceutiques internationales pour réorienter ses activités dans le domaine médical civil.

De nombreux chercheurs russes ont rejoint les centres de recherche occidentaux, notamment aux Etats-Unis. Mais les experts américains sont inquiets : des biologistes militaires pourraient avoir gagné certains pays du Moyen-Orient. Le risque que le virus de la variole réapparaisse dans les mains d'organisations terroristes est pris très au sérieux par le Pentagone. D'autant que, pour faire face à une agression par ce virus, les stocks de vaccins sont quasiment inexistants. Aux Etats-Unis, ils sont évalués à 17 millions de doses qui ont été constituées à la fin des années 1970, mais récemment la qualité de ce vaccin a été remise en question. Pour se préparer à une éventuelle réapparition du virus de la variole, le CDC a lancé en 2000 un appel d'offres pour la production du vaccin. C'est la société de biotechnologie Acambis, localisée à Boston, qui a remporté le contrat de 343 millions de dollars afin de produire 40 millions de doses d'ici dix ans. Suite aux dramatiques événements de septembre 2001, le stock de vaccin à produire a été porté à 250 millions de doses (une dose pour chaque habitant). Ce vaccin sera identique à celui initialement produit par la société Wyeth ; il sera administré par voie intradermique à l'aide de l'aiguille bifurquée mise au point par cette société dans les années 1970 et produit sur cultures de cellules.

En outre, le CDC a repris des études sur le virus de la variole. Les chercheurs de l'USAMRIID (United States Army Medical Research Institute of Infectious Diseases), sous la direction de Peter Jahrling (cf. chapitre 7, virus Ebola), travaillent dans ce centre à la mise au point d'un modèle animal apte à reproduire la maladie afin d'évaluer les futurs vaccins et des médicaments. Autant dire que la destruction du virus de la variole prévue en 2002 est loin d'être assurée.

Sa réapparition à la suite d'une agression terroriste aurait un impact psychologique dramatique : elle remettrait définitivement en question les programmes d'éradication des maladies virales, dont celui de la poliomyélite qui est en cours d'achèvement. Mais, dès à présent, peut-on sérieusement envisager la destruction volontaire des virus polio contenus dans les différents laboratoires ?

2

LA FIÈVRE JAUNE

Quelle ne fut pas la surprise des émissaires du président des Etats-Unis, Thomas Jefferson, venus négocier en France, en 1804, le rachat de La Nouvelle-Orléans, lorsque le ministre de Napoléon, Talleyrand, leur répondit : « Acheter La Nouvelle-Orléans ? Pourquoi La Nouvelle-Orléans ? Ne préférez-vous pas toute la Louisiane ? » Les Américains venaient de doubler la surface de leur territoire, car la Louisiane sous domination française s'étendait depuis l'Etat actuel jusqu'à la frontière du Canada. Cette acquisition mettait un terme aux ambitions territoriales dans le Nouveau Monde de Napoléon et ouvrait les Etats-Unis à la conquête de l'Ouest. Cette étrange générosité, les Américains la devaient à... la fièvre jaune [1].

L'armée française stationnée dans l'île de Saint-Domingue devait faire face aux armées anglaises, à la rébellion menée par Toussaint-Louverture et avant tout aux redoutables épidémies de fièvre jaune qui allaient décimer les trois quarts des troupes. Au total, 27 000 soldats sont morts en quelques mois de cette redoutable maladie, ainsi que le général Leclerc, beau-frère de Napoléon. Découragés, les Français quittaient l'île, et, le 1er janvier 1804, Saint-Domingue devenait officiellement un Etat indépendant : Haïti. La guérilla et la fièvre jaune avaient vaincu une armée à laquelle aucune force en Europe n'avait pu s'opposer efficacement.

La fièvre jaune ne réussissait pas aux Français en Amérique centrale, Ferdinand de Lesseps allait en faire la cruelle expérience. Après son succès dans le percement du canal de Suez, les Français sous sa direction créaient la Compagnie universelle du canal interocéanique. Ils allaient se lancer dans une extraordinaire aventure : le percement du canal de Panama. Ce fut ce qu'on appela à l'époque la « grande entreprise ». Une opération exceptionnelle autant humaine que financière. En 1881, les travaux commencèrent : quelque 200 ingénieurs français avaient été mobilisés, ainsi que des milliers d'employés. Dès le début des travaux, c'est l'hécatombe. En 1882, on rapporte 400 morts de fièvre jaune et de malaria. L'année suivante 1 300, puis une moyenne de 200 morts par mois ! Une des causes de cette mortalité élevée est liée à la pullulation du vecteur de la maladie *Aedes aegypti*. Dans les campements, afin de s'isoler des insectes rampants, les ouvriers avaient pris l'habitude de déposer sous les pieds du lit des gobelets remplis d'eau : autant ce procédé était efficace pour éviter la pénétration des insectes dans les lits, autant ces réserves d'eau constituaient d'excellents gîtes larvaires pour les *Aedes aegypti*.

La situation sanitaire resta cachée à l'opinion publique, car il fallait continuer à lever des fonds. Mais les parents des victimes commençaient à réclamer la vérité, et les nouveaux ingénieurs étaient de plus en plus réfractaires au départ. Pourtant, il y avait toujours des volontaires pour ce grand chantier de la fin du siècle. Même Paul Gauguin se laissera tenter par ce paradis tropical. Par chance, il n'y séjournera que deux mois avant d'être renvoyé. En 1885, sur les dix-sept jeunes ingénieurs français qui rejoignaient le canal, un seul survivra après un mois. Pour faire taire les rumeurs qui s'amplifiaient, le directeur du chantier, Jules Dingler, décida de faire venir sa famille pour ramener la confiance. Au bout de quelques mois, son unique fille meurt de fièvre jaune, un peu plus tard c'est le tour de son fils, et finalement du fiancé de sa fille. On estime que, durant toute la durée des travaux (1881-1889), près d'un tiers du personnel sera mort de la fièvre jaune, dont 22 000 employés français. Cette dramatique aventure se terminera en 1889, avec l'arrêt des travaux et la faillite de la Compagnie [2].

Les travaux seront repris par les Américains en 1903, avec

succès, mais entre-temps le mode de propagation de la fièvre jaune avait été découvert.

Les grandes villes du sud des Etats-Unis étaient particulièrement touchées : au cours de la première moitié du XIXe siècle, au moins une importante épidémie se produisit tous les ans dans celles-ci : Nouvelle-Orléans, Savannah, Mobile, Charleston, Norfolk.

La ville de La Nouvelle-Orléans était à cette époque la « capitale de la fièvre jaune » : certaines années, la maladie était responsable de près de 50 % des décès observés. Les épidémies se produisaient pratiquement tous les ans. A la fin de l'été, la population attendait, résignée, l'épidémie. La maladie n'est pas toujours mortelle, et les survivants possédaient une solide immunité. Mais l'arrivée massive d'immigrants, en provenance d'Europe, maintenait un volet important de sujets sensibles et explique la succession des épidémies.

Les villes du nord de la côte Est des Etats-Unis étaient également touchées. Plusieurs épidémies sont rapportées à New York entre 1702 et 1747, ainsi qu'à Boston. En 1793, la plus importante épidémie dans les villes côtières du Nord-Est s'est produite à Philadelphie, centre politique et économique du nouvel Etat. La ville compte alors 50 000 habitants ; à la fin de l'été, près de 5 000 personnes seront mortes de fièvre jaune. Les dirigeants politiques du jeune Etat quittent la ville : Washington, Jefferson, Hamilton — ce dernier déjà contaminé décédera quelque temps plus tard. Lorsque les fonctionnaires partiront, les scellés seront déposés sur les archives.

A cette époque, l'origine de la maladie est inconnue, on accuse les « miasmes » qui proviennent des matières organiques d'origine végétale ou animale. On reconnaît l'apparition de la maladie dans les détritus stockés dans certains quartiers de la ville. Le mécanisme de transmission fait l'objet de polémique. Certains l'attribuent à une transmission interhumaine, d'autres sont farouchement opposés à cette hypothèse. Parmi ceux-ci, le Dr Stubbin Ffirth qui, pour démontrer l'absence de contagiosité, boit le vomito-negro d'un malade. Rien ne se passe. Il s'injecte alors du sang. Il aura de la chance, il ne contractera pas la maladie, le prélèvement ayant certainement été réalisé tardivement. On apprendra plus tard que le virus n'est présent dans le sang que les trois premiers jours de l'apparition des signes cliniques.

L'introduction du virus dans la ville est attribuée à l'arrivée d'immigrants, particulièrement nombreux en 1793. On instaurera alors la quarantaine pour les bateaux. Lorsqu'une épidémie se déclarera dans l'équipage d'un navire, celui-ci devra hisser le drapeau jaune, le fameux Yellow Jack, qui deviendra le sobriquet de la maladie. Les conséquences économiques de ces mesures d'isolement seront dramatiques [3].

La maladie était horrible, en témoigne cet extrait d'une lettre au cours d'une épidémie à Memphis : « Lucille est morte ce soir à 10 heures, après avoir horriblement souffert. La pauvre fille hurlait si fort qu'on l'entendait du voisinage. Je me tenais près d'elle, essayant de la maintenir dans son lit. La jaunisse était très accentuée, sa peau présentait une couleur jaune brillante, sa langue et ses lèvres étaient noires, le sang suintait de la bouche et du nez. Pour moi, le plus terrible resteront les vomissements noirâtres totalement incontrôlables. En fin de soirée, ceux-ci étaient aussi noirs que l'encre, ils étaient expulsés violemment, j'étais entièrement éclaboussé. Jamais je n'aurais pensé voir une maladie aussi horrible [4]. »

Cette description d'un père rassemble les données cliniques de cette terrible maladie. Dans sa forme la plus sévère, la maladie évolue après une période de fièvre de deux à trois jours, suivie le plus souvent d'une courte rémission ; apparaissent alors les symptômes caractéristiques de la maladie : le vomito-negro, l'ictère et une forte albuminurie qui traduisent l'atteinte hépatique et rénale. Les termes de vomito-negro (vomissement de sang noir) et de jaunisse ont été retenus, dans le passé, pour caractériser cette maladie. L'ictère a donné le nom à la maladie et au virus (virus amaril), ainsi qu'à la famille *Flaviviridae* à laquelle appartient ce dernier.

La maladie a été longtemps confondue avec certaines formes sévères de malaria (fièvre bileuse intermittente) décrites, en particulier, en Afrique. Nous devons au Dr John Williams, médecin sur des navires assurant le transport des esclaves entre l'Afrique de l'Ouest et les Caraïbes, d'avoir le premier séparé ces deux maladies, dès 1740. Cette opinion n'était pas partagée par la communauté médicale de l'époque qui ne reconnaissait la fièvre jaune que comme entité clinique présente uniquement dans le Nouveau Monde. Le Dr Parker Bennet de la Jamaïque traita John Williams de charlatan ; il s'ensuivit un dramatique duel au cours duquel les deux opposants devaient mourir. John Williams avait raison : la fièvre jaune et la malaria sont deux maladies distinctes, et l'épidémie de fièvre jaune à Saint-Louis-du-Sénégal, en 1778, démontrera l'existence de la maladie en Afrique [5].

L'importance de la fièvre jaune à la fin du XIXe siècle est illustrée par l'épidémie de Memphis en 1878, rapportée par Oldstone [6]. La ville de Memphis est alors un centre économique prospère, capitale du commerce du coton. La ville est en pleine expansion : elle compte alors 40 000 habitants. La fièvre jaune avait déjà touché Memphis : en 1855, sept personnes étaient mortes, 250 en 1876, et 2 000 en 1873. Mais il n'y a là rien de comparable avec les épidémies observées dans la ville de La Nouvelle-Orléans. Située plus au nord, Memphis était estimée moins vulnérable que les villes côtières. Prospère et bien entretenue, le risque apparaissait faible. Mme Kate Bionda possédait un restaurant hôtel en bordure du fleuve Mississippi, ses clients étaient principalement des marins et des commerçants. Le 15 août 1878, elle fut la première victime reconnue de la fièvre jaune à Memphis. En fait le virus avait été introduit dans son restaurant par un client le 1er août, et celui-ci était décédé le 5 août à l'hôpital de la ville.

A la mi-août, un total de 55 cas de fièvre jaune sont rapportés à Memphis. C'est le début de la panique. Par tous les moyens disponibles, les habitants quittent la ville. Seulement quatre jours après le décès de Mme Bionda, plus de la moitié des habitants a quitté la ville. Ces fuyards sont rejetés par les villes avoisinantes, les passagers ne sont pas autorisés à descendre des trains, les bateaux sur le Mississipi subiront une quarantaine de plus de deux mois. Car en quittant la ville, les réfugiés emmènent avec eux le virus et le dispersent dans le bassin du Mississippi. Dans la ville sont restés près de 20 000 habitants, 14 000 Noirs et 6 000 Blancs. L'épidémie s'étend rapidement, on recense 200 morts par jour. Il faudra attendre fin octobre, lorsque la densité du vecteur *Aedes aegypti* aura fortement diminué, pour voir l'arrêt de l'épidémie. Le bilan est catastrophique : 70 % des Blancs sont morts, soit 4 000 habitants. Fait exceptionnel, la population noire est également sévèrement touchée : 70 % ont présenté une fièvre jaune et 10 % sont décédés, des taux de mortalité nettement supérieurs aux épidémies précédentes. Globalement, la quasi-totalité des résidents de Memphis aura été infectée en moins de trois mois. Un siècle plus tard, lorsque nous étudierons une épidémie de fièvre jaune en Afrique, au Burkina Faso, le même état de panique sera rapporté. Plus de 90 % des habitants de l'ouest du pays seront infectés. La mortalité, d'environ 10 %, est à rapprocher de celle observée parmi les Noirs de la ville de Memphis.

Cette relative résistance des populations noires a été confirmée aux cours des différentes épidémies en Afrique ou dans les Caraïbes. Certains considèrent qu'actuellement les souches de virus de la fièvre jaune sont plus atténuées que celles du siècle précédent. En fait il n'en est rien, c'est la nature des épidémies qui a changé. Il n'existe plus d'épidémies dans les grandes métropoles d'Afrique où vivait une importante colonie d'Européens, particulièrement sensibles au virus amaril. Les épidémies, en Afrique, ont lieu en milieu rural, parmi les populations insuffisamment vaccinées. Lors d'une épidémie, le taux d'attaque reste identique à ce qu'il était au siècle dernier. La mortalité chez les populations noires n'a pas varié. Seule la forte croissance démographique permet de révéler ces épidémies rurales qui dans le passé n'auraient pas attiré l'attention. A tel point que, jusque dans les années 1960, on considérait les populations africaines comme résistantes à la fièvre jaune. Les récentes dramatiques épidémies qui, dans les années 1980-1990, ont fait plusieurs centaines de milliers de victimes, notamment au Nigeria, confirment que la fièvre jaune demeure une menace permanente, en Afrique et en Amérique du Sud.

La fièvre jaune allait jouer un rôle essentiel dans l'histoire de la médecine tropicale aux Etats-Unis. Dès la fin du

XIXe siècle, les Américains avaient des vues sur l'île de Cuba qui, à l'époque, était dirigée par les Espagnols. De Floride, ils soutenaient des rebelles contre le régime autoritaire cubain. Une expédition se préparait en 1898. Ce ne fut pas le désastreux débarquement de la baie des Cochons, en 1961, mais la conquête fut difficile. Près de 17 000 soldats débarquèrent à La Havane. Durant le siège de Santiago, une redoutable épidémie de fièvre jaune faillit faire échouer l'expédition. Finalement, la ville fut prise. Les Américains prenaient également de force l'île de Porto Rico. Par le traité de Paris, les Espagnols abandonnaient Cuba et Porto Rico, ainsi que Guam et les Philippines. Les Etats-Unis entraient dans le clan fermé des pays colonialistes, dominés par l'Angleterre et la France. A l'instar de ces deux pays, la recherche en médecine tropicale prenait naissance aux Etats-Unis. La lutte contre la fièvre jaune restait prioritaire. Le foyer des Caraïbes connu pour entretenir les épidémies dans les grandes villes côtières de l'Est, devait constituer le centre de la lutte contre cette maladie. Le contrôle politique de la région allait permettre aux Américains d'apporter la solution à cette maladie.

En cette fin de siècle, la microbiologie dominait les maladies infectieuses. Sous le génie de Louis Pasteur et de Robert Koch, l'étiologie des maladies infectieuses était précisée. La course aux microbes nouveaux était ouverte. En 1885, Domingos Freiro, à Rio de Janeiro, annonçait avoir isolé l'agent de la fièvre jaune : c'était une bactérie qu'il appela *Cryptococcus xanthogenicus*. En référence aux travaux de Pasteur, il cultive l'agent et prépare un vaccin atténué. Il vaccinera plusieurs milliers de sujets. Aucun effet protecteur vis-à-vis de la fièvre jaune n'est observé, par chance seulement un décès est rapporté chez les vaccinés. Le germe en question sera ultérieurement identifié au redoutable *Staphylococcus aureus* ! Au Brésil, Guiseppe Sanarelli, un élève de Pasteur, décrit le *Bacillus icteroïdes* comme agent de la fièvre jaune. Il faudra plusieurs années pour infirmer ce résultat.

Première période : le rôle d'*Aedes aegypti*, épidémiologie de la fièvre jaune

En 1900, les Américains décident d'envoyer une commission chargée d'étudier la transmission de la fièvre jaune à Cuba. Cette commission est composée de quatre militaires dirigés par le major Walter Reed : James Carroll, Aristes Agramonte et Jesse W. Lazear. Leur but est tout d'abord de vérifier l'éventuel rôle du *Bacillus icteroïdes* et d'autre part d'étudier l'hypothèse émise par un médecin cubain, Carlos Finlay, sur la transmission de la fièvre jaune par les moustiques. Carlos Finlay est né d'une mère française et d'un père écossais. Eduqué en France, il fit ses études de médecine aux Etats-Unis, avant d'exercer à Cuba. En 1881, il publie son hypothèse sur le rôle d'*Aedes aegypti* comme vecteur de la fièvre jaune [7]. Il réalise une série d'expériences pour valider sa thèse. Au total 67 volontaires, tous des missionnaires jésuites, à peine arrivés à Cuba, acceptent de participer à l'expérimentation. Des moustiques piquent des sujets atteints de fièvre jaune, puis les volontaires. Aucun nouveau cas de fièvre jaune ne sera observé. L'échec de l'expérience (heureux pour les volontaires) réside dans un biais technique que ne pouvait connaître Carlos Finlay. De nos jours nous savons que le virus de la fièvre jaune est un arbovirus (arthropod-borne virus). Le moustique, lorsqu'il pique un sujet atteint de fièvre jaune, absorbe le virus circulant dans le sang. Le virus va se multiplier au niveau des cellules du tube digestif, puis franchir la barrière intestinale et gagner les glandes salivaires. Il sera alors transmis à un sujet sain lors d'une nouvelle piqûre. Contrairement aux parasites, tels que les plasmodiums, agents de la malaria, le virus ne subit pas une transformation structurale, mais il se réplique abondamment avant d'être transmis. Cette période est dite extrinsèque, elle constitue la caractéristique majeure des arbovirus, et dure environ douze jours. Par conséquent, en soumettant les volontaires à une piqûre juste après un repas sanguin infectant, Carlos Finlay ne pouvait pas transmettre l'agent infectieux. Cette période nécessaire à la réplication de l'agent infectieux chez le vecteur, l'équipe de

W. Reed l'avait appréhendée au travers de deux observations : à La Havane, Henry Carter, épidémiologiste américain, leur apprend qu'environ deux semaines s'écoulent entre le premier cas de fièvre jaune et l'apparition d'un second cas. En outre, W. Reed rapporte que deux infirmières qui s'occupaient d'un malade atteint de fièvre jaune présentèrent la maladie deux semaines après la mort du malade.

Finlay fournit des moustiques de son élevage à l'équipe américaine. C'est Lazear qui s'occupe du travail d'entomologiste. Celui-ci avait travaillé avec le grand parasitologue italien Giovanni Battista Grassi, à l'origine de remarquables travaux sur la malaria. L'expérimentation de Lazear consiste à faire gorger des moustiques sur les malades et à les maintenir environ deux semaines dans un tube, avant de les appliquer sur le bras des volontaires pour les faire piquer. Les premières expériences sont menées, en août, alors que Reed est rappelé à Washington pour des études sur la typhoïde. Les premiers essais sont infructueux, les moustiques se sont gorgés sur des sujets au cinquième jour de la maladie, c'est-à-dire trop tardivement. Une nouvelle expérience est réalisée : Carroll est piqué par un moustique qui s'est infecté sur un malade au deuxième jour de l'apparition des premiers signes cliniques. La période d'incubation de douze jours a été respectée. Les conditions idéales pour réaliser la transmission sont réunies. L'expérience est un succès. Carroll est malade, il est hospitalisé, mais sa vie n'est pas en danger. Une nouvelle expérience est réalisée sur un soldat américain dénommé William Dean. Pour optimiser les chances de succès, Lazear utilise le même moustique que celui qui avait piqué Carroll. Le résultat est identique.

En septembre, c'est le drame : en manipulant les moustiques d'élevage, Lazear s'infecte accidentellement, et meurt quelques jours après de la fièvre jaune. Ce sera la première victime de la transmission expérimentale de ce virus.

A son retour, Reed prend connaissance de ces premiers résultats, et décide de publier une note préliminaire sur le rôle du moustique comme vecteur de l'agent de la fièvre jaune [8]. Ces premiers résultats sont perçus avec un certain scepticisme par la communauté scientifique. Ces expériences ont été réalisées au cours d'une importante épidémie de fièvre jaune à La Havane, il n'est pas exclu que les trois volontaires aient été contaminés par une autre voie, et notamment par contact avec les malades. Reed décide d'aller de l'avant, aidé par le général Leonard Wood qui comprend l'importance des travaux et assurera le financement des recherches à venir. Reed crée un campement qui portera le nom de Lazear, où sont installées des tentes permettant d'isoler les volontaires. Toutes les précautions seront prises pour éviter les critiques initiales. Les volontaires seront strictement isolés durant l'expérimentation. Des témoins négatifs (non piqués par le vecteur) seront inclus dans l'étude.

Les deux premiers volontaires, Private Kissinger et John Morgan, se présentent dans le bureau de Reed. Celui-ci leur explique le but de l'étude et souligne le danger que représente pour leur vie une éventuelle infection. « Nous savons, répondent-ils ; nous sommes volontaires pour la cause de l'humanité et pour l'intérêt de la science. » Reed est impressionné, il leur précise que le général Wood a décidé de remettre à chaque volontaire la somme de 200 dollars (une somme très importante pour l'époque). « La seule condition pour notre participation à cette expérimentation, c'est que nous ne bénéficiions d'aucune compensation », précisent Kissinger et Morgan, de véritables héros [9]. Les autres volontaires, de récents immigrants espagnols, plus intéressés, participeront, alléchés par cette somme. Sur les 16 volontaires piqués par *Aedes aegypti*, 14 présenteront la maladie. La moisson des résultats est impressionnante :

1) Le *Bacillus icteroïdes* décrit par Sanarelli n'est pas la cause de la fièvre jaune.

2) Le vecteur *Aedes aegypti* est apte à s'infecter par piqûre sur les malades pendant les trois premiers jours de la maladie.

3) Après une période de douze jours, le vecteur peut transmettre la maladie à un homme non immun.

4) Il n'existe pas d'autre mode de contamination, les contacts avec les habits d'une personne malade ne s'accompagnent pas de la transmission.

5) L'agent infectieux est capable de traverser le filtre de Berkefeld * : il s'agit du premier virus responsable d'une maladie humaine décrit.

6) Le virus est très fragile, il est inactivé par chauffage à 55 °C pendant 10 minutes.

Il est remarquable qu'aucun décès de fièvre jaune n'ait été observé au cours de cette expérimentation. En 1901, Juan Guiteras, de l'Université de La Havane, aura moins de chance. Dix-neuf volontaires sont exposés aux piqûres d'*Aedes aegypti* : huit seront infectés, trois décéderont [10].

Le rôle d'*Aedes aegypti* dans la transmission du virus de la fièvre jaune fera l'objet d'un débat passionné entre les Cubains et les Américains. Qui est à l'origine de la découverte, Finlay ou Reed ? Finlay pensait que le vecteur transportait le virus, alors que Reed établit le cycle de réplication du virus dans le corps du moustique, étape indispensable à sa transmission. Finlay n'a pas été en mesure de réaliser la transmission de l'infection chez l'homme. L'équipe de Reed a apporté tous les éléments permettant de conclure au rôle d'*Aedes aegypti*. Idée géniale d'un côté, expérimentation indiscutable de l'autre. Mais, au fait, la transmission de la fièvre jaune par un vecteur était-elle une idée tout à fait originale en 1900 ? Cette hypothèse se situe après la découverte du rôle des vecteurs dans la transmission des filaires, par le grand parasitologue anglais Patrick Manson. Comme le souligne François Delaporte [11], Finlay avait certainement eu connaissance de ces travaux précurseurs lorsqu'il émit son hypothèse.

Walter Reed ne profitera pas de la gloire scientifique qui l'attend. Il meurt en 1902 des suites d'une crise d'appendicite.

Nationalisme aidant, le conflit entre Reed et Finlay entrera dans l'Histoire. Pour les biographes américains, Reed Walter est le président de la commission américaine contre la fièvre jaune à qui l'on doit la découverte du mode de propagation de cette maladie. Pour les Cubains, Carlos Finlay restera le médecin à qui l'on doit la découverte du mode de propagation

---

* Filtre en porcelaine utilisé pour distinguer les germes qui traversent le filtre (virus), de ceux qui sont retenus (bactéries).

de la fièvre jaune. En 1905, un buste en marbre de Reed est placé à la National Gallery à Washington. C'est en 1916 que les Cubains inaugurent un monument à la gloire de Finlay à La Havane. Puis un projet grandiose est élaboré : ériger une statue géante de Finlay à l'entrée du port « pour que tout voyageur ou immigrant sache que, si Colomb a découvert l'Amérique, Finlay l'a rendue habitable » ! Le projet n'aboutira pas. Les médias s'emparent des deux héros. Sidney Howard et Paul De Gruif (l'auteur de l'incomparable best-seller *Microbe Hunters*) mettent en scène, en 1934, *Yellow Jack* qui est un succès à New York et que la Metro Goldwyn-Mayer portera à l'écran. La réponse ne tarde pas, Dominguez Roldan écrit un drame cinématographique relatant la vie et l'œuvre de Finlay. Seul le prix Nobel aurait pu apaiser la compétition, mais Reed était décédé trop tôt [12].

Mais revenons au début du siècle. Les travaux de la commission américaine seront confirmés au Brésil, en 1903, par une équipe de l'Institut Pasteur composée d'Emile Marchoux, Alexandre Salimbeni et Paul-Louis Simond. Puis en 1905, Marchoux et Simond démontrent que le virus de la fièvre jaune peut passer dans les œufs d'*Aedes aegypti* et ainsi se transmettre de génération en génération. Cette découverte essentielle ne sera pas reconnue avant 1979, lorsque Aitken redécouvre cette propriété dans le cycle du virus.

Dès que le rôle d'*Aedes aegypti* fut établi, la lutte contre ce vecteur s'engagea. Ce moustique vit en étroit contact avec l'homme ; tous les objets de la vie courante qui constituent une réserve d'eau (jarre, réservoirs d'eau, boîtes de conserve, pneus usagés) représentent un gîte préférentiel pour ce vecteur. Ces étroites relations avec l'homme expliquent son rôle de vecteur de la fièvre jaune, mais aussi celui de la dengue. Dès 1901, sous l'impulsion du général William Gorgas, la lutte contre le vecteur est entreprise à Cuba. Gorgas avait été infecté par le virus de la fièvre jaune lors d'un séjour au Texas ; il possédait une solide immunité qui lui permit de lutter très efficacement contre ce fléau, et ce dans les différents pays du continent américain. Ses méthodes étaient musclées, de véritables opérations militaires. Des groupes de trois inspecteurs avaient charge de contrôler mille maisons à raison de trente par jour. Ils visitaient les différentes habitations de La Havane à la recherche de gîtes larvaires ; la moindre découverte était pénalisée d'une amende de dix dollars. Les résultats furent spectaculaires. La fièvre jaune disparut de l'île dès 1901, depuis elle n'est jamais réapparue. Les Etats-Unis connaissent leur dernière épidémie à La Nouvelle-Orléans en 1905. Des succès sont également obtenus en Amérique centrale et du Sud. Ils permettront le percement du canal de Panama. Alors qu'un tiers des employés de Ferdinand de Lesseps périront de fièvre jaune, les méthodes de lutte du général Gorgas limiteront l'infection à quelques rares cas et assureront le succès de cette deuxième tentative. Au Brésil, sous l'impulsion d'Oswaldo Cruz, qui donnera son nom à un grand centre de recherche, producteur notamment du vaccin fièvre jaune, la maladie recule.

Les progrès de la lutte contre cette maladie sont tels que l'on envisage son éradication. En 1909, le général Gorgas affirmait : « Des résultats spectaculaires ont été obtenus au cours de ces dix dernières années dans la lutte contre la fièvre jaune. Il y a dix ans, les principaux foyers épidémiques étaient localisés à Vera Cruz, La Havane, Rio de Janeiro, et Guayaquil. A La Havane le virus a pratiquement disparu, des résultats similaires ont été obtenus ces derniers mois à Rio de Janeiro. Dans les autres foyers on ne rapporte plus d'épidémie, sinon quelques rares cas sporadiques. Cette situation est également rencontrée en Afrique de l'Ouest. Les prochaines années permettront la totale disparition de la maladie, qui n'aura alors qu'un intérêt historique. »

En 1932, une découverte essentielle allait définitivement changer la perception de l'épidémiologie de cette maladie. Fred Soper [13] décrit au Brésil la « jungle yellow fever », ou fièvre jaune selvatique (de forêt). Dans la Valle do Chanaan au Brésil, une épidémie de fièvre jaune se produisit en milieu rural, dans une région où *Aedes aegypti* était absent. Soper donne la définition suivante de la fièvre jaune selvatique : « Contrairement à la transmission par *Aedes aegypti*, qui se produit en milieu urbain, à l'intérieur même des maisons, et dont le cycle est étroitement lié aux relations vecteur-homme, la fièvre jaune selvatique se produit en l'absence de ce vecteur, généralement sous forme de cas isolé. L'homme s'infecte en pénétrant dans la forêt. Les personnes principalement exposées sont les forestiers, et en particulier les bûcherons. »

Le cycle selvatique de la fièvre jaune apparaît beaucoup plus complexe que le cycle urbain où l'homme et *Aedes aegypti* sont les seuls acteurs. La fièvre jaune selvatique est une zoonose, et on démontrera que les singes y jouent un rôle essentiel. L'homme est étranger à ce cycle, il n'est qu'un intrus qui peut s'infecter en allant au contact du virus dans la grande forêt tropicale.

Lors de la description de Soper, la fièvre jaune selvatique est considérée comme une zoonose dont le cycle reste à découvrir. Dès 1932, le rôle de vecteur des moustiques du genre Haemagogus est soupçonné. Mais lors des épidémies, ces vecteurs sont peu abondants. La chance allait sourire aux entomologistes qui étudiaient cette maladie, au Brésil, dans la forêt amazonienne. Un jour, alors qu'ils observent des bûcherons en train d'abattre un immense arbre, ils vont faire une découverte décisive. Dès que l'arbre touche le sol, une nuée de moustiques du genre Haemogogus surgit. C'est au sommet des feuillages que vivent ces vecteurs ; en abattant les arbres, les bûcherons mettent en contact le vecteur avec l'homme. Cette découverte fortuite allait permettre d'élucider le cycle du virus de la fièvre jaune en Amérique du Sud et d'étudier expérimentalement sa transmission par les moustiques du genre Haemagogus. Les singes servent d'hôtes amplificateurs au virus. Infectés par piqûre du moustique, ils présentent une virémie (virus présent dans la circulation sanguine). Celle-ci est de courte durée, elle permet d'infecter d'autres moustiques ; le singe joue donc le rôle d'amplificateur du virus. On a longtemps considéré que les singes représentaient le réservoir du virus amaril. Ce statut est intermittent car, une fois infectés, les singes d'Amérique du Sud meurent généralement de la maladie ou acquièrent une solide immunité. Le singe ne participe donc au cycle de la fièvre jaune que pendant une très courte période. Le moustique est le véritable réservoir. Une fois infecté, il le demeure toute la vie, et il peut transmettre le virus par piqûre à l'homme ou aux singes.

La fièvre jaune selvatique représente-t-elle une spécificité de l'Amérique du Sud, ou bien existe-t-elle aussi en Afrique ? Il faudra plus de cinquante ans pour répondre à cette question. Dès 1938, A. F. Mahaffy et son équipe étudient la fièvre jaune en Ouganda. Ce pays n'a jamais connu d'épidémie, mais les enquêtes sérologiques révèlent une forte prévalence en anticorps parmi les populations humaines. La construction d'une route au cœur de la forêt tropicale, dans le district de Semliki, offre une occasion aux chercheurs de découvrir le cycle selvatique. Les ouvriers sont suivis pendant plusieurs mois, mais aucun cas de fièvre jaune n'est observé, alors que près de 20 % présentent une séroconversion qui signe une infection bénigne ou inapparente par le virus de la fièvre jaune. Le virus existe donc en milieu forestier. Après trois ans de recherche, en juin 1941, le premier cas humain de fièvre jaune est décrit en Ouganda. Mais le cycle de circulation du virus restait à préciser. Quels sont les hôtes amplificateurs et les vecteurs ?

Après la Seconde Guerre mondiale, ces travaux furent repris par une équipe dirigée par A. J. Haddow et K. C. Smithburn. Dans la grande forêt tropicale, les animaux sont rares et difficiles à localiser. L'équipe de Haddow décide alors d'introduire des singes sentinelles appartenant à l'espèce *Macacus rhesus*. Ces singes originaires d'Asie se révèlent très sensibles au virus de la fièvre jaune : en quelques jours ils présentent une infection très proche de la maladie humaine. Les singes sont placés dans des cages au sein de la forêt tropicale en vue de détecter le virus amaril. Mais il ne se passe rien. Les entomologistes découvrent alors une propriété originale dans le comportement des vecteurs : les moustiques ne piquent pas les animaux dans leur cage, c'est l'effet « barreau ». On renouvelle l'expérience en laissant les singes en semi-liberté. Ces efforts sont finalement récompensés, le virus est isolé en février 1948 d'un singe sentinelle. La découverte d'une région où circule le virus de la fièvre jaune allait rapidement permettre de préciser son cycle selvatique. Il fut établi que le vecteur est *Aedes africanus,* ce moustique vit en forêt, il se nourrit principalement sur des singes. Contrairement aux singes du Nouveau Monde, ceux d'Afrique sont résistants au virus de la fièvre jaune, ils présentent aussi une courte virémie qui assure la dissémination du virus parmi les moustiques. Le pic d'activité d'*Aedes africanus* se produit au crépuscule, juste avant le coucher du soleil, ce qui correspond à la période où les singes établissent leur campement pour dormir. Mais en Afrique de l'Est, *Aedes africanus* pique rarement l'homme, la transmission de la fièvre jaune est assurée par un autre vecteur, *Aedes simpsoni*, présent notamment dans les bananeraies que les singes visitent dans la journée. C'est dans ces lieux que l'homme peut s'infecter.

En Afrique de l'Ouest et centrale, la dissection du cycle de la fièvre jaune a été réalisée par des recherches communes menées par les équipes d'entomologistes médicaux de l'ORSTOM (Office de la Recherche Scientifique et Technique Outre-Mer), devenue IRD (Institut de Recherche pour le Développement), et les virologistes des Instituts Pasteur de Bangui (République centrafricaine), d'Abidjan (Côte-d'Ivoire) et de Dakar (Sénégal). Les travaux débutèrent tardivement, dans les années 1970. Au lendemain de la Seconde Guerre mondiale, la vaccination avait fait reculer de façon spectaculaire la fièvre jaune en Afrique. Seuls quelques cas isolés étaient encore rapportés. La dramatique épidémie de Diourbel, en 1964, au Sénégal, devait malheureusement rappeler que cette maladie restait d'actualité. Il s'agissait d'une épidémie urbaine dont le vecteur était *Aedes aegypti*. Mais comment le virus se maintenait-il pour alimenter ce cycle urbain ? C'est ce qu'il fut décidé d'étudier dans les trois Instituts Pasteur. Les données établies en Afrique orientale faisaient de la forêt « le sanctuaire de la fièvre jaune ». Le régime pluviométrique peu contrasté et l'humidité qui en résulte font que les vecteurs sont présents toute l'année. Mais, en forêt, la grande dilution des populations de vecteurs limite la transmission du virus. Les enquêtes sérologiques chez les Pygmées, vivant au cœur de la forêt tropicale, confirment la rareté des infections humaines. Contrairement à l'Afrique de l'Est, où *Aedes simpsoni* est le vecteur de la fièvre jaune, en Afrique de l'Ouest ce moustique pique rarement l'homme. Il fut alors entrepris de rechercher le virus en lisière de forêt et dans les zones de savanes arborées.

Dix ans de recherches, auxquelles j'ai participé en tant que virologue aux Instituts Pasteur de Bangui et de Dakar, allaient apporter une réponse à l'élucidation du cycle selvatique de la fièvre jaune en Afrique centrale et de l'Ouest. Les travaux publiés par Max Germain et Michel Cornet [14], en collaboration avec les virologues des Instituts Pasteur, établissaient que le virus se maintenait en zone de savane arborée, dénommée par Germain la zone d'émergence du virus amaril. Les principaux vecteurs sont *Aedes africanus, Aedes opok, Aedes luteocephalus, Aedes taylori*. Bien que les conditions climatiques ne permettent pas un maintien annuel des vecteurs, le virus peut traverser les périodes de sécheresse annuelles dans les œufs. Il fut en effet établi expérimentalement, par Aitken et Léon Rosen [15], que le virus pouvait se transmettre par transmission transovarienne (transmission verticale). Lors de la ponte des œufs, les femelles porteuses du virus peuvent ainsi le transmettre à la descendance. Dans la nature, il fut découvert que des moustiques mâles pouvaient être infectés par le virus de la fièvre jaune. Or ceux-ci ne piquent jamais l'homme, seules les femelles se nourrissent par repas sanguins effectués sur les primates. Par conséquent, l'infection des mâles ne pouvait résulter que de la transmission du virus dans les œufs.

Ces cycles complexes qui prennent place dans les zones de savanes arborées peuvent non seulement être à l'origine d'épidémies rurales, mais aussi entretenir des cycles urbains. Le virus peut être transporté, par l'intermédiaire des singes ou des sujets infectés, jusque dans les villes, où pourra se produire une épidémie urbaine dont le vecteur est *Aedes aegypti*. L'existence d'un cycle selvatique qui entretient un cycle épidémique peut être illustrée par l'épidémie de 1978 en Gambie. Dès la saison des pluies de 1976, l'équipe de l'Institut Pasteur avait détecté la circulation du virus de la fièvre jaune dans le sud-est du Sénégal, parmi les moustiques et les singes. Aucun cas humain n'avait été observé. Les autorités de santé du Sénégal entreprenaient de vastes campagnes de vaccination. Par contre, en Gambie (petit territoire inséré dans le centre du Sénégal), aucune mesure préventive n'était prise. En 1978, plus de mille décès dus à la fièvre jaune étaient rapportés dans ce pays, contre seulement trois au Sénégal — il s'agissait de touristes français qui n'avaient pas été vaccinés ! Le virus avait quitté son foyer selvatique du sud-est du Sénégal, probablement par l'intermédiaire de singes infectés, et il avait diffusé dans les zones où la population n'était pas vaccinée.

Près de quatre-vingts ans de recherche auront été nécessaires pour élucider les cycles de circulation du virus de la fièvre jaune dans le Nouveau Monde et en Afrique. L'existence des cycles selvatiques allait définitivement ruiner l'espoir d'une éradication de cette redoutable maladie.

Ces travaux récents allaient permettre de répondre définitivement à l'origine du virus de la fièvre jaune, qui pendant des siècles fut une source d'interrogation pour les historiens. L'origine américaine était soutenue par Bérenger-Feraud qui argumentait que la première épidémie de fièvre jaune avait été décrite en 1648 dans le Yucatan, alors qu'il fallut attendre 1778 pour que la maladie soit rapportée en Afrique. L'hypothèse africaine était défendue par Carter qui faisait remarquer qu'*Aedes aegypti* était d'origine africaine et qu'il avait été introduit avec la traite des esclaves en Amérique — cette introduction a probablement précédée celle du virus amaril. L'absence d'épidémie en Afrique pouvait résulter d'une documentation insuffisante, de la confusion avec d'autres maladies infectieuses, et notamment la malaria. Enfin, la colonisation du continent africain a été un processus très lent, contrairement à la conquête du Nouveau Monde. La circulation du virus en milieu rural, faiblement peuplé, sous-médicalisé, ne permettait pas de déceler des épidémies parmi les populations autochtones. Seule une colonisation massive au XIXe siècle a révélé la présence du virus amaril. L'existence d'un cycle selvatique allait apporter des éléments décisifs en faveur de l'origine africaine de cette virose. En particulier, la résistance à la maladie des singes africains, contrairement à ceux d'Amérique du Sud qui présentent une maladie proche de celle de l'homme, démontre qu'il s'est établi un équilibre probablement très ancien entre les singes de l'Ancien Monde et le virus. L'analyse moléculaire comparative des souches virales de fièvre jaune isolées sur les deux continents confirme l'origine africaine de ce virus. Les connaissances actuelles de la biologie du virus et de ses relations avec le vecteur permettent d'envisager le scénario suivant : la durée de vie d'*Aedes aegypti* est de quelques semaines, donc inférieure à la durée d'une traversée transatlantique au XVIIe siècle, mais il y avait suffisamment de gîtes à bord des navires pour permettre la reproduction des moustiques. Le virus a pu être entretenu par amplification chez l'homme, ou plus simplement maintenu dans les œufs d'*Aedes aegypti*. La transmission verticale est un processus relativement rare qui pourrait expliquer que le virus n'ait été introduit que tardivement dans la seconde moitié du XVIIe siècle dans la péninsule du Yucatan.

Deuxième période : le rôle de la Fondation Rockefeller, les modèles animaux, les vaccins

La découverte du mode de transmission de la fièvre jaune offrait une occasion exceptionnelle de lutte contre cette maladie. Au début des années 1910, l'optimisme était de rigueur. Le célèbre parasitologue anglais Patrick Manson attirait toutefois l'attention sur le risque d'introduction de la fièvre jaune en Orient, où la maladie était inconnue, à la suite du percement du canal de Panama. La remarque était pertinente. Afin d'évaluer ce risque, la Fondation Rockefeller, en 1916, créait une commission dédiée à l'étude de la fièvre jaune ; la direction était confiée au général Gorgas. Des études épidémiologiques réalisées dans différents pays permettaient de conclure que la lutte devait être intensifiée à Guayaquil (Equateur) et qu'une surveillance accrue devait être entreprise dans les ports des Caraïbes et au Mexique. La commission conseillait également d'étudier la situation en Afrique de l'Ouest.

Partiellement interrompue pendant la Première Guerre mondiale, l'action de la commission reprit en 1918 ; une visite d'étude était entreprise à Guayaquil. Parmi les membres de cette commission, Hideyo Nogushi, célèbre bactériologiste japonais, allait égarer les recherches sur cette maladie pendant plusieurs années. En effet, Nogushi décrira *Leptospira icteroïdes* comme agent présumé de la fièvre jaune. C'était un retour trente ans en arrière, à l'époque de Sanarelli et du *Bacillus icteroïdes*. Nogushi avait de solides arguments : l'agent qu'il isolait chez des malades produisait chez le cobaye une maladie similaire à la fièvre jaune humaine. Ces résultats étaient confirmés par d'autres auteurs au Brésil, au Mexique et au Pérou au cours d'épidémies de fièvre jaune. L'erreur de Nogushi était compréhensible : les leptospires induisent une maladie proche de la fièvre jaune, en outre les deux germes peuvent circuler en même temps comme cela fut le cas à Guayaquil. Toutefois, les résultats de Nogushi créèrent une confusion sur l'étiologie de cette maladie ; ses conclusions étaient loin de faire l'unanimité. Parmi ses contradicteurs, Max Theiler, le futur père du vaccin fièvre jaune, ne fut jamais en mesure de répéter les observations de Nogushi. Ces travaux étaient menés au Nigeria, dans un laboratoire très moderne construit par la Fondation Rockefeller, à Yaba, près de Lagos. Devant le rejet de ses hypothèses, Nogushi décida d'aller travailler en Afrique. Il se rendit au Ghana, à Accra, en 1928, où il devait, quelques mois plus tard, mourir de fièvre jaune. On ne saura jamais si les travaux de Theiler l'avaient convaincu de son erreur. La malheureuse parenthèse Nogushi fermée, les recherches reprirent, avec *Aedes aegypti* dans le rôle du vecteur de la fièvre jaune.

Les recherches s'orientèrent sur l'Afrique de l'Ouest. Dans les années 1920, les épidémies étaient rares, la lutte contre le vecteur s'avérait efficace. La commission de lutte contre la fièvre jaune envoya une mission en Afrique en 1920. Les objectifs étaient divers. Il fallait étudier les éventuelles épidémies, vérifier l'efficacité des méthodes de lutte telles qu'elles étaient appliquées en Amérique du Sud. Mais la commission allait aussi s'intéresser à la découverte d'un modèle animal pour étudier la maladie. Jusqu'à cette date, les seules expériences de transmission du virus amaril ne pouvaient être réalisées que chez l'homme. En 1927, Adrian Stokes [16] démontre que le singe d'origine asiatique *Macacus rhesus* est très sensible au virus de la fièvre jaune. Cet animal inoculé avec du sang prélevé chez un malade présente une maladie identique aux formes sévères rencontrées chez l'homme. Cette découverte allait ouvrir un vaste champ d'investigation pour les chercheurs. Malheureusement, les expériences sur cet animal seront la source de graves accidents parmi le personnel de laboratoire. En premier lieu, Stokes devait se contaminer et décéder au moment de sa découverte. Le bilan des travaux de transmission expérimentale du virus de la fièvre jaune est édifiant : entre 1921 et 1930, six chercheurs de la seule Fondation Rockefeller sont morts ; outre Nogushi et Stokes, nous devons citer Howard B. Cross, Paul A. Lewis, William A. Young et Theodore B. Haynes. Ce dernier était âgé de trente-deux ans, son épouse attendait un enfant qu'il ne connaîtrait jamais. Au moment de ses funérailles en Caroline du Sud, le Dr Charles Bryan rendra un vibrant hommage « au dernier martyre de la conquête de la fièvre jaune ». Jamais une maladie n'aura fait autant de victimes chez les scientifiques.

Pour pallier ce risque de contamination accidentelle, en 1931, Wilbur Sawyer essaya de préparer un vaccin atténué. Au cours de ces expériences, Sawyer et six de ces collaborateurs furent contaminés ; par chance, aucun ne mourut. La direction de la Fondation Rockefeller était prête à arrêter toutes les expériences devant ce nouveau drame. Sawyer réussit à persuader l'administration de la Fondation, et reprit ses expériences. Il décida d'utiliser un mélange de virus partiellement atténué et de sérum provenant de malades qui avaient survécu. Il était facile de se procurer le sérum auprès des membres de l'équipe, qui avaient tous été contaminés ! Ce mélange inoculé au singe rhésus ne s'accompagnait d'aucune maladie, en outre les singes devenaient résistants à une épreuve d'inoculation du virus amaril. Cette méthode fut appliquée avec succès au personnel des laboratoires qui travaillaient sur ce virus. Ce fut le premier vaccin que nous dirons à usage professionnel.

Au cours des études en Afrique, la commission avait obtenu un important résultat : la comparaison des souches virales de fièvre jaune provenant d'Afrique et d'Amérique du Sud révélait de grandes similitudes [17]. Cette découverte ouvrait la possibilité de la mise au point d'un vaccin universel.

C'est également en Afrique que seront isolées deux souches de virus de la fièvre jaune qui serviront à la préparation des candidats vaccins. La première avait été obtenue, en février 1927, chez un jeune Syrien, François Mayali, par une équipe de l'Institut Pasteur composée de Jean Laigret et de Constant Mathis. Cette souche sera gracieusement offerte aux différents laboratoires. En juin de la même année, le virus a été isolé du sang d'un Nigérian dénommé Asibi qui avait présenté une forme bénigne de la maladie. Il se trouva que, bien que relativement inoffensive chez ce malade, la souche Asibi est très virulente pour le singe rhésus.

Une collaboration s'établit entre les chercheurs français de l'Institut Pastcur de Dakar et Andrew Sellards de l'université de Harvard à Boston. Celui-ci avait ramené la souche de Mayali aux Etats-Unis et l'avait fournie à son collaborateur Max Theiler. En référence aux travaux de Louis Pasteur sur l'adaptation du virus de la rage par inoculation intracérébrale aux lapins, Theiler réalise des travaux similaires chez la souris de laboratoire. Il montre qu'après inoculation dans le cerveau la souris meurt d'encéphalite sans atteinte du tissu hépatique [18]. Il s'agit d'une étape décisive dans l'histoire de la fièvre jaune. Theiler va entreprendre d'atténuer le virus par passages successifs, par voie intracérébrale, chez la souris. Lorsque l'animal présente des paralysies, il prélève le cerveau, le broie, et il prépare une suspension qu'il inocule à d'autres souris. Après une vingtaine de passages, il étudie les propriétés de cette souche. Il constate alors que les singes inoculés avec cette souche modifiée ne font pas de maladie, mais ils résistent à l'inoculation du virus sauvage de la fièvre jaune. Le premier vaccin est né, il deviendra la souche française neurotrope (FNV).

Theiler [19] allait apporter une nouvelle contribution décisive à l'étude de la fièvre jaune. Il mit au point un test de neutralisation chez la souris. Pour évaluer la présence d'anticorps protecteurs, les scientifiques pouvaient inoculer le sérum de convalescent à des singes et soumettre ceux-ci à une épreuve par inoculation du virus de la fièvre jaune. La présence d'anticorps protecteurs se traduisaient par l'absence de maladie chez le singe. C'est le test qu'avait utilisé Sawyer pour évaluer le premier vaccin contre la fièvre jaune. Mais ce test était coûteux et nécessitait beaucoup d'animaux. On sait en outre le danger qu'il représentait. En revanche, la technique mise au point par Theiler était d'application aisée. Le sérum du convalescent est mélangé au virus amaril et inoculé par voie intracérébrale à la souris. Le sérum est protecteur si les souris résistent.

Nous sommes en 1931, les chercheurs disposent des moyens pour préparer un vaccin. Au début, on utilisait un mélange de la souche FNV ayant subi 176 passages chez la souris et du sérum de convalescent. Les premières vaccinations chez l'homme furent encourageantes. Mais l'utilisation à large échelle se heurtait à la difficulté d'obtenir des quantités suffisantes de sérums immuns. Sellards et Laigret vont réaliser à l'Institut Pasteur de Tunis les premiers essais de vaccination sans sérum [20]. Le vaccin consistait en un broyat de cerveau infecté avec la souche FNV. L'expérimentation est conduite chez sept sujets atteints de syphilis ! Laigret observe des réactions post-vaccinales suggérant que le vaccin est insuffisamment atténué. S'inspirant des travaux de Pasteur pour la préparation du vaccin rabique, il décide de faire « vieillir » les cerveaux infectés. Pour cela il laisse pendant plusieurs jours les cerveaux infectés à la température ambiante, comme Pasteur l'avait fait avec les moelles de lapin contenant le virus de la rage. Il inocule aux volontaires trois doses. La première avec du virus provenant de cerveaux de quatre jours, la deuxième avec des cerveaux de deux jours et la troisième avec des cerveaux d'un jour. Les résultats sont meilleurs. En 1934, Mathis, Laigret et Durieux rapportent la vaccination de trois mille Français expatriés vivant en Afrique de l'Ouest [21]. Après différentes améliorations successives, en 1939, le vaccin FNV est administré par scarification en une seule dose. Sous l'impulsion de Peltier, ce vaccin sera utilisé, par cette voie, en association avec le virus de la variole [22]. A cette époque, la souche FNV sera utilisée à son 237e passage. Ce vaccin permettra la quasi-éradication de la fièvre jaune en Afrique de l'Ouest.

Les Américains et les Anglais n'ont jamais été favorables à l'utilisation de la souche FNV, en raison notamment du risque d'induire des accidents neurologiques post-vaccinaux. Theiler, qui avait été à l'origine de la création du vaccin FNV, envisage une autre approche. Il mènera ses nouveaux travaux à la Fondation Rockefeller, ses relations à Harvard avec Sellards s'étant franchement dégradées. Son but était de mettre au point un vaccin qui ne serait pas neurotropique. Il envisage d'utiliser des embryons de poulet comme substrat cellulaire. La Fondation Rockefeller possédait une longue expérience des cultures d'embryons de poulet avec les travaux d'Alexis Carrel. Pour éviter le maintien des propriétés neurotropiques, Theiler décide d'utiliser non pas la souche FNV, mais la souche Asibi. En utilisant des systèmes cellulaires (en l'occurrence les embryons de poulet) très éloignés de l'hôte habituel du virus amaril, il espère induire d'importantes modifications du tropisme cellulaire du virus. Le but recherché est d'obtenir un virus qui aurait perdu son viscérotropisme naturel, et notamment sa capacité à se multiplier dans le foie. Son hypothèse se révéla juste. Ses travaux aboutirent au vaccin FJ 17D [23], probablement le vaccin le plus sûr et le plus efficace que nous connaissons et qui est actuellement le seul vaccin fièvre jaune utilisé de par le monde. Nous devons au collaborateur de Theiler, Hugh Smith, d'avoir observé le premier qu'après 176 passages sur des embryons de poulet la souche avait évolué ; inoculée au singe, elle ne donnait aucune maladie, et le virus ne pouvait plus être détecté ni dans le foie ni dans le cerveau. Theiler montra rétrospectivement que cette altération du tropisme cellulaire s'était produite entre les passages 89 et 114. Que s'était-il passé ? On ne le saura jamais. En réitérant l'expérience, Theiler ne fut jamais en mesure de reproduire la souche FJ 17D. Celle-ci est unique. Theiler et Smith furent les deux premiers volontaires à expérimenter ce nouveau vaccin. Ils étaient déjà immuns ! Theiler avait été accidentellement contaminé avec le virus amaril lors de ses travaux à Harvard ; quant à Smith, il avait reçu le mélange vaccinal virus-sérum de Sawyer.

Smith effectue les premières vaccinations au Brésil, en collaboration avec un médecin brésilien Henrique Penna. Les résultats sont concluants. Dès 1938, plus de cinq cent mille personnes sont vaccinées avec la souche 17D. Le vaccin n'induit que des effets secondaires minimes, et son efficacité est démontrée lors d'une épidémie de fièvre jaune dans l'Etat de São Paulo. En outre, la preuve de l'efficacité du vaccin 17D est confirmée par l'arrêt des contaminations du personnel travaillant dans les laboratoires et la quasi-absence de cas de fièvre jaune chez les sujets vaccinés.

M. Theiler recevra, en 1951, le prix Nobel de médecine pour ses travaux sur la fièvre jaune. A ce jour, c'est le seul virologue à avoir obtenu ce prix pour la mise au point d'un vaccin. Ni Jonas Salk, ni Albert Sabin, les découvreurs du vaccin polio, n'ont été récompensés par cette distinction.

L'histoire des vaccins fièvre jaune souche FNV et 17D est remarquable. Elle est le résultat d'une étroite collaboration entre les chercheurs américains et français en dehors de toute compétition. C'est ainsi que l'Institut Pasteur de Dakar produisit, de 1970 à 1982, les deux vaccins dans la même unité de production. Mais l'avenir de ces deux vaccins allait différer en raison d'une série d'accidents post-vaccinaux.

En 1941, près de deux millions de personnes avaient été vaccinées avec la souche FJ 17D sans incident particulier. Mais en juillet de la même année, il est rapporté au Brésil plus de vingt cas d'encéphalite après vaccination. Une enquête révéla que, sur plus de 55 000 vaccinés, 199 avaient présenté des troubles neurologiques. Il devenait clair que dans certains cas la souche 17D pouvait devenir neurotrope, propriété qui l'éloignait de ses caractéristiques initiales. Comment expliquer cette évolution ? Une enquête minutieuse révéla que ce changement était dû au procédé de préparation du vaccin. Le vaccin FJ 17D est obtenu par inoculation aux œufs embryonnés. Les embryons, après infection par le virus, sont broyés, et la suspension virale qui en résulte, après centrifugation, constitue le vaccin. A cette époque, lorsqu'un lot de vaccin était préparé, on gardait une fraction de la suspension virale pour faire le lot suivant, et ainsi de suite. En d'autres termes, on continuait à effectuer d'autres passages de la souche virale. La conséquence de tels passages en série est inconnue, mais il est évident que chaque lot de vaccin est différent du précédent. Au Brésil, cette dérive a abouti à une souche modifiée qui était partiellement neurotrope. Pour pallier ce biais technique fut instauré, en 1941, le système des lots de semence. Une quantité importante de semence vaccinale est préparée à un niveau de passage déterminé (actuellement 237), et tous les vaccins dériveront de cette semence. Cette stratégie de lots de semence a été adoptée pour tous les vaccins.

A peine ce problème d'encéphalite était-il résolu, d'autres incidents attendaient ce vaccin. La sensibilité à la température du vaccin 17D restreignait son emploi, en particulier dans les pays tropicaux. Pour améliorer sa stabilité, le vaccin était mélangé à du sérum humain. Durant la Seconde Guerre mondiale, une importante épidémie de jaunisse était rapportée, après vaccination avec la souche FJ 17D, chez les militaires américains stationnés en Espagne. Il y eut 28 000 cas dont 62 décès [24]. Il fut établi que le vaccin fièvre jaune était contaminé par le virus de l'hépatite, apporté par le sérum utilisé comme stabilisateur du vaccin FJ 17D. A l'époque, les agents étiologiques des hépatites n'étaient pas connus. L'agent infectieux était en fait le virus de l'hépatite B. A la suite de ce grave accident, il fut décidé de ne plus ajouter de stabilisateur dans le vaccin, ce qui allait restreindre son emploi.

En 1966 [25], on découvrit que tous les vaccins de la FJ 17D contenaient en quantité importante le virus de la leucose aviaire responsable de tumeurs chez les poulets. Une étude épidémiologique rétrospective ne révéla aucune relation avec la survenue de tumeurs chez les sujets vaccinés. Mais il était évident qu'il fallait se débarrasser de ce virus contaminant. Ce qui fut réalisé dès 1967 [26].

En 1983, M. Barme [27] mettait au point un stabilisateur à base de sucre et d'acides aminés qui allait permettre d'utiliser ce vaccin sans grande contrainte de conservation dans les pays tropicaux. Ce vaccin stabilisé arrivait à point nommé puisque nous entrions dans la période des plus importantes épidémies de ce siècle en Afrique.

Les problèmes rencontrés avec le vaccin FNV allaient être de tout autre nature. Lors des campagnes de masse, des accidents neurologiques consécutifs à ce vaccin ont été régulièrement rapportés. Cette propriété semble être liée au neurotropisme de la souche vaccinale. Dans certains cas, on peut également soupçonner la présence d'agent contaminant dans le vaccin. C'est ainsi qu'en 1993, en collaboration avec Jean-Paul Gonzalez, nous détections la présence du virus de la chorioméningite lymphocytaire dans un lot de vaccin FNV conservé au centre de référence des arbovirus à l'université de Yale.

Nous l'avons précédemment indiqué, les Américains et les Anglais n'étaient pas favorables à l'emploi du vaccin FNV. Il n'était employé qu'en Afrique francophone et était produit uniquement par l'Institut Pasteur de Dakar. En 1951-1952, une importante épidémie de fièvre jaune se produisit au Nigeria. Le vaccin 17D, très sensible à la température, ne pouvait être utilisé à large échelle dans ce pays. Les anglophones, contraints, acceptèrent l'emploi du vaccin FNV qui ne posait aucun problème de stabilité. L'efficacité du vaccin fut confirmée, mais on observa 3-4 % d'encéphalite, principalement chez les enfants. Ces observations conduisirent à ne plus utiliser le vaccin chez les jeunes enfants de moins de neuf ans. En quelques années allait se créer un pool d'enfants non vaccinés. En 1964, une dramatique épidémie au Sénégal touchait massivement cette tranche d'âge. Pour arrêter cette épidémie, il fut décidé d'étendre les vaccinations dans la tranche d'âge de 2 à 9 ans. Parmi les 500 000 personnes vaccinées, 231 cas d'encéphalite dont 23 décès furent rapportés. Environ 90 % se produisirent chez les jeunes enfants. A partir de 1970, l'Institut Pasteur de Dakar débutait la production du vaccin 17D et abandonnait progressivement le vaccin FNV. Les derniers lots seront produits en 1982. De nos jours, l'Institut Pasteur de

Dakar demeure l'un des plus importants centres de production de vaccin 17D au monde. On lui doit de remarquables succès dans la lutte contre la fièvre jaune dans les années 1980.

Actuellement, les recherches sur le virus FJ 17D se poursuivent. En 1985, Charles Rice [28] a publié la séquence complète du virus 17D, et ultérieurement celle de la souche parentale Asibi [29]. Le génome comporte 10 233 nucléotides ; il existe entre les deux souches 68 nucléotides différents et 32 acides aminés. Quelles sont les mutations qui ont abouti à l'atténuation de la souche 17D ? On ne peut toujours pas répondre à cette question ; les mutations sont réparties sur l'ensemble du génome, la présence de cinq mutations dans l'enveloppe de surface du virus pourrait être déterminante. Les recherches se poursuivent, mais le mystère de la modification survenue entre les passages 89-114 reste entier.

Les outils de biologie moléculaire ont permis à Chambers [30] de créer un clone infectieux, c'est-à-dire une copie ADN du génome à ARN du virus de la FJ 17D. Il s'agit en fait de reproduire ce que font naturellement les rétrovirus lorsqu'ils transforment leur génome à ARN en ADN (cf. chapitre 5, Sida). En présence d'un ADN, il est possible de modifier celui-ci, et notamment de découper des gènes et de les substituer par d'autres. C'est ainsi que Chambers a soustrait les gènes qui codent pour la protéine de l'enveloppe du virus de la fièvre jaune et les a substitués par les gènes homologues du virus de l'encéphalite japonaise. Il obtint ainsi un virus chimère dont les protéines de surface sont celles du virus de l'encéphalite japonaise, et celles la partie interne, du virus de la fièvre jaune. Le virus de l'encéphalite japonaise est un arbovirus qui appartient à la même famille que celui de la fièvre jaune. Il est responsable, chez l'homme, d'encéphalites souvent très graves. Son aire de distribution englobe l'Asie du Sud et le Japon. Thomas Monath, de la société Acambis, a utilisé ce virus chimère comme candidat vaccin. Après avoir vérifié l'innocuité et le pouvoir immunogène chez le singe, une étude clinique fut réalisée en 2000 chez l'homme. Au total 24 volontaires reçurent le vaccin : un groupe qui ne possédait pas d'anticorps contre les flavivirus et un groupe préalablement vacciné contre la fièvre jaune. Ce second groupe avait pour but de vérifier que l'immunité induite par le vaccin fièvre jaune 17D ne bloquait pas la réplication de la chimère. Le résultat fut spectaculaire, tous les sujets flavivirus négatifs présentaient des anticorps après vaccination. De plus, les sujets vaccinés FJ 17D répondaient parfaitement au vaccin chimère, il n'y avait pas d'interférence.

Sommes-nous en face d'une révolution en matière de développement des vaccins ? L'avenir très proche nous le dira ; l'équipe de Monath a déjà préparé d'autres virus chimères : Dengue/FJ, West-Nile/FJ, Encéphalite à tique/FJ, et travaille à étendre cette approche à un vaccin chimère hépatite C/FJ (le virus de l'hépatite C appartient lui aussi à la famille des *Flaviviridae*).

TROISIÈME PÉRIODE : LA RÉÉMERGENCE DE LA FIÈVRE JAUNE

A la fin du siècle précédent, la fièvre jaune sévissait principalement dans le Nouveau Monde, avec les importants foyers des Caraïbes et d'Amérique du Sud, et des incursions particulièrement meurtrières dans les ports des Etats-Unis où l'arrivée massive d'immigrants européens très sensibles au virus amaril entretenait les épidémies. Le deuxième foyer, secondaire celui-ci, était représenté par l'Afrique de l'Ouest. Une première épidémie avait décimé les troupes anglaises en 1778, à Dakar. Mais les épidémies importantes étaient rares, et la situation tout à fait différente de celle du continent américain. La colonisation de l'Afrique a été un processus très lent. Au XVIIIe siècle, il n'y avait guère plus d'un millier d'Européens répartis dans les comptoirs côtiers. Quant à la pénétration à l'intérieur du continent, il fallut attendre la seconde moitié du XIXe siècle. Par conséquent, au cours de cette période, on n'avait aucune information sur l'existence de la maladie dans la zone d'émergence du virus amaril. Les seules épidémies se produisaient dans les ports, elles étaient révélées par l'arrivée d'immigrants européens. La fièvre jaune a été sans conteste un frein à la colonisation de l'Afrique. Une stèle à la mémoire des pharmaciens et médecins français morts de fièvre jaune a été érigée dans l'île de Gorée, elle nous rappelle le prix payé à cette maladie lors de la colonisation.

Mais il est probable que la véritable histoire de la fièvre jaune en Afrique est en train de s'écrire. Après la Seconde Guerre mondiale, les mesures de lutte contre le vecteur et la vaccination de masse avaient restreint la maladie à de rares cas sporadiques. Une première alerte particulièrement dramatique fut rapportée en 1960-1962, en Ethiopie : une épidémie y fit plus de 30 000 morts. Elle fut suivie par l'épidémie de Diourbel, au Sénégal, en 1964. Mais c'est à la fin des années 1970 que la fièvre jaune allait devenir un véritable fléau sur ce continent.

Les épidémies vont se succéder sans interruption dès 1977 : Ghana (1977-1979), Gambie (1978), Burkina Faso et Ghana (1983), Mali (1987), Angola (1988), Cameroun (1990). L'est de l'Afrique voit également la réémergence de la fièvre jaune en 1993. Mais c'est au Nigeria que le virus allait être à l'origine d'épidémies particulièrement meurtrières. Dans ce pays, entre 1986 et 1999, l'Organisation mondiale de la santé estime que plus de 400 000 personnes seraient décédées de fièvre jaune.

Plusieurs facteurs convergent pour expliquer cette réémergence. Les migrations de populations ont joué un rôle déterminant dans l'épidémie du Burkina Faso, en 1983. Au début des années 1980, l'Afrique de l'Ouest subit une grave période de sécheresse qui déstabilise l'ensemble du Sahel. Les populations semi-nomades sont amenées à se réfugier plus au sud dans les régions de savanes. Au Burkina Faso, les pasteurs peuls vont s'installer dès 1980, dans le centre-ouest du pays où ils vont se sédentariser. Cette région a été abandonnée par les populations locales depuis plusieurs années en raison de l'onchocercose. Cette redoutable maladie connue sous le terme de cécité des rivières avait fait l'objet d'une intense campagne de lutte contre les simulies, vecteur du parasite, organisée par l'OMS. A la fin des années 1970, la lutte portait ses fruits et la maladie était quasiment éradiquée. L'installation des populations peules dans cette région allait être à l'origine d'une des plus importantes épidémies de fièvre jaune jamais rapportées en Afrique. Cette population n'était pas vaccinée et n'avait que rarement été en contact avec le virus sauvage. Cette faible immunité explique l'intensité de l'épidémie et le fait que la population adulte allait être également touchée. Pour une population estimée à 30 000 habitants, la moitié sera infectée par le virus de la fièvre jaune. Le taux de mortalité a été de 4 % (1 000 à 1 700 décès). Tous les villages de la région ont été touchés, toutefois le virus n'a pas diffusé dans la capitale, Ouagadougou, où des mesures de police sanitaire sévères avaient été prises pour éviter l'introduction de malades dans l'hôpital de la ville. Ce sont également des déplacements incontrôlés des populations qui ont abouti à embraser la totalité des régions rurales du Nigeria ; débutée en juin 1986 dans l'Etat de Benue, au centre-est du pays, l'épidémie se propagea dans le Sud-Ouest, puis diffusa vers le Cameroun.

Ces mouvements de population constituent un important vecteur de la maladie au travers du continent, mais la cause principale demeure l'insuffisance de la couverture vaccinale. La vaccination réalisée dans les années 1950 avait fait disparaître la fièvre jaune, ou, plus exactement, avait contenu les épidémies. Le relâchement des campagnes de vaccination dans l'année 1960 allait aboutir à la création d'une population enfantine réceptive, dont le nombre était amplifié par la forte croissance démographique. Pourquoi ce relâchement ? L'OMS n'a jamais considéré que la fièvre jaune constituait une priorité de santé publique ; le vaccin 17D n'a été incorporé dans le programme élargi de vaccination que très tardivement. Face à une épidémie, les autorités de santé font appel à l'aide internationale pour une fourniture massive de vaccins. En 1983, plus de cinq millions de doses de vaccin 17D ont été fournies au Burkina Faso, l'équivalent de la population du pays. L'application massive du vaccin, associée à l'apparition de la sécheresse à la fin de la saison des pluies qui limitent l'activité des vecteurs, aboutissent à l'arrêt de l'épidémie. Cette situation rassure les autorités nationales. Dans les années qui suivent l'épidémie, le virus semble avoir disparu. En fait ce n'est pas l'homme qui maintient la circulation du virus en période inter-épidémique, mais le cycle selvatique : singes-moustiques. Les épidémies humaines sont précédées d'une intense circulation parmi les singes, hôte amplificateur du virus. A la suite d'une épidémie, la population simienne devient rapidement immune, empêchant toute amplification du virus. Il faut cinq à dix ans pour renouveler une population de singes réceptifs. Pendant cette période, le virus semble avoir disparu, ce qui entraîne une baisse de la vigilance des autorités sanitaires et des campagnes de vaccination. Lorsque les facteurs d'amplification du virus chez les singes seront de nouveau réunis, une nouvelle épidémie pourra se produire, touchant en particulier les enfants non vaccinés.

La démographie joue un rôle important dans la survenue des récentes épidémies. La situation épidémiologique telle que nous la décrivons actuellement existait déjà au début du siècle. Mais la faible densité de population en milieu rural limitait la maladie à quelques rares cas isolés.

Bien que dramatique par leur ampleur, les épidémies actuelles restent limitées au milieu urbain dans la zone d'émergence du virus amaril. Les principaux vecteurs sont *Aedes taylori* et *Aedes luteocephalus*. L'étape suivante pourrait être l'apparition d'épidémies en milieu urbain dans de grandes villes telles que Lagos ou Abidjan, avec une transmission assurée par *Aedes aegypti*. La couverture vaccinale dans ces mégapoles est relativement faible, la population urbaine est rarement exposée à l'infection naturelle par le virus fièvre jaune. Tous les facteurs seraient alors réunis pour voir apparaître les redoutables épidémies telles que celles décrites à Memphis ou à La Nouvelle-Orléans au XIXe siècle.

En Amérique du Sud, la situation n'est pas aussi dramatique. Mais au cours de ces dernières décennies, les épidémies en milieu rural se sont poursuivies, notamment au Brésil et en Bolivie. La cause principale de cette réémergence est la réapparition *d'Aedes aegypti* dans les années 1980, et une couverture vaccinale insuffisante.

Une fois dans les grandes villes côtières d'Afrique de l'Ouest ou d'Amérique du Sud, le virus pourrait alors diffuser dans l'ensemble des zones tropicales où *Aedes aegypti* est présent. Si plus d'un siècle a été nécessaire pour rencontrer tous les facteurs favorables à l'introduction de la fièvre jaune dans le Nouveau Monde, quelques heures seront suffisantes par les moyens actuels de transport pour que le virus traverse les océans. Les échanges intercontinentaux sont tels qu'aucune région ne peut se considérer à l'abri de l'introduction du virus fièvre jaune. En juillet 1996, un touriste américain en vacances au Brésil et non vacciné contractait la maladie au cours d'un séjour dans le bassin de l'Amazone. De retour à Knoxville, il présente un tableau clinique non spécifique, associant de la fièvre et des maux de tête ; son état se dégrade rapidement avec apparition des vomissements noirs que nous avons précédemment décrits. Il meurt de fièvre jaune. L'instauration d'un cycle de maintien du virus amaril dans un pays tel que les Etats-Unis nécessite différents paramètres : un sujet virémique, le vecteur, l'amplification ultérieure du virus, et des conditions favorables à sa circulation. L'ensemble de ces facteurs est difficile à réunir, mais non impossible, comme l'atteste la survenue d'une épidémie de virus West-Nile (autre flavivirus transmis par les moustiques) à New York, en 1999. Le virus a pu être introduit soit par un malade soit par les oiseaux migrateurs. Non seulement il a été à l'origine d'une épidémie entraînant sept décès, mais il s'est maintenu dans les années suivantes et il a progressivement diffusé dans plusieurs Etats de la côte Est de Etats-Unis pour atteindre la Floride en 2001.

Mais c'est surtout sur le continent asiatique que le risque d'introduction de la fièvre jaune serait particulièrement dramatique. On ne s'explique toujours pas pourquoi ce virus n'est pas présent en Asie. Le vecteur *Aedes aegypti* est particulièrement abondant dans les grandes villes, il est notamment la cause de dramatiques épidémies de dengue hémorragique. La population n'est pas vaccinée. On a évoqué l'immunité induite par d'autres flavivirus, et tout particulièrement la dengue, qui pourrait interférer avec le virus de la fièvre jaune. Aucune preuve scientifique n'a été établie pour confirmer cette interférence.

Probablement, les conditions favorables à la diffusion du virus sur le continent asiatique n'ont pas encore été réunies. Mais pour combien de temps encore ?

Que faire devant cette menace qui pourrait rappeler les épidémies des siècles antérieurs ? La réponse est : la vaccination.

Nous possédons avec le vaccin 17D l'un des meilleurs vaccins : une seule dose protège pour au moins dix ans (et probablement durant toute la vie). Ce vaccin est stable, il peut-être utilisé facilement en zone tropicale. Il faudrait vacciner annuellement dix millions d'enfants par an en Afrique de l'Ouest pour bloquer la circulation du virus, ce qui représente quelques millions d'euros par an pour l'achat du vaccin. Ces chiffres sont connus des autorités sanitaires internationales, notamment de l'OMS. Pourtant, la lutte contre la fièvre jaune, une des plus anciennes viroses, piétine, et la première épidémie en milieu urbain a été rapportée à Abidjan, capitale de la Côte-d'Ivoire, en 2001.

3
LA POLIOMYÉLITE

La poliomyélite est-elle une maladie ancienne ? Les sévères séquelles de la forme paralytique n'ont pu passer inaperçues au travers de l'histoire de la médecine. De façon surprenante, on ne relève aucune description de la poliomyélite dans les écrits des Anciens, qu'il s'agisse de la littérature gréco-romaine ou chinoise. La seule évidence de la présence de la maladie dans l'Antiquité a été retrouvée en Egypte. Une représentation picturale sur une stèle découverte en Egypte et exposée dans un musée à Copenhague représente une famille dont un membre présente une jambe droite très atrophiée se prolongeant par un pied bot typique de la poliomyélite. D'autres preuves de la présence de la maladie en Egypte sont retrouvées dans deux momies, dont une est conservée au musée de Philadelphie et l'autre dans celui du Caire.

Toutefois, il fallut attendre le XIXe siècle pour voir apparaître la poliomyélite sous sa forme épidémique. Comment expliquer ce long silence de plusieurs millénaires ? La forme paralytique de la poliomyélite représente le haut de l'iceberg de l'infection par le virus. La maladie est généralement bénigne. Même au XVIIIe siècle, ce sont généralement des cas isolés qui ont été décrits. Ce n'est qu'au XIXe siècle que la poliomyélite allait revêtir le caractère épidémique que nous lui connaissons. Cette émergence d'une forme sévère d'une maladie n'est pas spécifique à la poliomyélite. Nous rencontrons actuellement la même évolution avec l'émergence de la dengue hémorragique dans les pays tropicaux. Longtemps, la dengue a été considérée comme une maladie bénigne qui touchait principalement les expatriés (colons, militaires), sorte de fièvre d'adaptation à la vie coloniale. Ce n'est que dans les années 1960 que la dengue d'infection fébrile bénigne est devenue une redoutable fièvre hémorragique. L'analyse détaillée des épidémies anciennes de cette virose a montré que la dengue hémorragique existait depuis très longtemps mais revêtait un caractère non épidémique.

La distribution de la polio en fonction de l'âge représente un autre type d'évolution de cette infection. Avant les grandes épidémies, la poliomyélite semble avoir presque toujours été une maladie exclusivement des enfants de moins de cinq ans. Sous l'effet de l'amélioration des conditions d'hygiène dans les pays industrialisés, la distribution de la maladie a évolué au cours du XXe siècle. Dans les pays à haut niveau d'hygiène, en particulier en Scandinavie, la forme paralytique a glissé progressivement vers les groupes d'âge de 5 à 9 ans ou même de 7 à 15 ans ; associée à une diminution importante de la mortalité infantile et à un décalage dans l'âge d'apparition, la polio est devenue une entité bien déterminée.

On peut également évoquer l'évolution du virus. Comme tout virus à ARN, le taux de mutation lors de sa réplication est important. Les études de la virulence réalisées par Albert Sabin ont révélé cette diversité dans le pouvoir pathogène du virus. L'existence de souches de faible virulence généralement associées à des polios abortives et des souches très virulentes est clairement apparue. Au sein même d'une souche virale, Sabin a montré que celle-ci était constituée d'un mélange de sous-populations virales plus ou moins virulentes. Ces découvertes ont constitué le support biologique de la mise au point du vaccin vivant atténué. L'analyse moléculaire du génome du virus de la poliomyélite a montré que celui-ci pouvait évoluer par recombinaison génétique avec d'autres virus présents dans le tube digestif (entérovirus). Par ce processus, les virus polio ont pu acquérir des gènes de virulence qui ont fortement modifié son tropisme.

Quel que soit le mécanisme d'évolution de la maladie ou de son virus, la paralysie infantile aiguë, en tant qu'entité nosologique, ne semble pas avoir attiré l'attention des médecins avant la fin du XVIIIe siècle. Mais c'est surtout au XIXe siècle que les premières descriptions sont rapportées. La maladie est alors ubiquitaire, associée à des « troubles intestinaux », à la « fièvre », et même à « la percée des dents ». C'est ainsi que les chirurgiens orthopédistes nord-américains, dans les années 1930, rapportent des cas de pieds bots dus à une paralysie acquise dès l'enfance à la suite de la percée des dents ou d'une fièvre. Ces descriptions de cas isolés n'étaient pas rattachées à une quelconque contagiosité et ne représentaient en aucun cas un problème médical important. Nous devons à Heine, en Allemagne, d'avoir rapporté, en 1840, un nombre considérable de cas paralytiques, et à Medin d'avoir décrit la première épidémie en Suède en 1891 [1]. C'est à ces auteurs que revient le nom initial de la polio, la maladie de « Heine-Medin », fréquemment utilisé au début du XXe siècle. Cordier, chirurgien de l'hôpital de l'Antiquaille à Lyon, a le premier établi le caractère contagieux de la poliomyélite, au cours d'une épidémie à Sainte-Foy-l'Argentière, en 1880 [2]. C'est I. Wickman qui, en Suède, posait les bases modernes de la conception actuelle de la poliomyélite, insistant sur sa nature infectieuse, sa dissémination par contact interhumain, et sur le rôle des cas bénins dans la transmission du virus. Dès le début du XXe siècle, les épidémies apparurent en Europe et en Amérique du Nord ; la maladie, jusque-là assez rare, se transforma en fléau. C'est à partir de 1920 que la maladie a été étendue dans les pays tropicaux qui demeurent, à l'heure actuelle, les dernières contrées où le virus continue de circuler.

Sous le terme de poliomyélite, on regroupe différentes formes cliniques : la poliomyélite paralytique qui représente la maladie grave, dans laquelle s'observe la paralysie d'un ou de plusieurs muscles. La poliomyélite non paralytique qui est aussi une maladie grave avec atteinte du système nerveux central (SNC) mais dans laquelle on n'observe pas de paralysie. La poliomyélite abortive (ou bénigne), de courte durée, souvent limitée à un ou plusieurs symptômes tels que mal de gorge, céphalées, vomissements et fièvre, mais sans atteinte du SNC. Enfin, l'infection inapparente, de loin la plus fréquente, et qui s'accompagne de l'apparition d'anticorps protecteurs vis-à-vis du sérotype contaminant. On estime généralement que pour un cas de poliomyélite paralytique, il existe cent cas de poliomyélite inapparente.

Toutes les formes de poliomyélite peuvent être à l'origine de la dissémination du virus. Les porteurs sains, qui sont les plus nombreux et ne sont soumis à aucune surveillance, jouent un rôle majeur dans cette dissémination.

Ce rapport entre forme inapparente et paralytique a une conséquence importante en termes épidémiologiques. Si les formes inapparentes et bénignes sont recensées dans une étude épidémiologique, l'incidence de cette maladie donne une image tout à fait différente du seul recensement des cas paralytiques. Quand l'OMS estimait à plus de 350 000 le nombre de cas de poliomyélite, en 1988, cela représentait 35 millions d'enfants infectés cette année-là.

Par quelle voie l'homme s'infecte-t-il ? Au début du XXe siècle, on pensait que la voie nasale représentait la principale porte d'entrée du virus. Ces conclusions étaient basées sur la détection précoce du virus dans la gorge des malades. L'infection expérimentale des singes par voie nasale allait dans ce sens [3]. Il fut ultérieurement établi que c'est le tube digestif (bouche, estomac et tout le tractus intestinal) qui sert de porte d'entrée au virus polio. Après s'être multiplié localement, le virus gagne des organes cibles, tels que le pharynx, le tissu lymphoïde, l'intestin et le SNC ; c'est à ce niveau qu'il produit des lésions graves. Le virus gagne le SNC par la voie lymphatique et par la voie sanguine. Quant aux voies de sortie, il peut être mis en évidence pendant environ une semaine dans l'oropharynx, et dans le tube digestif pendant plusieurs semaines. Les selles constituent donc une source importante et persistante de dissémination du virus. Il est à noter que l'on a recensé neuf personnes, aux Etats-Unis ou en Europe, immunodéprimés, qui excrètent dans leurs selles depuis plusieurs années du virus polio provenant du vaccin vivant atténué oral.

Celles-ci constituent un véritable casse-tête pour l'OMS et son programme d'éradication de la polio !

La contagiosité de la poliomyélite est très importante par passage de l'infection d'une personne infectée à une autre non immune. La contamination des mains et des ustensiles par un matériel pharyngé ou fécal représente une importante source de transmission du virus. Les familles peuvent constituer un foyer à densité d'infection élevée. A partir d'un foyer initial, la poliomyélite se propage très rapidement vers la périphérie à travers les populations sensibles. On estime que la vitesse de diffusion de l'épidémie est d'environ un kilomètre par jour en milieu rural.

Il est remarquable de constater la rapide évolution de l'épidémiologie de la poliomyélite. Au départ il s'agissait d'une maladie endémique qui ne représentait pas un problème de santé publique majeur ; elle est devenue épidémique. Après avoir été considérée comme légèrement contagieuse, elle s'est révélée très infectieuse. D'une infection dont on croyait le tableau clinique limité à des paralysies aiguës, elle s'est révélée être une maladie dans laquelle un individu infecté sur cent devient paralysé. Après avoir été considérée comme maladie respiratoire, elle s'est révélée être une maladie digestive dans laquelle le tube digestif joue un rôle de première importance comme porte d'entrée et de sortie du virus.

Parmi les hommes célèbres qui furent atteint de la polio, il faut citer Franklin Delano Roosevelt, le futur président des Etats-Unis. Il fut paralysé à l'âge de trente-neuf ans, avant d'accéder à la présidence. Son combat contre la maladie restera exemplaire. Certains pensent qu'il a tiré son extraordinaire courage politique de son handicap. En 1926, avec son ami Basil O'Connor, il créa un centre de soins pour les sujets atteints de poliomyélite, en Géorgie. Mais on lui doit surtout d'être à l'origine, avec ses amis politiques, de la création de la Fondation nationale pour la lutte contre la paralysie infantile (National Fondation for Infantile Paralysis) que dirigea O'Connor. Cette fondation fut exemplaire dans la lutte qu'elle mena contre cette maladie. Par la suite elle servit de modèle pour la création de la Société américaine contre le cancer.

Le virus de la polio

L'isolement du virus de la poliomyélite constitua une étape décisive dans l'étude de cette maladie. Au début du XXe siècle, l'école pasteurienne et celle de l'Allemand Koch avaient permis de caractériser différents agents infectieux. Il s'agissait principalement de bactéries, aptes à se multiplier sur des milieux de culture et visibles au microscope optique. Il existait un groupe d'agents infectieux qui ne possédaient pas ces propriétés, mais qui étaient capables de passer à travers des filtres de faible porosité mis au point par Pasteur et Chamberlain. Ils constituaient le groupe des virus ultra-filtrables. Au début du siècle, on ne connaissait qu'un petit nombre de virus filtrables pathogènes pour l'homme. Il s'agissait des virus de la variole, de la rage et de la fièvre jaune. Des preuves indirectes s'accumulaient pour faire de l'agent étiologique de la poliomyélite un agent filtrable. Aucune bactérie n'avait été découverte. Toutefois, l'inoculation de broyats de tissu nerveux prélevé sur des sujets décédés de polio et inoculés aux animaux de laboratoire n'avaient pas permis d'isoler un agent infectieux. Les animaux restaient réfractaires à la poliomyélite. Nous devons à Karl Landsteiner et à son assistant Popper l'isolement du virus de la polio. Landsteiner obtint le prix Nobel de médecine pour la découverte des groupes sanguins A, B, O. En 1908, il travaillait à Vienne, en Autriche, qui connaissait cette année-là une importante épidémie de poliomyélite. A partir d'un fragment de moelle prélevé chez un enfant de neuf ans décédé de poliomyélite, Landsteiner essaya d'isoler l'agent infectieux par inoculation aux animaux de laboratoire : souris, lapin, cobaye. Il ne fut pas en mesure de reproduire la maladie sur ces animaux. Dans son laboratoire il possédait deux singes d'origine asiatique (*Cynomolgus hamadryas* et *Maccaca mulatta*) qui avaient déjà été utilisés pour d'autres expérimentations. L'emploi de singes était à cette époque tout à fait exceptionnel, en raison de leur coût et de la nécessité de posséder une animalerie apte à recevoir ces encombrants animaux. En outre, l'emploi des singes de l'Ancien Monde (asiatique ou africain) était particulièrement rare ; les chercheurs utilisaient principalement des singes du Nouveau Monde (Amérique du Sud), beaucoup plus sensibles aux agents infectieux. Landsteiner entreprit d'inoculer dans la cavité péritonéale de ces deux singes le broyat du prélèvement du jeune enfant. Après quelques jours d'incubation, ceux-ci présentèrent une poliomyélite identique à la maladie humaine. En outre, l'analyse des tissus nerveux de ces deux animaux autopsiés révélait des lésions caractéristiques de la poliomyélite [4]. Landsteiner et Popper effectuèrent alors deux passages sur des singes, en injectant, dans leur cavité péritonéale, une émulsion préparée avec de la moelle épinière des deux animaux qui avait permis l'isolement du virus. Ces tentatives échouèrent. Ce passage en série sera réalisé quelque temps plus tard, à l'Institut Rockefeller, par Flexner et Lewis [5], et à l'Institut Pasteur par Landsteiner et Levaditi [6].

L'intérêt de ces premières expériences par l'équipe autrichienne demeure capital. Ces auteurs ont clairement montré que le singe est réceptif au virus de la polio et qu'il réagit par des phénomènes cliniques et des altérations anatomopathologiques comparables à la maladie humaine.

L'agent de la poliomyélite était découvert. Landsteiner eut la chance d'utiliser, pour isoler le virus, des singes de l'Ancien Monde. On montra en effet que les singes du Nouveau Monde étaient peu sensibles à l'infection par le virus polio, comme on vient de le noter. Chance pour la communauté scientifique, véritable désastre pour les populations simiennes d'Asie et d'Afrique. Au cours des recherches sur ce virus, des centaines de milliers de singes ont été (et continuent d'être) utilisés. Avec quelques péripéties, en particulier en ce qui concerne l'utilisation des tissus de rein de singe pour la production du vaccin. C'est ainsi que, en 1967, une dramatique épidémie due à un virus nouveau se produisit en Europe. Des singes provenant d'Ouganda, utilisés pour préparer des cultures de tissus dans un grand centre de production de vaccin, étaient contaminés par un nouveau virus que l'on dénomma Marburg (proche cousin du virus Ebola). Des techniciens et du personnel animalier se contaminèrent avec ce virus. Il y eut en tout trente cas, dont sept mortels, répartis entre les laboratoires de Marburg, Belgrade et Francfort. Cette alerte fut suivie de mesure de quarantaine, préalable à l'utilisation de ces primates. Mesure salutaire lorsque, en 1990, près de Washington, une importante épizootie se déclara dans une animalerie. Le virus responsable était Ebola. C'est ce même virus qui fut retrouvé chez les singes d'un producteur de vaccin polio en Italie. Dans les deux cas, la présence du virus fut détectée pendant la surveillance des animaux mis en quarantaine.

Le virus de la polio et les singes

Dans leur expérience initiale, Landsteiner et Popper avaient reproduit la maladie par inoculation par voie intrapéritonéale. Quelque temps plus tard, la maladie fut transmise au singe, après inoculation par voie intracérébrale — c'est-à-dire l'inoculation d'un broyat d'une émulsion de moelle infectée par le virus directement dans le cerveau. Cette voie d'inoculation fut reconnue beaucoup plus reproductible pour induire la maladie que la voie intra-péritonéale. De même, il est possible d'infecter les singes par voie orale, mais l'infection est alors plus difficile. C'est une différence majeure avec l'homme qui se révèle très sensible à l'infection digestive. Chez le singe, les phénomènes paralytiques apparaissent, de façon brutale, après une période d'incubation de cinq à quinze jours. Ils ne sont précédés que par quelques signes fugaces, tels que la fatigue, l'abattement et les tremblements généralisés. Quelle que soit la voie d'inoculation — intrapéritonéale ou intracérébrale —, la maladie débute par des paralysies localisées aux membres inférieurs. En général, la paralysie est unilatérale. Lorsque la maladie évolue lentement, la paralysie reste limitée à un ou au deux membres. Habituellement, elle s'étend rapidement aux membres supérieurs, au tronc et aux muscles de la tête. Finalement l'animal succombe dans le coma. Lorsque l'atteinte est légère, les singes conservent indéfiniment leurs paralysies, compatibles avec un état général satisfaisant. Ils deviennent alors réfractaires à une nouvelle infection par le même sérotype. Enfin, dans certains cas, le singe peut faire une forme abortive de poliomyélite. Cette situation est toutefois exceptionnelle, elle se rencontre dans deux cas sur cent. Ces formes abortives ou larvées semblent être attribuées à des variations de la réceptivité individuelle. En revanche, elles sont très fréquentes chez l'homme lors des épidémies. Enfin, comme nous l'avons déjà dit, les singes du Nouveau Monde sont peu réceptifs au virus polio ; c'est, en particulier, le cas des singes Ateles. La contagiosité de la polio est quasi inexistante chez les singes en captivité. Dans la nature, ces animaux ne semblent jouer aucun rôle dans le maintien ou la transmission des virus polio.

Le singe allait permettre de réaliser de nombreuses expériences qui faciliteront la connaissance de la maladie humaine. Des différences existent entre le singe et l'homme vis-à-vis des virus polio. Le singe est nettement plus sensible que l'homme pour ce qui est des formes paralytiques, la mortalité est nettement plus élevée — selon Levaditi, elle peut atteindre 75 %. Le mécanisme de migration du virus est également différent chez cet animal. Il procède d'une dispersion le long des connexions nerveuses pour s'acheminer vers les centres névraxiques.

Les trois sérotypes de virus de la polio

Les chercheurs avaient noté des différences dans le pouvoir pathogène pour le singe entre les différentes souches de virus polio. Mais en 1931 une étape décisive allait être franchie avec la découverte de deux virus de la polio. On doit cette découverte à une équipe australienne dirigée par le fameux immunologiste Franck Burnet — qui devait devenir sir MacFarlane Burnet. En 1931, Burnet et Macnamara [7] étudient deux souches de virus polio. La souche MA isolée par Flexner, aux Etats-Unis, en 1909, d'un cas fatal de polio, et la souche

Victoria isolée, en 1928, à Melbourne en Australie. Des singes inoculés avec la souche Victoria survivent, ils sont alors inoculés avec la souche MA, et de façon surprenante ils meurent de poliomyélite. Cette expérience démontre l'absence de protection croisée entre les deux souches du virus polio. Il existe donc au moins deux virus différents. Nous disons maintenant deux sérotypes. Ces résultats obtenus au fin fond de l'Australie par de jeunes chercheurs inconnus (à l'époque, car Burnet deviendra prix Nobel de médecine) sont source d'un réel scepticisme outre-Atlantique. La souche Victoria pourrait être autre chose qu'un virus polio, un autre virus neurotropique d'une maladie « exotique ». Cette expérience est reprise par les chercheurs de l'université de Yale, en utilisant des souches locales de virus de la polio. Les chercheurs américains arrivent à la même conclusion que leurs confrères australiens. Il existe bien deux virus différents de la poliomyélite. Dès cette date, les résultats s'accumulaient pour montrer l'existence de différents virus polio. Toutefois, il fallut attendre 1951 pour que, à la suite d'une large étude collective, sous l'autorité d'un comité de typage des souches polio, soit démontré l'existence de trois sérotypes de virus polio. Cinquante ans après, on ne connaît pas d'autres sérotypes. A ce comité appartenaient Jonas Salk et Albert Sabin, les futurs pères du vaccin polio. La découverte de trois sérotypes du virus pouvait avoir une importante conséquence en termes de mise au point du vaccin. Pour Salk, le problème était essentiellement immunologique, le nombre de sérotypes n'était pas en cause, il pensait qu'un vaccin polio avec un seul virus aurait probablement été suffisant. A l'opposé, les virologues, dont Sabin, considéraient qu'il était nécessaire de caractériser les différents sérotypes et d'établir chez l'animal les relations de protection croisée éventuelle. A l'une des premières réunions du comité de typage, Salk présenta ses vues. Il fut sévèrement contredit par Sabin : « Avant d'avancer de tels propos, il vous faudra apporter des résultats. » Le ton était donné entre les deux hommes.

Les vaccins contre la polio [8] [24]

Bien que le virus de la polio ait été isolé en 1908, il fallut attendre les années 1950 pour voir apparaître la vaccination contre cette redoutable infection. Deux éléments expliquent ce délai : la difficulté de multiplier le virus et la méconnaissance de l'infection virale chez l'homme. Les scientifiques butaient sur la difficulté de produire en quantité importante le virus polio. Les singes présentaient un grand intérêt pour reproduire la maladie, mais ils ne pouvaient pas être utilisés pour produire le virus en quantité importante, étape nécessaire à la production du vaccin. Les premiers essais d'utilisation de cultures de tissus sont à attribuer à Sabin et Olitsky [9] qui ont réussi à faire multiplier le virus de la polio sur des tissus nerveux provenant d'embryons humains. Ce résultat expérimental était intéressant, mais son application limitée. Il fallut attendre les travaux de J. Enders, T. Weller et F. Robbins [10], et la mise au point des cultures cellulaires. Un pas décisif était franchi lorsqu'il fut possible de multiplier le virus polio sur des cellules d'origine non nerveuse. Nous étions alors en 1948. Non seulement il devint possible de cultiver le virus en grande quantité, en particulier en utilisant des cellules de rein de singe, mais on pouvait également le visualiser de façon indirecte. Jusqu'à cette date, pour étudier l'éventuelle présence du virus polio dans un échantillon, on devait l'inoculer aux singes, le seul animal sensible. L'animal mis en observation présente en quelques jours la maladie. L'examen des tissus nerveux révèle alors la présence de lésions spécifiques. Cette méthode de diagnostic était longue, coûteuse, et ne pouvait être appliquée qu'à un nombre limité d'échantillons. Enders observa qu'après inoculation à des cultures cellulaires le virus entraînait des modifications très caractéristiques. Il proposa le terme d'effet cytopathogène pour caractériser l'évolution cellulaire au cours de la réplication du virus polio. Non seulement il devenait possible de multiplier en grande quantité le virus, mais également de déterminer sa présence (méthode de diagnostic) ou encore de quantifier la concentration en particules virales dans les échantillons à tester (méthode de titrage). Cette technique de culture sur des cellules rénales de singe fut adoptée par les participants à la course au développement d'un vaccin. Elle valut le prix Nobel de médecine aux trois chercheurs.

Pendant de très nombreuses années, l'école américaine de virologie, engagée dans la lutte contre la poliomyélite, restait tout acquise aux propriétés neurotropiques exclusives du virus polio, préconisées par l'influent leader, le Dr Simon Flexner, de la fameuse Fondation Rockefeller. Flexner se référait aux travaux réalisés sur les singes, et il n'accepta que très tardivement d'admettre des différences significatives avec les observations chez l'homme. Si le singe reproduit effectivement la maladie, la multiplication du virus et le mécanisme d'atteinte des tissus nerveux sont différents de la maladie humaine. Pour Flexner et son école, le virus pénétrait par voie nasale et gagnait directement le système nerveux central. Il ne voulut jamais entendre parler d'une infection digestive comme porte d'entrée du virus polio. Chez l'homme, les travaux réalisés en Scandinavie révélaient que l'infection se faisait par voie orale et que le virus se multipliait dans l'intestin avant de passer dans la circulation sanguine et gagner de SNC. De nos jours, on ne sait toujours pas exactement comment le virus gagne le SNC après passage dans le sang.

Le concept largement accepté outre-Atlantique d'un neurotropisme exclusif du virus polio amenait à la question : comment peut-on, par vaccination, prévenir une infection pour laquelle le virus migre par les fibres nerveuses jusqu'à l'organe cible, le SNC ? Le virus n'étant pas accessible au système immunitaire, il paraissait difficile de prévenir cette maladie. A l'opposé, lorsque furent établis la réplication digestive et le passage dans le sang de ce virus, la vaccination devenait une possibilité. On pouvait envisager de bloquer la réplication du virus dans le tube digestif (c'est le principe du vaccin oral) ou durant la migration dans le sang au moyen d'anticorps neutralisants qui pouvaient être obtenus par un vaccin inactivé inoculé par voie sous-cutanée.

Trois noms vont alors dominer la mise au point de vaccins

contre la poliomyélite : Jonas Salk, Albert Sabin et Hilary Koprowski.

Le vaccin polio inactivé de Jonas Salk

Dès l'isolement du virus polio et son adaptation au singe, les chercheurs ont essayé de l'inactiver par différents procédés, en particulier des méthodes physiques telles que la chaleur. Les virus sont très sensibles à la température, un traitement d'une heure à 60 °C aboutit à leur inactivation complète. Les traitements chimiques sont également efficaces. La difficulté résulte dans un équilibre entre inactivation complète et maintien d'un pouvoir immunogène suffisant. Un traitement trop drastique aboutit à l'inactivation du virus mais le rend également non immunogène. C'est la balance entre ces deux propriétés qui fait la difficulté dans la mise au point d'un vaccin inactivé. Les premiers essais utilisant le formol comme agent d'inactivation sont à mettre au compte de Maurice Brodie qui, dans les années 1930, fut à l'origine du premier vaccin polio inactivé. Après avoir inoculé vingt singes, il réalisa une étude, en 1935, sur trois mille enfants. Bien qu'aucune anomalie n'ait été observée, les travaux de Brodie n'eurent aucune suite, et on ne parla plus de ce vaccin [11]. On ne sut jamais exactement ce qui se produisit au cours de ces essais cliniques. Cette étude était particulièrement risquée, car à cette époque l'efficacité de l'inactivation du virus par le formol était mal connue, et les résultats très préliminaires ne justifiaient pas une expérimentation humaine. Mais la décision de Brodie de tester le vaccin chez l'homme aussi précocement résultait d'une compétition avec le Dr John Kolmer. Cet auteur proposa un candidat vaccin préparé à partir d'un virus dont la virulence avait été modifiée par des passages successifs chez des singes (c'est Kolmer qui pour la première fois parla d'atténuation du virus polio) et qui était traité par un agent chimique (le ricinoleate de sodium) en présence de glycérol. Cette étrange « soupe » était considérée comme atténuée par son auteur. Rétrospectivement, il est difficile de comprendre la finalité de ces travaux : s'agissait-il d'un vaccin vivant atténué comme ceux de Koprowski ou Sabin, ou d'un vaccin partiellement inactivé ? Préparé dans des conditions techniques qui s'apparentent plus à de la cuisine, ce candidat vaccin allait être à l'origine d'une véritable catastrophe, en 1935 : douze cas de poliomyélite, dont six décès étaient associés à ces essais de vaccination [12]. Au cours d'un meeting à Saint-Louis, en novembre 1935, le Dr Kolmer débutait sa présentation par ces mots : « Messieurs, c'est un jour où je souhaiterais que le sol s'effondre et m'engloutisse [13]. » Autant dire que la vaccination par le virus polio dit inactivé devenait particulièrement suspecte, et il y eut un véritable rejet de cette approche.

Nous devons à Jonas Salk d'avoir relancé sur des bases rationnelles le développement d'un vaccin inactivé.

Salk avait acquis une longue expérience dans l'évaluation d'un vaccin inactivé contre la grippe dans l'armée américaine. Le souvenir de la terrible épidémie de grippe espagnole de 1918-1919 restait très présent aux Etats-Unis où l'armée poursuivait de nombreuses investigations en vue d'optimiser le vaccin. Il s'agissait d'un vaccin inactivé par le formol utilisé pour la première fois en 1930. L'amélioration de ce vaccin nécessitait d'augmenter son pouvoir immunogène au moyen d'un adjuvant et de résoudre les problèmes de logistique en vue de vacciner plusieurs millions d'individus en quelques semaines. Cinquante ans après, ces deux difficultés demeurent.

1951, 28 386 cas de polio aux Etats-Unis

Lorsque, au début des années 1950, Salk débute ces travaux pour la mise au point d'un vaccin polio inactivé, non seulement il avait acquis une grande expérience technique mais il connaissait aussi des résultats récents, publiés en 1952, qui montraient qu'avant d'atteindre le SNC le virus de la poliomyélite passait dans le sang. Par conséquent, en induisant des anticorps, par vaccination, il devenait possible de bloquer la migration du virus et d'empêcher la maladie.

Rapidement, Salk reçut un support financier de la National Fundation for Infantile Paralysis. La décision d'aider Salk dans son projet vint d'un voyage transatlantique sur le *Queen Mary* auquel participaient Salk et O'Connors, le président de la fondation. Tous deux revenaient d'un congrès à Copenhague sur la poliomyélite. Nous étions en 1951. Salk réussit à convaincre son interlocuteur de l'intérêt de son approche. O'Connors était d'autant plus enclin d'engager la fondation dans la bataille pour un vaccin qu'il venait d'apprendre que sa propre fille avait contracté la maladie et était restée paralysée.

En outre, la mise au point d'un vaccin inactivé apparaissait beaucoup plus facile qu'un vaccin vivant atténué.

1952 : 57 879 cas de polio aux Etats-Unis
1953 : 35 592 cas

Le vaccin préparé par Salk contenait les trois sérotypes de virus de la polio : polio type 1 souche Mahoney ; polio type 2 souche MEF ; polio type 3 souche Saukett. Il était inactivé par le formol et injecté par voie sous-cutanée. L'évaluation clinique est entreprise en 1953 sur une centaine de volontaires, puis, rapidement, le vaccin est testé sur cinq mille sujets. Un grand nombre d'enfants entraient dans ces études cliniques. Les résultats étaient très encourageants : non seulement le vaccin n'induisait aucun effet secondaire notable, mais la réponse immunitaire était très prometteuse. Les accidents de Kolmer restaient présents dans les mémoires, pourtant il devenait évident que ce vaccin pouvait constituer la solution pour lutter efficacement contre la maladie. Il fallait donc aller de l'avant. « Don't wait for the ideal vaccine — ne pas attendre le vaccin idéal » était l'argument qui décida de passer à l'étape suivante.

Les laboratoires Connaught, au Canada, allaient jouer un rôle déterminant en acceptant de produire le vaccin de Salk. La collaboration entre la fondation d'O'Connors et l'industriel furent des plus discrètes, il ne fallait pas que les Canadiens connussent le rôle du laboratoire de Toronto dans la préparation d'un vaccin destiné, dans un premier temps, uniquement aux enfants américains. En récompense, en 1955, le président Truman remettra le prestigieux prix Albert-Lasker au Dr R.D. Defries, le directeur de la production, chez Connaught.

1954 : 38 476 cas de polio aux Etats-Unis

En 1954, il était décidé de réaliser aux Etats-Unis la plus grande étude clinique de tous les temps en vue d'évaluer le vaccin Salk. Près de 1,8 million d'enfants participèrent à l'étude. Ils étaient répartis en trois groupes : des enfants vaccinés, des enfants qui reçurent un placebo et des enfants témoins. Au total 20 000 médecins, 40 000 infirmières et 50 000 enseignants participaient à cet extraordinaire essai clinique. L'étude était réalisée sous la direction du Dr Thomas Francis Jr. Les résultats étaient tenus secrets, et ils furent présentés le 12 avril 1955 (par coïncidence le jour du dixième anniversaire de la mort de la plus célèbre victime de la poliomyélite, le président Roosevelt). Sur les 200 754 enfants qui avaient reçu la vaccination complète, on observait une diminution de plus de 50 % des cas de poliomyélite. Aucun effet secondaire n'avait été rapporté. Le vaccin Salk marchait.

Le 12 avril, toutes les cloches des églises des Etats-Unis sonnaient pour annoncer le succès de la vaccination. Un mouvement de liesse populaire, identique à celui de la fin de la Seconde Guerre mondiale, gagnait le pays. Le lendemain, le vaccin est enregistré par les autorités américaines. Salk est alors interviewé à la télévision sur la chaîne *See it Now* : on lui demande « Qui est propriétaire du brevet ? » Salk répond : « Il n'y a pas de brevet, peut-on breveter le soleil ? » Effectivement, le vaccin ne sera jamais breveté. Au contraire, Salk fera profiter l'humanité de sa découverte. Ce fut le jour de gloire de Jonas Salk. Cette extrême générosité doit être nuancée. Les avocats avaient étudié la possibilité de breveter ce vaccin. L'inactivation du virus par le formol était un procédé connu. La culture du virus polio était dans le domaine public depuis les travaux d'Enders. L'emploi d'adjuvants n'avait rien de nouveau. En fait, il n'y avait rien à breveter ! Mais la phrase de Salk entrera dans l'Histoire et sera le titre d'un ouvrage *Patenting the Sun*, écrit par Jane S. Smith à la gloire de Salk.

Malheureusement, ce succès grandiose allait être suivi par un grave accident. Le 25 avril, un enfant est transporté à l'hôpital de Chicago, il est paralysé des deux jambes ; il avait reçu le vaccin neuf jours auparavant. Le 26 avril, cinq nouveaux cas sont rapportés en Californie. Tous les cas sont rattachés à des lots de vaccin produits par la firme Cutter. Cet événement, connu sous le nom d'accident Cutter, se traduisit par 204 cas de poliomyélite dus au vaccin. Parmi ceux-ci, 79 cas étaient rapportés chez les enfants vaccinés, les autres chez les sujets contacts. Les trois quarts des enfants atteints furent paralysés, et onze d'entre eux décédèrent. L'enquête révéla qu'il s'agissait de lots de vaccin insuffisamment inactivés, en raison d'un procédé incomplet. Avant de réaliser une étape d'inactivation, il est nécessaire d'effectuer une filtration afin de dissocier les amas de particules virales. Dans ces amas, certaines particules virales ne sont pas en contact avec l'agent inactivant, le formol. Cette étape n'était pas incorporée dans le procédé de production des laboratoires Cutter. La filtration du virus, associée à une agitation permanente de la suspension virale, allaient permettre de résoudre ce problème d'inactivation incomplète. On attribua également la gravité de l'accident à l'emploi de la souche Mahoney de polio type 1, connue pour sa grande virulence.

Le vaccin Salk fut rapidement utilisé dans différents pays, et notamment en Scandinavie et en France. A l'Institut Pasteur, Pierre Lépine, tirant les leçons de l'accident Cutter, proposa un vaccin contenant une souche de polio type 1 très atténuée. En outre, il proposa de réaliser une double inactivation, d'abord au formol puis au moyen d'un autre agent inactivant, la béta-propiolactone. Rétrospectivement, cette double inactivation ne semble pas être un élément décisif. Les virus polio sont peu sensibles à cet agent chimique. Le strict respect des conditions techniques de l'étape d'inactivation s'est révélé suffisant pour éviter la reproduction de l'accident Cutter. Entre 1955 et 1960, la vaccination fit reculer de façon spectaculaire l'incidence de la poliomyélite dans les différents pays où elle était appliquée. D'autant que l'optimisation du schéma de vaccination avec trois doses montrait une efficacité de 90 %. Toutefois, à partir des années 1960, le vaccin Salk était remplacé, aux Etats-Unis, par le vaccin vivant atténué de Sabin, mais maintenu dans les pays scandinaves et en France.

1955 : 28 985 cas de polio aux Etats-Unis
1956 : 15 140 cas
1957 : 5 485 cas
1958 : 5 787 cas
1959 : 8 425 cas
1960 : 3 190 cas

Le vaccin Salk avait fait diminuer d'un facteur 10 le nombre des cas de poliomyélite aux Etats-Unis ; l'année de son abandon, en 1962, au profit du vaccin Sabin, on recensera seulement 1 312 cas de poliomyélite. Pourquoi changer un vaccin qui marchait ? Les raisons étaient d'abord économiques : les grands producteurs de vaccins, Pfizer et Lederle, tiraient d'énormes profits de ce nouveau vaccin. Sabin argumentait que le vaccin Salk ne produisait pas, au niveau du tube digestif, une immunité suffisante pour bloquer la réplication du virus sauvage, et donc qu'il ne serait pas possible d'éradiquer le virus. Il avait raison. Salk rétorquait qu'en vaccinant avec un vaccin vivant on continuait à mettre en circulation du virus polio, et éventuellement d'induire des cas cliniques. Salk obtiendra raison lorsque l'OMS voudra éradiquer la poliomyélite en l'an 2000. Mais nous étions en 1962, et incontestablement le vaccin Sabin s'imposa aux Etats-Unis.

C'était la fin de la période de gloire de J. Salk qui, décédé en 1995, n'aura pas eu le privilège d'apprendre que le comité pour les recommandations vaccinales aux Etats-Unis allait remplacer, en 1999, le vaccin Sabin par le vaccin Salk.

Dans la fin des années 1980, Salk travaillait à la mise au point d'un vaccin inactivé contre le sida. Ce projet était très controversé, et la participation de Salk à la recherche sur le sida était loin de faire l'unanimité. Le grand expert de la poliomyélite, Joseph Melnick, déclarait à ce sujet : « Salk revient après un long sommeil. Il pense que la science est restée comme il l'avait quittée. » En 1990, quand je rejoignis l'Institut Mérieux, j'étais en charge de ce projet. L'idée venait de Salk qui, associé à une société de biotechnologie californienne, Immune Response Corporation (IRC), proposait un vaccin contre le virus VIH (Virus de l'Immunodéficience Humaine), inactivé et dépourvu de membrane. Salk se faisait le porte-parole de ce vaccin au travers des congrès scientifiques et des médias. Dès les premiers travaux que nous menions à l'Institut Mérieux, je comprenais la raison du choix d'un virus dépourvu de membrane : au cours des différentes étapes de traitement du virus pour obtenir le vaccin, purification, concentration, inactivation, etc., la membrane du virus était perdue et, par conséquent, on obtenait systématiquement un virus dépourvu de membrane ! Le concept était intéressant, les protéines internes sont conservées et stimulent l'immunité cellulaire. Différents projets faisant appel au génie génétique s'appuient sur ce concept. Mais dans le cas présent, il s'agissait de travailler avec un virus vivant particulièrement difficile à manipuler en raison des risques de contamination du personnel. Le faible pouvoir immunogène de ce candidat vaccin nécessitait de produire le virus dans des biofermenteurs de grande capacité. Cet ensemble d'éléments et d'autres nous amenaient à abandonner, en 1992, ce projet qui, pendant plus de dix ans, devait se poursuivre dans différents laboratoires, sans plus de succès scientifique mais avec une réelle réussite financière pour les dirigeants d'IRC.

Les vaccins vivants atténués utilisés par voie orale

Les singes ont joué un rôle essentiel dans l'histoire du virus polio. Ces animaux allaient également jouer un rôle déterminant dans la mise au point d'un vaccin polio vivant. Toutefois, c'est un autre animal qui allait apporter les premières informations sur la possibilité d'atténuer le virus polio. Charles

Armstrong allait adapter une souche (souche Lansing) de virus polio au rat puis à la souris [14]. On ne connaît pas les raisons de l'emploi du rat, qui n'est pas un animal habituel des laboratoires, dans cette expérimentation chanceuse, sinon que, probablement, Armstrong possédait un excédent de ces animaux dans son laboratoire. Ce travail fut poursuivi par Max Theiler, le découvreur du vaccin fièvre jaune. En inoculant la souche Lansing aux souris, il constata progressivement une atténuation de la neurovirulence. Après plus de cent cinquante passages chez la souris, le virus était devenu non pathogène pour le singe. Cette atténuation aboutissait au premier candidat vaccin. Nous étions en 1946. Theiler ne poursuivit pas ces recherches, laissant aux spécialistes de la polio le soin de développer le vaccin. Malheureusement, aucune équipe ne reprit ce travail de pionnier, ce qui fit probablement perdre dix ans dans la mise au point d'un vaccin.

L'obtention d'un vaccin vivant atténué oral va être reprise dans les années 1950 et sera à l'origine d'une compétition extraordinaire entre trois scientifiques américains : Hilary Koprowski, Herald Cox et Albert Sabin. Le premier à avoir proposé un vaccin polio vivant atténué utilisable par voie orale fut Koprowski. Ses travaux débutent à la fin des années 1940, alors que les techniques de cultures cellulaires n'étaient pas encore connues. A cette époque, Koprowski travaille au laboratoire de virologie de la compagnie pharmaceutique Lederle, sous la direction de Herald Cox. Il s'est longuement entretenu avec Max Theiler et a pris connaissance de ses travaux. Koprowski atténue le virus polio type 2 par passage sur cerveau de souris, puis par passage sur cerveau de rat. Il montre que ce candidat est atténué chez le chimpanzé, lequel résiste à une épreuve de challenge avec le virus sauvage. En outre, Koprowski démontre que le virus est également atténué lorsque le vaccin est inoculé directement dans le cerveau du singe. Il donne le nom de TN à cette souche vaccinale de polio type 2, en référence à son chef de laboratoire et proche collaborateur Tom Norton. Ce dernier a travaillé de nombreuses années au laboratoire de M. Theiler où il a acquis une expérience sur la poliomyélite. Les premiers résultats sont rapportés à une conférence en 1951 à Hershey en Pennsylvanie : dix-neuf enfants ont été vaccinés sans aucun effet secondaire et ont présenté des anticorps contre le type 2 [15].

Ces premiers résultats suscitent un intérêt mitigé, comme le raconte Koprowski [16] : « A ce meeting, j'avais été invité pour parler de l'atténuation du virus de la rage ; à la fin de la présentation je demandai au président de séance de me permettre de rapporter des résultats sur le vaccin polio atténué. Je remarquais, en effet, la présence dans l'audience de tout le gotha des experts de la polio en quasi-somnolence après le repas. Le Dr Francis, après un somme profond, devait apprendre de son voisin, le Dr Salk, que les résultats que je venais de présenter ne se rapportaient pas à des singes mais à des enfants... Autant dire que cette présentation ne suscita pas un grand enthousiasme. »

Au laboratoire Lederle, en collaboration avec Cox, Koprowski obtient un autre candidat vaccin type 1, dénommé SM, qui est inoculé avec succès à trois enfants. Nous sommes en 1953. Koprowski présente ses résultats à une conférence à Detroit. Dans la salle un autre scientifique, Albert Sabin, prend la parole. Après quelques mots d'éloge sur le travail de son confrère, il apporte des critiques sur la technique d'atténuation. Puis il annonce qu'il a obtenu par passages sur cellules de rein de singe l'atténuation des trois sérotypes de virus polio. Ceux-ci, inoculés aux singes par voie intracérébrale, se révèlent atténués. Bien que ces candidats vaccins ne fussent point encore testés chez l'homme, Sabin s'inscrivait ce jour-là comme un sérieux candidat à la course au vaccin polio oral.

Dans les trois années à venir, la course allait s'amplifier. Koprowski, avec seulement deux souches SM (type 1) et TN (type 2), piétinait. Sabin progressait rapidement entre 1953 et 1956 : il inoculait les trois sérotypes à plus de 9 000 singes et réalisait en 1955 la première étude chez 163 volontaires d'une prison de l'Ohio. Les premiers résultats étaient encourageants, mais Sabin reconnaissait que deux sérotypes maintenaient un certain niveau de neurovirulence lorsqu'ils étaient inoculés par voie intracérébrale chez le singe. Sabin décidait alors d'obtenir de nouveaux candidats vaccins à partir de virus polio isolé chez des sujets ayant fait une forme abortive de la maladie. Le concept reposait sur l'idée qu'il existait des souches très virulentes qui pouvaient donner des paralysies et des souches naturellement atténuées, aptes à infecter l'homme mais sans être neurotropes. En utilisant ces dernières, on pouvait augmenter les chances d'obtenir un candidat vaccin. Sabin avait vu juste. Cette variabilité qu'il démontra chez le singe représente à cette époque la première évidence du polymorphisme des virus.

En outre, Sabin disposait d'un ensemble de techniques virologiques récemment mises au point. En particulier la technique dite des plages de lyse. Celle-ci avait été mise au point par le prix Nobel de médecine Renato Dulbecco ; elle allait révolutionner l'étude des virus. Le principe en est le suivant : quand on inocule une suspension virale sur une nappe de cellules, en quelques jours les cellules sont détruites. Si on réalise la même expérience mais en diluant la suspension jusqu'à obtenir un très petit nombre de virus, ceux-ci ne pourront infecter que quelques cellules sur la nappe cellulaire. Le virus pénétrera dans la cellule qu'il a infectée et il se multipliera, puis il diffusera dans les cellules adjacentes qui à leur tour seront détruites. Il apparaît alors des trous sur la nappe cellulaire que l'on nomme plage de lyse. Chaque trou correspond à la multiplication d'une particule virale. Dans ses premières expériences, Dulbecco rencontrait des difficultés pour visualiser ces taches. La solution vint une belle après-midi d'été, comme il le raconte dans son autobiographie [17] : « En me promenant dans mon jardin, je constatai qu'au milieu de la pelouse verdoyante il y avait des taches jaunâtres, brûlées par la sécheresse. J'eus immédiatement la solution pour mes plages de lyse, il suffisait de colorer la nappe cellulaire avec un colorant vital, retenu uniquement par les cellules vivantes, pour voir apparaître les cellules mortes sous forme de plages de lyse de couleur blanchâtre. » Cette technique constituait alors une véritable révolution, car il devenait possible pour la première fois de quantifier les particules virales contenues dans un échantillon. En outre, on pouvait observer des différences dans la taille des plages. On parle alors de petite plage, grande plage, etc.

A quoi correspond cette variabilité ? Tout simplement à des modifications biologiques des virus. Il devenait donc possible, en analysant l'aspect des plages de lyse, de rechercher des sous-populations virales au sein d'une espèce de virus. En d'autres termes, il était possible de séparer dans une souche de virus polio différentes sous-populations, les analyser individuellement et ainsi sélectionner celles qui étaient atténuées pour les singes et qui pouvaient être retenues comme candidats vaccins.

Enfin, André Lwoff, à l'Institut Pasteur, montrait l'intérêt d'utiliser des mutants sensibles à la température afin d'obtenir une atténuation de la virulence des virus polio. Ces éléments furent utilisés par Sabin pour préparer trois souches virales [18] dénommées LSc (polio type 1), P712 (polio type 2) et Leon (polio type 3).

Outre le développement de candidats vaccins, Sabin apportait des éléments importants sur la biologie des virus polio. Il montrait en effet qu'il existait un gradient de sensibilité entre l'homme et le singe en fonction de la voie d'infection. Le singe se révélait très sensible par inoculation du virus directement dans le cerveau, en revanche l'homme répliquait intensivement le virus dans le tube digestif, ce qui n'était pas le cas du singe. Ainsi, la vaccination chez l'homme par voie digestive était justifiée. Et le singe, lui, pouvait constituer un modèle intéressant pour l'étude de l'atténuation des souches vaccinales. Cinquante ans après, ces conclusions demeurent. Le singe inoculé par voie intracérébrale demeure le seul modèle pour évaluer l'atténuation du vaccin polio oral. Sabin avait obtenu ces conclusions après inoculation de plus de vingt mille singes au cours des dix ans de recherche.

Pour rester dans la compétition, Koprowski et l'équipe du laboratoire Lederle allaient s'associer avec un virologue anglais, George Dick. Celui-ci se proposait d'expérimenter les candidats vaccins de Koprowski TN et SM, à Belfast, en Irlande. L'étude à large échelle était prévue en 1956. Après quelques vaccinations préliminaires chez des volontaires de l'Université, George Dick vaccinait sa fille âgée de quatre ans. Après vaccination, il étudia, d'une part, la possible excrétion du virus dans les selles, et, d'autre part, l'éventuelle transmission du virus à son entourage. La surprise va être de taille : le virus est transmis aux deux autres enfants et à l'épouse du Dr Dick. Les propriétés biologiques montrent qu'après multiplication le virus est redevenu neurotrope : on parle de réversion du pouvoir pathogène. Le fait que le virus polio puisse passer d'un individu à un autre est de nos jours parfaitement connu ; à l'époque, ce résultat était nouveau. Les modifications des propriétés biologiques après vaccination représentaient un problème majeur. L'expérimentation, en Irlande, de la souche TN (polio type 2) se révélait également décevante. Sur un total de 21 adultes et de 169 enfants, seulement 22 % des adultes et 77 % des enfants présentaient des anticorps après vaccination. Le vaccin n'induisait pas d'effet secondaire, mais le virus excrété se révélait pathogène pour le singe inoculé par voie intracérébrale, avec un retour à la neurovirulence. Les résultats présentés en 1957 dans le *British Medical Journal* [19] concluaient à ces modifications des propriétés biologiques et en particulier au retour à la neurovirulence. Les auteurs Dick et Dane concluaient que ces deux souches de virus polio, en raison du risque de réversion, ne pouvaient être utilisées pour une étude à large échelle en Irlande.

Cet échec allait avoir une conséquence immédiate : un désaccord entre Koprowski et son patron Cox. Koprowski quittait les laboratoires Lederle ; il emmenait avec lui Tom Norton et quelques techniciens pour réapparaître au Wistar Institute à Philadelphie. Rapidement, Koprowski revenait dans la course avec deux autres candidats vaccins dénommés CHAT (polio type 1) et Fox type 3 (polio type 3) et une souche dérivée de celle de Sabin, P712 (polio type 2). Toutes ces souches étaient produites sur cellules de rein de singe et avaient été purifiées par la méthode des plages.

Au laboratoire Lederle, Cox avait également obtenu trois souches purifiées et produites sur rein de singe.

En 1958, les trois équipes possédaient des candidats vaccins très proches et se retrouvaient quasiment à égalité.

La compétition allait se déplacer hors des Etats-Unis, où le vaccin inactivé Salk était utilisé à large échelle avec un réel succès. Koprowski se lançait dans des vaccinations de masse au Congo, à Léopoldville. L'équipe de Lederle entreprenait d'importantes campagnes de vaccination en Amérique du Sud, au Nicaragua, en Colombie et en Uruguay. Mais c'est incontestablement Sabin qui allait mettre en place, en Union soviétique, le plus ambitieux plan de vaccination. Il réalisait les premières vaccinations dès 1957. En 1959, plusieurs millions d'enfants avaient été vaccinés ; de plus, des campagnes de vaccination étaient réalisées à Singapour, en Tchécoslovaquie, aux Pays-bas, au Mexique. En quelques mois, Sabin avait accumulé d'impressionnantes informations sur le vaccin polio oral [20].

Lors de la première conférence internationale sur le vaccin polio vivant à Washington, les trois équipes présentèrent leurs résultats. Koprowski avait vacciné 244 596 personnes au Congo, au Rwanda, au Burundi, et 45 000 enfants de moins de cinq ans à Léopoldville, avec la souche CHAT. Mais c'est Sabin qui impressionna l'assistance avec plusieurs millions de sujets vaccinés en Union soviétique, en Lituanie, en Estonie et au Kazakhstan. Aucune complication sévère n'était rapportée. La transmission des souches vaccinales d'une personne vaccinée à une personne non vaccinée était documentée, mais sans modification notable de la virulence. On pouvait parler d'immunité de groupe, les sujets vaccinés servant d'amplificateurs du vaccin. En outre, Sabin affirmait avoir détecté un virus contaminant dans le vaccin utilisé au Congo par Koprowski. Ce que rejetait, évidemment, ce dernier. A l'Institut national de la santé, aux Etats-Unis, Roderick Murray démontrait que les souches de Sabin étaient plus atténuées que celles de Koprowski, et surtout que celles de Cox-Lederle. Du reste, des vaccinations conduites avec la souche Lederle type 1, en Floride, aboutissaient à l'observation de cas de paralysies. L'équipe de Cox-Lederle se retirait alors de la course.

Koprowski essayait de rattraper le retard ; sept millions de sujets étaient vaccinés dans son pays d'origine, la Pologne, avec les souches CHAT (type 1) et Fox type 3. Mais Koprowski était handicapé par l'absence de souche type 2. L'expérience acquise avec P712 était insuffisante. D'autre part, cette souche provenait de Sabin. Malgré d'intenses efforts, il ne réussit pas à développer une souche de type 2.

Lors de la deuxième conférence internationale sur le vaccin polio vivant, Sabin présentait des résultats sur 55 millions de vaccinations. La course était finie !

Les souches de virus Sabin étaient acceptées aux Etats-Unis le 24 août 1960, et utilisées dès 1961, puis dans d'autres pays tels que la Grande-Bretagne. Sabin consacrera le reste de sa vie à combattre la poliomyélite grâce à son vaccin. Koprowski, battu dans la dernière ligne droite, allait poursuivre, avec l'équipe du Wistar, une remarquable carrière de virologue, avec des apports considérables dans le domaine de la vaccination, et notamment la mise au point d'un vaccin contre la rage. Quant au laboratoire Lederle, il allait devenir le seul producteur de vaccin polio, aux Etats-Unis, jusqu'en 1999, date à laquelle le vaccin Sabin était remplacé par... le vaccin Salk, qui devenait alors le seul vaccin autorisé dans ce pays et qui était produit par Pasteur-Mérieux.

La décision des autorités américaines de revenir au vaccin inactivé Salk, en 1999, repose sur les risques encourus avec le vaccin Sabin. Ce vaccin vivant pouvait induire un cas de poliomyélite tous les deux à trois millions de vaccinations. Aux Etats-Unis on recensait, ces dernières années, six à sept cas de poliomyélite chaque année. Tous ces cas étaient dus au vaccin Sabin, alors que la maladie naturelle avait disparu.

De cette âpre bataille entre Salk et Sabin on regrettera qu'ils n'aient pas reçu le prix Nobel. Quand on posait la question à Salk, il répondait modestement : « A quoi cela servirait-il puisque tout le monde est persuadé que je l'ai obtenu ? » Salk, un des hommes les plus populaires aux Etats-Unis, ne fut jamais accepté par la communauté scientifique. Il n'obtint aucune distinction scientifique, il ne fut notamment jamais élu à l'Académie des sciences américaine. Lorsqu'on interrogeait

Sabin sur l'œuvre scientifique de Salk, il avait des mots très durs : « Cet homme n'a jamais eu la moindre idée créatrice. » Ou encore : « Enfermez-vous dans votre cuisine et vous ferez aussi bien [21]. » Il sous-entendait par là que le travail de Salk s'était limité à cultiver des virus et à les inactiver... De la cuisine en quelque sorte. Le prix Nobel de médecine Renato Dulbecco eut cette belle phrase à l'égard de Salk : « Le fait qu'une avancée aussi importante dans le domaine de la santé publique ne puisse être reconnue par la communauté scientifique nous amène à poser la question du rôle de la science dans notre société [22]. »

Transmission d'agents infectieux par les vaccins polio

Les vaccins Salk, Sabin ou Koprowski étaient tous préparés, dans les années 1960, à partir de cellules provenant de reins de singe. Ces animaux peuvent présenter des infections virales aiguës, comme nous l'avons vu pour les virus Marburg et Ebola, mais également des virus latents, persistant dans l'organisme de l'animal sans nécessairement provoquer de maladie. Par conséquent, il y a un risque qu'un virus d'origine simienne se retrouve dans des vaccins. Une première alerte fut rapportée en 1960, lorsque le Dr Maurice Hilleman, des laboratoires Merck, découvrit un virus dit vacuolisant, ultérieurement dénommé SV40 (Simian Virus 40), présent dans les tissus d'organes de singe destinés à la préparation des vaccins polio oraux. Quelque temps plus tard, il fut démontré que ce virus était capable de provoquer des tumeurs malignes lorsqu'il était inoculé aux hamsters. En d'autres termes, les chercheurs venaient de découvrir la possible présence d'un virus tumorigène dans les vaccins polio oraux. L'inquiétude grandit quand, en 1961, il fut établi que le traitement par le formol, utilisé pour l'inactivation des virus polio Salk était partiellement inefficace pour le virus SV40. Dans les conditions de production du vaccin, ce virus n'était pas totalement inactivé ; plusieurs lots de vaccin Salk déjà utilisés pour vacciner les enfants contenaient le virus SV40. On imagine l'émotion suscitée par cette découverte. En 1961, le vaccin Salk était utilisé aux Etats-Unis depuis six ans ; plus de quatre millions d'enfants avaient été vaccinés. Ce vaccin était aussi largement employé en Europe, et les lots testés contenaient eux aussi le virus SV40. Une commission chargée d'apprécier ce problème devait conclure que le risque avait été exagéré : seuls quelques lots de vaccin étaient contaminés ; et après un recul de six ans, aucune anomalie n'avait été observée. Mais ce temps est-il suffisant pour apprécier la possibilité d'induction de cancer ?

Les relations entre virus SV40 et cancers ont été revues ces dernières années, à l'aide de méthodes modernes de détection des virus, et en particulier la recherche de séquence du virus dans les tissus de certains cancers par la technique d'amplification génique (Polymerase Chain Reaction — PCR). La présence de séquences virales du virus SV40 a été détectée dans les tissus de cancers humains, et en particulier des mésothéliomes et des ostéosarcomes. A ce jour, toutefois, il n'existe aucune preuve permettant de conclure que ce virus est responsable de cancers. En particulier, en Suède, le suivi, pendant trente-cinq ans (1961-1996), de sept cent mille personnes vaccinées avec un lot de vaccin contaminé par le SV40 n'a pas permis d'établir une relation avec l'apparition de cancers.

La transmission des virus par les vaccins ne concernait que ceux préparés sur des cellules primaires de rein de singe. Ce problème fut définitivement résolu, dans les années 1980, avec l'emploi de cellules en lignées continues parfaitement caractérisées.

Le vaccin polio oral a été au centre d'un débat d'actualité puisqu'il a été accusé d'être à l'origine du sida. Dès la description de ce syndrome, les hypothèses les plus variées ont été proposées pour expliquer la survenue de cette redoutable maladie. Intervention divine pour punir certains individus, virus créé par les militaires, etc. C'est dans ce contexte qu'un journaliste, Tom Curtis, de la revue *Rolling Stones*, publiait un article au titre provocateur : « L'origine du sida : une nouvelle hypothèse pour essayer de répondre à la question “ est-ce une intervention divine ou humaine ”[23] ? » Son hypothèse reposait sur la possibilité que le virus VIH ait été transmis à l'homme par le vaccin polio oral préparé sur cellules de rein de singe. L'analyse phylogénique du virus VIH-1 révèle qu'il dérive probablement d'un virus simien retrouvé chez le chimpanzé et qui serait passé à l'homme. Comment ce passage s'est-il réalisé et où ? Sur ce dernier point, les scientifiques sont tous d'accord : l'épicentre de la pandémie de sida se situe en Afrique centrale. En revanche, deux possibilités s'opposent sur le mécanisme de transmission du singe à l'homme. Une transmission naturelle : lors de la chasse, l'homme à pu se contaminer en dépeçant l'animal capturé. C'est ce qui s'est passé au Gabon lors d'une épidémie à virus Ebola. Les chasseurs se sont contaminés au contact d'un singe (chimpanzé) infecté par ce redoutable virus. La deuxième piste évoque la possibilité de transmission du virus simien à l'homme par un vaccin préparé sur des cellules de singe, et en particulier le virus polio oral préparé par Koproswki et largement testé au Congo. Les tissus de singe, le lieu (l'Afrique centrale), l'époque (années 1960) apportent des éléments crédibles.

Plus récemment, un journaliste, Edward Hooper, dans un ouvrage de plus de mille pages remarquablement bien documenté, a relancé cette piste [24]. Hooper se réfère aux travaux de Koprowski et suggère que celui-ci avait utilisé des cellules de rein de singe chimpanzé pour produire le vaccin polio oral testé en Afrique. L'espèce de singe est un élément essentiel car il est probable que le virus VIH-1 dérive du virus de l'immunodéficience du singe chimpanzé. Ce virus est appelé SIVcpz. L'allégation de Hooper consiste à affirmer que des reins de chimpanzé ont été utilisés pour la production du vaccin polio oral type 1 (la souche CHAT dont nous avons précédemment parlé). Il n'existe aucune preuve de l'emploi de cellules de chimpanzé. Inversement, s'agissant d'expériences réalisées à la fin des années 1950, les cahiers de laboratoire ont été perdus au cours des différents déménagements, et par conséquent il devient difficile pour les auteurs mis en accusation d'apporter un démenti absolu. Toutefois, dans un rapport rédigé par Stanley Plotkin et Hilary Koproswki, des arguments très convaincants permettent d'établir que les singes chimpanzés n'ont jamais été utilisés pour produire le vaccin polio. Enfin, des échantillons de vaccin produits dans les années 1950 par l'équipe de Koprowski et conservés à l'Institut Wistar ont récemment été analysés à l'Institut Pasteur et trouvés négatifs pour ce qui est de l'éventuelle présence d'un virus SIV ou VIH.

Ces éléments permettent de conclure le débat. Cette conclusion fait suite à une réunion d'experts qui s'est tenue à Londres, en septembre 2000, et rapportée dans le *Relevé épidémiologique hebdomadaire de l'OMS* daté du 8 décembre 2000, sous le titre sans ambiguïté : « Rejet de l'hypothèse d'une association entre le vaccin antipoliomyélite expérimental et l'origine du VIH ».

La fabuleuse aventure des cultures cellulaires et la naissance de l'industrie des vaccins viraux

A l'époque de Pasteur, la transmission des agents infectieux, que l'on appelait agents filtrants (les futurs virus), était obtenue par inoculation aux animaux. Pasteur avait transmis le virus de la rage au lapin, Landsteiner celui de la poliomyélite au singe. Il n'existait pas de milieu de culture adapté aux virus comme pour les bactéries. La structure des virus était tout à fait inconnue. Les virus sont constitués d'un fragment d'acide nucléique (ribonucléique [ARN] ou désoxyribonucléique [ADN]) entouré d'une petite boîte protectrice appelée capside. Certains d'entre eux possèdent une enveloppe. Pour se multiplier, les virus doivent se fixer sur des cellules qui possèdent des récepteurs (c'est l'image de la clé et de la serrure). Après cette reconnaissance mutuelle, le virus pénètre à l'intérieur de la cellule où il utilisera la machine cellulaire pour se multiplier. Les virus sont des parasites stricts. L'inoculation à l'animal permet d'offrir au virus un vaste panel de cellules où il pourra se multiplier. On sait de nos jours que l'inoculation à l'animal n'est pas indispensable pour multiplier les virus ; les cellules provenant de certains organes sont suffisantes. L'avènement de la culture des cellules débuta au début du siècle, elle allait révolutionner la virologie. Tout commença en 1907. Ross Harrison, un embryologiste travaillant à l'université John-Hopkins aux Etats-Unis, s'intéressait à la multiplication des fibres nerveuses. Il eut l'idée de déposer des fibres nerveuses provenant d'embryons de grenouilles, sur une lame de verre en présence de lymphe qui servait de milieu nutritif. Il recouvrit cette préparation d'une lamelle et la scella avec de la paraffine, afin d'éviter l'évaporation du milieu. Il observa au microscope une élongation de la fibre qui demeurait en vie pendant plusieurs jours. Ainsi était née la première culture de cellules. A cette époque, personne ne pouvait imaginer le retentissement futur de cette découverte. Harrison fut proposé comme lauréat du prix Nobel, en 1917. Malheureusement, en raison de la guerre, le prix ne fut pas attribué cette année-là.

Cette expérience fut reprise en 1910 par une équipe dirigée par Alexis Carrel à l'Institut Rockefeller. A cette date, Carrel était très connu aux Etats-Unis. Il avait fait ses études de médecine à Lyon. Après une courte carrière, déçu par le milieu hospitalier, il s'expatria au Canada, en 1904, pour acheter un ranch et devenir éleveur. On le retrouve quelque temps plus tard à la Fondation Rockefeller où il dirigera le département de chirurgie expérimentale, domaine où il excelle. Ses travaux de pionnier en transplantation tissulaire lui permettront d'obtenir le prix Nobel de médecine. Il s'était entouré de brillants chercheurs, notamment l'aviateur Charles Lindbergh, le premier pilote à avoir franchi l'Atlantique sans escale, qui collabora avec Carrel dans le domaine chirurgical.

Lorsqu'il entreprend l'étude des cultures cellulaires, c'est par le biais de la survie des organes et des tissus. Les premières expériences consistent en la culture de fragments de cœur embryonnaire de poulet en présence d'un milieu constitué de plasma de cet animal. Carrel observe une prolifération des cellules. Par la suite, il affine les techniques, et met au point des lames portant une petite cavité où sont placés les tissus d'organes. C'est la technique de la goutte pendante. Les cellules se développent, mais au bout de quelques jours elles meurent ; Carrel établit qu'en séparant minutieusement les cellules et en les transférant dans une nouvelle préparation en présence de milieu de culture frais, les cellules continuaient à se multiplier. La première culture fut établie dans les conditions optimisées à la Fondation Rockefeller en 1912 et maintenue jusqu'en 1946. Les cellules de Carrel apparaissaient immortelles !

La presse américaine suivait cet événement avec passion. C'est ainsi que Lindbergh raconte : « Tous les ans, le 17 janvier, vers la fin de la journée, le travail au laboratoire de Carrel était interrompu par une petite fête à l'occasion de l'anniversaire du célèbre fragment de cœur de Carrel : " *la vieille souche* [25] ". » A cette occasion, l'éditorialiste du *New York World Telegram* prenait des nouvelles de cette fameuse culture. Plusieurs journaux célébraient cet incroyable événement. Car la découverte était majeure. Pour les gérontologistes, ces expériences montraient que les cellules hors de l'organisme pouvaient être immortelles. En d'autres termes, le vieillissement n'était pas lié à une limite dans la multiplication des cellules.

Il fallut attendre les années 1960 pour que l'on découvre la supercherie de cette fameuse culture. Leonard Hayflick travaillait au Wistar Institute à Philadelphie, et s'intéressait aux cultures de cellules. Il utilisait des cellules provenant de fœtus humains obtenus lors d'avortements thérapeutiques. Hayflick était persuadé que les cellules en culture ne pouvaient subir qu'un nombre limité de passages. A cette époque, la référence demeurait le travail de Carrel, et tous résultats opposés résultaient de l'incompétence des techniciens ou de conditions opératoires inappropriées. En 1961, Hayflick publie des résultats établissant que la mort des cellules n'était pas due à un artefact technique, mais programmée au niveau cellulaire [26]. Il prépare alors de nombreuses cultures de fibroblastes provenant de poumon d'origine embryonnaire. Lorsqu'il met en culture ceux-ci, certains meurent rapidement, mais parfois il observe que des cellules se maintiennent en vie après plusieurs passages. Si des conditions strictes de culture sont observées, les cellules constituent une lignée ; dans le meilleur des cas elles peuvent se multiplier pendant cinquante à soixante-dix générations. L'examen chromosomique ne révèle aucune anomalie de ces cellules. On parle de lignée cellulaire diploïde. Hayflick avait ainsi montré qu'il était possible d'établir des lignées cellulaires tout à fait normales qui ont une durée de vie limitée. Parmi celles-ci, la lignée WI-38 sera très largement utilisée ; elle permettra notamment la production des vaccins viraux contre la poliomyélite, la rage et la rubéole. Elle est de nos jours remplacée par une lignée appelée MRC5, développée en 1970 en Grande-Bretagne par P. Jacobs, au Medical Research Council.

En 1963, Hayflick présente ses résultats au cours d'un congrès à Porto Rico. En fin de séance, une femme demande à lui parler, il la reçoit. Elle se présente comme une ancienne technicienne de Carrel, alors à la retraite. Elle dévoile le secret de l'immortalité de « la vieille souche » : pour maintenir en survie les cellules, il fallait ajouter un milieu nutritif obtenu à partir de liquide prélevé dans des embryons de poulet. Au moyen d'une seringue, une suspension contenant les ingrédients nutritifs ainsi que des cellules fraîches était prélevée et centrifugée. Malgré le soin apporté à cette opération, le milieu contenait des cellules résiduelles qui allaient se multiplier, assurant l'illusion de l'immortalité de l'échantillon. Ce biais technique était connu de l'équipe de la Fondation Rockefeller, mais le secret sera maintenu plus d'un demi-siècle. On ne saura jamais si Carrel était au courant de cette fraude [27] [28].

Harrison et Carrel demeurent incontestablement les pionniers des cultures cellulaires. Par la suite, de nombreuses améliorations furent apportées pour permettre des applications à ces observations initiales. Le milieu nutritif d'origine embryonnaire fut substitué par des ingrédients parfaitement définis. Au départ, les cultures étaient obtenues à partir d'un broyat d'organe ; dans les années 1950, une technique originale permit de séparer les cellules. Par un traitement avec une enzyme, la trypsine, les fragments de tissu subissent une digestion qui permet de séparer les cellules les unes des autres. Après un rinçage, le culot de cellules est mis en suspension, puis déposé sur un flacon en verre. Les cellules vont alors proliférer ; on obtient une nappe cellulaire.

La première application de ces techniques sera la culture du virus de la poliomyélite, obtenu en 1949, qui ouvrit la voie au développement des vaccins de Jonas Salk et Albert Sabin.

Les cultures de cellules demeurent un outil indispensable pour l'étude des virus ; elles constituent le support de référence pour la production des vaccins viraux.

On utilise trois sortes de cellules :

— Les cellules de première explantation : un fragment d'organe (rein de singe, embryon de poulet) est prélevé aseptiquement, les cellules sont trypsinées et mises en culture dans des flacons. Cette technique est simple mais elle nécessite de nombreux animaux.

— Les cellules diploïdes, décrites par Hayflick : elles présentent l'avantage de pouvoir être passées en série pendant une trentaine de dédoublements, permettant ainsi d'ensemencer de grandes surfaces.

— Les cellules transformées (hétéroploïdes) : elles peuvent provenir de cellules originellement cancéreuses, ou de cellules normales transformées. Dans tous les cas, elles présentent la caractéristique de se multiplier indéfiniment : les conditions idéales pour une application industrielle.

La production des vaccins viraux jusque dans les années 1970 relevait beaucoup plus de l'artisanat que d'une activité industrielle ; elle correspondait à une extension du développement des vaccins tels que les avaient définis les chercheurs. Avec l'avènement du vaccin polio, la virologie industrielle allait se développer au début des années 1980.

La production d'un vaccin viral comprend différentes étapes : la culture des cellules qui représente le support sur lequel le virus va se développer, l'infection, la récolte du virus et des étapes de purification et d'inactivation. Cette chronologie des différentes techniques est appliquée au vaccin de la polio inactivé (vaccin Salk). L'étape initiale, la culture des cellules, est essentielle ; elle conditionne la quantité de virus qui sera produit.

Les chercheurs ont découvert de nombreuses lignées de cellules possédant ces propriétés d'immortalisation, mais l'une d'entre elles allait devenir la coqueluche des virologues : il s'agit de la cellule Vero. Cette cellule a été créée par le Dr Yosihiro Yasumura en 1962, à partir de rein de singe vert (*Cercopithecus aethiops*). L'origine exacte du nom prête encore à confusion. Il avait été choisi par Yasumura pour valoriser cette nouvelle langue universelle que se voulait l'espéranto, « vero » voulant dire « vrai ». Mais c'est aussi l'acronyme, dans cette langue, de « verda » pour « vert », et « reno », pour « rein », par conséquent « rein de singe vert »... Comment Yasumura a-t-il obtenu cette lignée cellulaire ? Par chance ! En mars 1962, il entreprend de mettre en culture des cellules provenant de reins de différentes espèces de singes. Certaines ne persistent que sur une ou deux générations, d'autres survivent et se maintiennent vivantes sur plusieurs générations : parmi celles-ci, des cellules issues de singe vert se maintiennent pendant trente passages successifs ; elles donneront la cellule Vero qui présente la caractéristique de pouvoir être passée indéfiniment. Cette propriété a été acquise sans que l'on sache comment la cellule s'est transformée naturellement pour devenir immortelle.

Une fois la lignée établie, ces cellules vont alors réaliser un long périple dans différents pays. D'abord déposées, en 1985, au Japon, au département des cultures cellulaires à Chiba, elles ont, à ce stade, subi entre 103 et 109 passages. Les cellules Vero vont être adressées aux Etats-Unis, où le Dr Bunsiti Simizu les fournit à l'Institut américain de santé publique (NIAID), à Bethesda. Elles seront enregistrées dans le département de la collection américaine des cultures de cellules (ATCC) au passage 113 (référence ATCC CCL81). A l'ATCC, ces cellules seront multipliées pour réaliser un stock au passage 121. Leur voyage va se poursuivre. Elles seront envoyées, en 1964, au Panama ; au MARU, un laboratoire de l'armée américaine, chargé d'effectuer des recherches sur les virus tropicaux, le Dr Karl Johnson les reçoit au passage 106, il les entretient jusqu'au passage 124, elles deviendront les cellules Vero 76. Il les ramènera à Atlanta au CDC.

A cette époque, Johnson s'intéresse tout particulièrement à l'étude des arenavirus, et notamment au virus Lassa. Pour étudier ce virus, Johnson a besoin d'une cellule sensible. La cellule Vero se prête bien à ces études, mais la culture des arenavirus est très lente. En collaboration avec un chercheur, Paul Price, Johnson entreprend de dériver des clones de la cellule Vero. Il s'agit de séparer les cellules et de les analyser chacune indépendamment. Une cellule isolée constitue un clone biologique. Une fois qu'ils ont obtenu différents clones, les chercheurs du CDC étudient leur sensibilité aux arenavirus. Parmi tous les clones testés, le numéro 6 se révèle le plus sensible. Ce clone de cellule Vero désigné C1008 deviendra la cellule Vero E6, qui sera universellement utilisée pour étudier les virus responsables des fièvres hémorragiques, et notamment les virus Ebola, Hantaan ou Lassa.

En 1980, il existait donc des cellules Vero portant les références suivantes : Vero ATCC CCL 81 (passage 121), Vero 76 (passage 139) et Vero C1008. Parmi les destinataires de la cellule Vero ATCC CCL 81, il y aura l'Institut Mérieux, et ce sera le début de l'ère de la production industrielle des vaccins viraux.

Si la cellule constitue l'élément essentiel de la production des virus, le support sur lequel ces cellules vont se multiplier joue un rôle déterminant en termes industriels. Les chercheurs, dès les premiers essais de culture des tissus, ont utilisé des flacons plats en verre. Par la suite, le verre a été remplacé par le plastique, et la forme des flacons a évolué. C'est ainsi que sont apparus des flacons roulants ou des plateaux superposés. Toutes ces améliorations techniques avaient pour but d'augmenter la surface de culture des cellules. Mais une véritable révolution technique allait se produire avec l'avènement des microporteurs. L'idée est relativement simple : l'emploi de microbilles en suspension permet d'augmenter considérablement la surface de culture ; les cellules ayant une polarité négative, si la surface des billes est chargée positivement, les cellules vont pouvoir adhérer et se multiplier. On doit au chercheur hollandais Anton Van Wezel la première application de cette technique. Il utilise, pour préparer les microsupports, un gel de chromatographie, le DEAE-Sephadex, qui sera ultérieurement remplacé par le DEAE-dextran, connu sous le nom de cytodex 1, et commercialisé par la firme Pharmacia. L'emploi de microbilles offre un avantage énorme en termes de surface : 5 grammes de billes dans un litre représente une surface de 44 000 centimètres carrés, soit plus de 100 boîtes de 400 centimètres carrés. Cette technique allait permettre à l'équipe de Bernard Montagnon, à l'Institut Mérieux, de développer la culture des cellules Vero sur microbilles, dans des biofermenteurs de plusieurs centaines de litres, et d'être à l'origine d'une véritable révolution dans le domaine de la production industrielle des vaccins viraux [29]. C'est ainsi que, pour l'année 2001, les industriels auront fourni à l'OMS plus de deux milliards de doses de vaccin oral contre la poliomyélite. De nombreux autres vaccins font appel à ces techniques de culture sur microsupports.

Vers l'éradication mondiale de la polio

Forte du succès de l'éradication de la variole dans les années 1970, l'OMS s'est lancée dès 1988 dans un ambitieux programme d'éradication de la polio. La possibilité d'obtenir cette éradication repose sur le fait qu'il n'existe pas de réservoir animal du virus de la polio. D'autre part, nous possédons un excellent vaccin (Sabin), facile à administrer (voie orale), et d'un coût faible. Nous retrouvons là les éléments essentiels qui ont fait le succès de l'éradication de la variole. Toutefois, des différences existent entre les deux maladies et leur virus. La poliomyélite paralytique facile à diagnostiquer représente moins de 1 % des infections. Par conséquent, la majorité des cas de poliomyélite ne sont pas diagnostiqués ; il n'est pas possible, comme pour la variole, d'isoler le malade et de vacciner son entourage. D'autre part, la vaccination contre la variole faisait appel à une souche virale vivante (vaccine), administrée par scarification et qui laissait une cicatrice indélébile. Pour la polio, il n'en est pas de même : le virus vivant atténué est administré par voie orale ; la seule évidence d'une vaccination serait de rechercher des anticorps post-vaccinaux, ce qui ne peut-être appliqué à large échelle. Au cours d'une campagne de vaccination, il n'est pas possible de savoir qui a déjà été vacciné. Pour être efficace, il faudra vacciner toutes les populations. Enfin, le virus de la vaccine peut se transmettre à l'homme par contact direct, mais la contagiosité est faible. Il n'en est pas de même pour la vaccination polio orale : les souches vaccinales se multiplient au niveau du tube digestif et sont excrétées dans les selles à raison de plusieurs millions de particules virales par gramme de selles. Nous verrons que cette propriété représente l'une des difficultés majeures pour l'éradication du virus polio. Un dernier paramètre joue un rôle important, en particulier dans les pays en voie de développement : le virus appartient au genre entérovirus, qui compte un grand nombre d'espèces ayant en commun la propriété de se multiplier dans le tube digestif et d'interférer avec la réplication des souches virales vaccinales, empêchant ainsi la réussite de la vaccination. Toutes ces propriétés étaient connues dès 1988 ; leur rôle a été précisé au fur et à mesure que l'on s'approchait de l'éradication.

En 1988, on recensait plus de 350 000 cas de poliomyélite dans le monde. Des progrès très rapides ont été obtenus dans la région des Amériques où le dernier cas a été rapporté en 1991, et cette région a été certifiée exempte de poliomyélite en 1994. La certification de l'éradication de la polio dans le Pacifique oriental a été obtenue en octobre 2000. La certification est obtenue lorsque aucun virus polio sauvage n'a été isolé, dans une région donnée, pendant trois ans. Cette définition renvoie au virus sauvage, en opposition au virus vaccinal. Lors des campagnes de vaccination avec le vaccin Sabin, les sujets vaccinés excrètent d'importantes quantités de virus qui peut persister quelque temps dans la nature. Par conséquent, on ne peut, à ce stade, parler d'éradication du virus. Le problème est compliqué par le fait que les souches de vaccin polio vaccinal peuvent évoluer et induire des cas de poliomyélite clinique. C'est ce qui s'est passé dans la République dominicaine et en Haïti entre juillet et novembre 2000, où vingt cas de polio se sont produits dans cette région certifiée exempte de poliomyélite depuis 1994. L'analyse des virus polio type 1 a montré qu'il s'agissait du virus vaccinal qui avait circulé et évolué, pendant au moins deux ans, et était redevenu pathogène pour l'homme.

Dans la région de l'Europe, le dernier cas a été rapporté en 1998 en Turquie. Mais c'est surtout sur le continent asiatique et en Afrique que le virus continue à circuler.

Entre 1988 et 2001, le nombre de cas de poliomyélites dans le monde est passé de 350 000 cas déclarés (on estime que le nombre réel serait dix fois supérieur) à 537, soit une baisse de plus de 99 %, et les progrès se poursuivent. Quelle est l'origine de cet extraordinaire succès ? La vaccination bien sûr, mais surtout la technique de vaccination. Pour éradiquer la poliomyélite, il fallait vacciner la totalité de la population mondiale, ou plus exactement les jeunes enfants, afin de bloquer la circulation du virus. Cette vaccination doit être massive et répétée afin de dépasser les phénomènes d'interférence virale avec les autres entérovirus. On estime, dans les pays en voie de développement, qu'il faut plus de dix doses pour garantir une vaccination contre les trois sérotypes. Pour obtenir une mobilisation générale de la population, ont été instaurées les Journées nationales de vaccination (JNV). Médiatisées, préparées avec le concours des autorités, supervisées parfois par le chef de l'Etat en personne, ces JNV allaient avoir un énorme succès. Il fallut parfois, comme au Congo, arrêter les hostilités entre belligérants pour réaliser ces campagnes de vaccination. En Inde, les campagnes bisannuelles de JNV ont permis en 1998 de vacciner 134 millions d'enfants ! Ces JNV sont complétées par le ratissage systématique, qui consiste à passer dans chaque habitation éloignée pour compléter la couverture vaccinale.

Comment évaluer l'efficacité de la vaccination ? On a instauré progressivement une surveillance clinique des paralysies flasques associées à un diagnostic virologique. Chaque enfant qui présente une paralysie flasque aiguë fait l'objet d'une recherche du virus polio dans ses selles. Cette méthode permet d'évaluer à moindre frais la présence du virus polio. Cette approche s'est révélée très efficace lorsqu'un cas de paralysie associée au virus polio, en octobre 1999, en Chine, a été immédiatement repéré dans le cadre de cette surveillance, et les campagnes de vaccination autour de ce cas importé ont permis d'éviter la diffusion du virus.

La bataille est-elle gagnée ? L'OMS s'était fixé pour objectif d'éliminer la polio dès la fin de l'année 2000. Les résultats sont spectaculaires ; la maladie continue de reculer, et l'on peut espérer qu'elle disparaîtra très prochainement ; mais il en est tout autrement du virus de la polio, qui risque de continuer à circuler pendant des années. L'OMS commence également à s'intéresser aux virus contenus dans les laboratoires de recherche ou de diagnostic. Les grands centres de recherche sont parfaitement identifiés, il leur sera facile d'arrêter de manipuler les virus polio et de détruire les stocks. Il n'en est pas de même des laboratoires de diagnostic clinique. La recherche dans les selles de virus autres que ceux de la polio est une pratique courante (rotavirus, entérovirus), mais ces selles peuvent également contenir le virus de la polio. Actuellement, les techniciens sont vaccinés et ne courent aucun risque, mais dans les années à venir, lorsqu'on aura cessé toute vaccination, le risque de contamination redeviendra réel, et le virus pourrait s'échapper des laboratoires. Il faut donc réaliser un inventaire de tous les laboratoires qui pourraient avoir manipulé le virus de la polio et dont des échantillons auraient été conservés : un véritable casse-tête — sans oublier que certains pays pourraient conserver le virus à des fins de guerre bactériologique. Ces aspects commencent à être pris en considération par les experts de l'OMS, qui réalisent chaque jour un peu plus l'immense tâche que représente l'éradication des virus polio.

A cours terme, la lutte contre la maladie doit se poursuivre. Initialement prévue pour l'an 2000, l'éradication est repoussée — on parle désormais de 2002 ou 2005. Il faut pendant cette période maintenir une activité de vaccination voisine de celle que l'on connaît actuellement, ce qui nécessite des moyens financiers considérables qui n'avaient pas été prévus dans le projet initial de l'objectif 2000. Or d'autres préoccupations attendent les autorités sanitaires des pays en voie de développement.

Le leitmotiv « d'éradication de la polio en 2000 », lancé en 1988, a permis de mobiliser les fonds nécessaires pour cet extraordinaire défi, mais chaque mois qui nous éloigne de cette date risque d'aboutir à une démobilisation des bailleurs de fonds et des autorités de santé. « The end game » est attendu avec impatience.

4

LA GRIPPE

L'influenza, cette redoutable maladie dont la dénomination remonte au XVIe siècle, en Italie, pour traduire une maladie sous influence des astres ou peut-être plus simplement du froid — « *influenza di freddo* », en raison de ses manifestations saisonnières, deviendra en France la grippe dès le XVIIIe siècle. La référence obligée de cette maladie demeure l'épidémie de 1918-1919, la fameuse grippe espagnole. Non pas que l'épidémie soit partie de ce pays, mais pendant ces temps de guerre l'Espagne était restée neutre ; alors que la censure touchait les belligérants et que l'état de santé de la population et surtout des troupes était un secret d'Etat, l'Espagne, elle, publiait régulièrement le devenir d'une terrible épidémie de grippe : elle restera associée à l'origine de cette information.

Cette épidémie avait été précédée de celle de 1889-1890, la grippe russe, qui avait pris naissance dans le Turkestan au cours de l'été 1889. Au début de l'année 1890, Londres et Paris étaient touchées, des centaines de milliers de cas étaient observés. Mais rien de commun avec la grippe espagnole. On estime entre 20 et 40 millions les décès dus à la grippe en quelques mois. Pour certains historiens, il s'agit de chiffres minimaux, on ne peut écarter le chiffre de 100 millions de morts. Cette épidémie s'est produite au cours d'une période particulière : guerre mondiale, révolution en Russie, grande famine en Inde, facteurs aggravants et qui masquent certainement la réalité de la sévérité de la maladie. De plus, nous possédons peu de données sur son incidence en Afrique ou en Chine.

Dans les années 1916-1917, des épidémies étiquetées sévères pneumonies avaient été rapportées en Europe parmi les militaires. Chez les soldats américains, la mortalité associée à ces épidémies avait atteint 16,8 % de leur effectif en 1916 et 61,7 % en 1917. L'épidémie de 1918-1919 s'est déroulée en trois vagues successives. Une première atteinte de sévérité moindre mais très largement répandue au printemps 1918, puis une deuxième vague particulièrement mortelle à l'automne 1918, et finalement le retour de la maladie au printemps 1919. La rapidité de diffusion de la maladie est impressionnante : dès l'été 1918, celle-ci est rapportée aux quatre coins du monde, à Lisbonne, à Bombay, en Chine, aux Philippines, en Nouvelle-Zélande.

En France, sur le front, la grippe allait jouer un rôle important. En mai 1918, l'offensive allemande se précise. Les rives de la Marne sont atteintes, Paris est à portée de tir de l'armée allemande. Dès les premiers jours de juin 1918, Erich Ludendorff, le commandant en chef de l'armée, rapporte deux mille cas de grippe ; l'épidémie gagne du terrain, l'approvisionnement est déstabilisé. Elle ne permettra pas à Ludendorff de lancer l'attaque qui aurait pu être décisive. Au contraire, cette désorganisation permettra aux troupes alliées de gagner un temps précieux nécessaire à l'arrivée massive des renforts américains. Pétain et Foch lanceront la contre-offensive définitive qui mettra fin à la guerre [1]. Lors des accords de Paris, en mars 1919, Clemenceau sera le premier atteint par la grippe ; il la transmettra au président des Etats-Unis Wilson et au Premier ministre anglais Lloyd Georges, solidarité des Alliés oblige !

C'est au cours de la deuxième vague, durant l'automne 1918, que la maladie allait revêtir une virulence exceptionnelle. La grippe pénétra sur les différents continents par les grands ports militaires : Boston, Brest ou encore Freetown en Sierra Leone, en relation avec les déplacements des troupes militaires. Dans le port de Boston, l'épidémie se répand parmi les marins ; en quelques jours l'hôpital est débordé. La maladie touche l'ensemble de la ville puis atteint le camp militaire de Devens où les soldats attendent de partir en France. Le camp de Devens a été construit pour abriter 10 000 soldats ; en cette période de guerre, 40 000 soldats sont entassés, les conditions idéales pour une épidémie de grippe. En deux semaines, 12 604 soldats seront touchés dont 63 décéderont. Il faut pourtant assurer l'envoi des militaires sur le front — l'offensive des Alliés porte ses fruits. Il est décidé de ne pas retarder l'embarquement, quitte à créer des épidémies à bord des navires. L'ordre du président Wilson est formel : rien ne doit ralentir l'acheminement des troupes. Tout soldat qui périra pendant le transport sera considéré comme ayant apporté sa contribution à la victoire ! Au total, 6 % des soldats succomberont à la grippe avant leur arrivée en France.

L'Europe est aussi très éprouvée. En Angleterre, 200 000 personnes périront de la grippe, en France 230 000, et en Russie 450 000. La maladie touche tout le monde sans distinction sociale ou raciale : les militaires, les civils, les hommes politiques, dont le prince Max de Baden au moment où il négocie la reddition de l'Allemagne.

Dans tous les pays, l'activité économique est profondément perturbée. En Inde, la récolte du riz est abandonnée, en Pologne ce sont les pommes de terre qu'on laissera pourrir, l'activité minière en Afrique du Sud est suspendue, entraînant des faillites en série.

Jamais il n'y aura eu autant de morts en si peu de temps au cours de l'épidémie d'une maladie infectieuse. Le taux d'infection se situe entre 40 et 50 % de la population. Les jeunes sont particulièrement touchés, probablement en raison de l'absence de contact antérieur avec le virus. Comme le précise *La Gazette de Genève*, seuls les adultes de plus de quarante-cinq ans sont en partie épargnés. Pour les mêmes raisons, les populations isolées de certaines îles du Pacifique, telles que les Fidji, ou encore les Esquimaux présentent des taux de mortalité particulièrement élevés. Certains villages du cercle polaire ont été définitivement rayés de la carte. On estime qu'environ 1 à 2 % de la population mondiale périront de la grippe au cours de ces deux années. Pourtant, cela n'a rien de commun avec la disparition de 30 à 40 % des Européens au cours de la grande peste du Moyen Age, ou avec la quasi-disparition des populations amérindiennes, lorsque celles-ci rencontrèrent pour la première fois le virus de la variole, lors de la conquête espagnole au début du XVIe siècle. Même dans des pays comme l'Inde où le nombre de morts par la grippe a été estimé à 12,5 millions, l'incidence sur la démographie sera insignifiante. Ce qui définitivement fera rentrer la grippe espagnole dans l'histoire des catastrophes, c'est la soudaineté et la rapidité de diffusion du virus, et surtout l'attente de son retour.

Le virus et ses hôtes

Au cours de l'épidémie russe de grippe en 1892, le bactériologiste allemand Pfeiffer crut avoir découvert l'agent de la grippe. Il s'agissait d'un petit bacille, difficile à cultiver sur les milieux usuels : il faut en effet ajouter du sang d'animaux pour apporter les éléments nutritifs indispensables. Pfeiffer dénomma ce bacille *Haemophilus influenza*. Il était régulièrement retrouvé dans les prélèvements rhino-pharyngés réalisés chez les sujets atteints de grippe. Il fallut plus de trente ans pour démontrer que le bacille de Pfeiffer n'avait rien à voir avec la grippe, qu'il s'agissait tout simplement d'un germe très fréquent des voies respiratoires. L'épidémie de 1918 n'apporta aucun élément sur l'agent étiologique de la grippe. De nombreux chercheurs retrouvaient régulièrement le bacille de Pfeiffer, d'autres au contraire affirmaient son absence. Au cours de la deuxième vague de circulation du virus de la grippe, en automne 1918, une importante épidémie d'une maladie similaire était observée chez les porcs aux Etats-Unis. Nous devons à J.S. Koen [2] d'avoir le premier attiré l'attention sur la similarité de la maladie humaine et de la maladie animale, et d'avoir proposé l'hypothèse de la transmission de l'agent infectieux de l'homme à l'animal et vice versa. C'est lui qui parla pour la première fois de la grippe porcine. Cette hypothèse était loin de faire l'unanimité, en particulier chez les éleveurs, qui ne souhaitaient pas que leur bétail soit impliqué dans cette dramatique épidémie. Quelques années plus tard, Richard E. Shope, retrouvant les documents de Koen, décida d'étudier la grippe porcine qui continuait à sévir aux Etats-Unis. Les premières expériences réalisées en 1928 aboutissent à l'isolement d'un petit bacille très proche de celui de Pfeiffer, que Shope dénomme *Haemophilus influenza suis*. Mais les expériences suivantes ne confirmeront pas ces résultats. Shope [3] essaie alors de rechercher un ultravirus selon la technique classique à l'époque : il effectue un lavage bronchique, filtre le prélèvement et, après de multiples essais, réussit à transmettre la maladie à d'autres porcs. L'agent de la grippe porcine est enfin isolé, il s'agit d'un virus.

Quelque temps plus tard, en 1933, le virus humain va être isolé par une équipe anglaise du Medical Research Council (MRC). Une souscription publique parue dans la revue *The Fields* allait permettre au Dr Laidlaw, directeur du MRC, d'acquérir une ferme à Mill Hill, au nord de Londres, pour y installer un centre de recherche sur la maladie de Carré qui touche la race canine. Une collaboration était entreprise entre l'Institut et les laboratoires pharmaceutiques de Wellcome Burroughs. L'objectif était de mettre au point un vaccin contre ce virus. Mais pour cela il fallait réaliser des expériences sur des chiens, ce qui allait à l'encontre du but recherché. Après avoir testé d'autres espèces animales, les chercheurs du MRC s'aperçurent que le furet était très sensible à la maladie de Carré. Les investigations menées sur cet animal allaient aboutir, en 1928, au développement d'un vaccin contre cette redoutable maladie des chiens [4].

En 1933, une importante épidémie de grippe touchait Londres et sa région. Plusieurs personnes du MRC étaient malades. Des furets en cours d'expérimentation présentaient de la fièvre associée à des troubles respiratoires qui rappelaient la grippe humaine. Wilson Smith [5] eut la géniale idée d'évoquer la grippe chez ces animaux de laboratoire. Il obtint la transmission de l'infection chez le furet à partir d'un prélèvement effectué chez un homme atteint de la grippe. En examinant journellement les animaux, un autre chercheur du

MRC, sir Christopher Andrewes, se contamina et développa la grippe. Les prélèvements effectués chez celui-ci, puis passés au travers d'un filtre de type Pasteur-Chamberland, permettaient de transférer la maladie au furet qui, en quelques jours, présentait les signes cliniques classiques : fièvre, écoulement nasal, éternuements et différents autres troubles. L'origine virale de la grippe humaine était établie. Soixante ans après, le furet demeure un modèle de référence pour l'étude des virus de la grippe. A ces deux chercheurs anglais, il faut associer le nom de Patrick Laidlaw, du même Institut, qui joua un rôle déterminant dans les expériences sur les furets. La souche isolée chez les furets, dénommée « WS » pour Wilson Smith, continue à être utilisée dans les laboratoires de recherche. L'équipe du MRC démontra que les furets étaient également sensibles au virus de la grippe des porcs et présentaient une maladie identique à celle obtenue avec le virus humain. En outre, Shope confirma la sensibilité du furet au virus de la grippe, et montra que des furets infectés par le virus humain deviennent résistants à l'infection par le virus du porc et vice versa.

En 1934, le rôle d'un virus filtrant dans l'étiologie de la grippe est confirmé par Thomas Francis de la Fondation Rockefeller. Celui-ci isole la souche PR8 (qui continue à être utilisée pour la production des vaccins) au cours d'une épidémie à Porto Rico. Tous ces virus obtenus lors des épidémies appartiennent aux virus de la grippe A. En 1940, Francis isole un nouveau virus de la grippe, toujours par inoculation au furet, qui portera le nom de virus de la grippe B. Les deux virus induisent une maladie similaire, mais le potentiel épidémique du virus B est très faible. Toutes les grandes pandémies sont dues à des virus A. Enfin, en 1947, Taylor complète la liste des virus de la grippe en isolant le sérotype C.

Le grand immunologiste australien Burnet [6] allait apporter une contribution majeure à l'étude du virus de la grippe, en montrant que l'on pouvait cultiver le virus par inoculation à des œufs embryonnés. L'utilisation des œufs pour l'étude des virus avait été proposée par Woodruff et Goodpasture dès 1931. L'œuf embryonné constitue un support vivant particulièrement intéressant pour l'étude des virus. Totalement hermétique, stérile, l'embryon comporte différents tissus et liquides qui permettent à un grand nombre de virus de se répliquer. Dans le cas du virus de la grippe, celui-ci se multiplie à très haut titre dans les liquides qui entourent l'embryon. De nos jours, les vaccins de la grippe continuent à être produits sur des œufs embryonnés.

Une importante découverte allait compléter ces techniques d'étude du virus de la grippe. George Hirst travaillait à New York, il manipulait des poulets infectés par le virus de la grippe. Par inadvertance, il blesse un poulet, du sang s'écoule d'un vaisseau et entre en contact avec du virus présent dans les liquides [7]. Hirst constate que les globules rouges s'agglutinent sur la suspension virale. Une nouvelle méthode de quantification du virus grippal était née : l'hémagglutination [8].

L'histoire des virus a toujours suivi la même chronologie : tentative d'isolement après filtration sur des animaux sensibles (voire sur l'homme pour ce qui est du virus de la fièvre jaune), adaptation à l'animal le plus facile à manipuler, puis adaptation aux cultures de cellules. Cette première étape permet d'isoler le virus, il faut ensuite déterminer le nombre de particules virales. Pour ceci, des méthodes très diverses ont été proposées : dilution du virus et inoculation à l'animal, méthodes dites des plages (cf. chapitre 3, « La poliomyélite »). La technique d'hémagglutination entre dans cette approche qui permet de quantifier le nombre de particules virales contenues dans un échantillon. En effectuant des dilutions, on détermine la dernière dilution de l'échantillon à tester qui donne encore une hémagglutination positive révélant la présence du virus grippal.

En quelques années, les chercheurs disposaient de l'ensemble des outils nécessaires pour étudier les virus de la grippe. De remarquables travaux de recherche allaient alors être réalisés avec ce virus qui est un des mieux caractérisés.

L'analyse moléculaire du virus de la grippe permettait d'établir que l'ARN viral était composé de huit brins : on parle de virus à génome segmenté. Cette particularité a une conséquence importante en termes d'évolution : lorsque deux virus de la grippe infectent une même cellule, les différents segments vont se répliquer, mais lors de l'assemblage du virion, celui-ci contiendra bien huit segments qui pourront avoir été hérités en partie des deux virus parents. Un virion pourra contenir trois segments d'un virus et cinq segments de l'autre. On imagine le nombre important de virus nouveaux qui pourront être ainsi créés comparativement aux deux virus parentaux dont ils dérivent (256 combinaisons théoriques). Ce processus d'échange des gènes par des virus dont le génome est segmenté est appelé réassortiment. Parmi les gènes qui permettent de caractériser les virus, ceux qui codent pour les protéines de surface ont été reconnus comme déterminants majeurs pour classer les virus. Ces gènes codent pour l'hémagglutinine (HA) et la neuraminidase (NA). Bien sûr, toutes les protéines virales jouent un rôle dans la formation du virion, mais les protéines de surface présentent un intérêt particulier, car elles assurent la fixation sur le récepteur cellulaire et, d'autre part, elles constituent le site de reconnaissance du système immunitaire. La reconnaissance du récepteur cellulaire est une étape indispensable pour infecter un hôte. A l'opposé, pour essayer d'échapper au système immunitaire, les protéines de surface vont devoir muter et évoluer. Ce procédé est bien connu du virus de la grippe ; il explique que chaque année, pour contrer cette évolution, il soit nécessaire de préparer un nouveau vaccin.

Le virus de la grippe peut infecter les porcs, les chevaux, les oiseaux aquatiques, les mammifères marins et l'homme. Chaque hôte possède ses propres virus de la grippe. L'analyse des protéines HA et NA a permis de classer les virus. Il existe 15 hémagglutinines différentes (H1 à H15) et 9 neuraminidases (N1 à N9), toutes présentes chez les oiseaux aquatiques. Par contre, chez l'homme on a décrit trois hémaglutinines, H1, H2, H3, et deux neuraminidases, N1 et N2. Chez le porc on a retrouvé deux hémagglutinines, H1 et H3, et deux neuraminidases, N1 et N2. Ces données ont permis de classer les virus suivant leur formule antigénique. On parlera du virus de la grippe H1N1 (le fameux virus de la grippe espagnole), ou H2N2 (apparu en 1957), H3N2 (la grippe de Hong-Kong de 1968).

Ces données structurales basées sur les protéines de surface ont permis de conclure que les oiseaux aquatiques sauvages, et en particulier les canards, représentaient le réservoir des virus de la grippe A.

Il a été établi que le porc possédait des récepteurs pour les virus humains et aviaires, alors que l'homme ne possédait pas des récepteurs pour les virus aviaires (ces conclusions ont été revues récemment avec l'apparition de cas de grippe aviaire chez l'homme) ; par voie de conséquence a été émise l'hypothèse que le porc jouait un rôle intermédiaire entre les virus aviaire et humain. En pouvant s'infecter à la fois avec des virus humain et aviaire, le porc pouvait par réassortiment générer de nouveaux virus. C'est ainsi que le virus de la grippe de Hong Kong, apparu en 1968 et qui répond à la formule H3N2, contient trois gènes d'origine aviaire et cinq gènes d'origine humaine. Il est vraisemblable que ce nouveau virus est le résultat de l'infection simultanée d'un porc par un virus humain et un virus aviaire. Le changement de formule du virus de la grippe, par exemple le passage de H2N2 à H3N2, est donc le résultat d'une modification structurale majeure et le fruit d'un échange de gènes : on parle alors de cassure. Par contre, pour une formule donnée, on observe des modifications annuelles de la structure antigénique indispensable pour échapper au système immunitaire de l'hôte. On parle alors de glissement et on complète la formule antigénique par une désignation du lieu où le virus a été détecté pour la première fois. Par exemple, on obtient la formule virale suivante : A/Beijing/92 (H3N2) — souche de grippe A possédant la formule H3N2 isolée pour la première fois à Beijing en 1992. Quelques années plus tard circule la souche A/Nanchang/95 (H3N2) — un virus de la même formule mais qui est apparu en 1995 à Nanchang par évolution des virus précédents, selon le processus de glissement antigénique. C'est la connaissance des souches de grippe qui permet chaque année à l'OMS de préciser la composition du vaccin. Chez les animaux, les virus de la grippe A peuvent induire des maladies plus ou moins sévères.

Les porcs sont très réceptifs à la grippe. Les méthodes d'élevage modernes favorisent la survenue d'épizooties. La transmission du virus se fait par voie nasale. Les formes inapparentes sont souvent fréquentes. Le porc peut être infecté par différents virus de la grippe. La grippe porcine de 1918 était due à un virus H1N1. Les porcs ont été contaminés par l'homme, comme en témoigne le décalage entre l'épidémie humaine et porcine aux Etats-Unis. Le virus H3N2 (agent de la grippe de Hong Kong) circule également chez les porcs. En 1999, un virus de la grippe (H4N6), d'origine aviaire, a été découvert chez des porcs souffrant de pneumonie ; cette observation montre que les porcs peuvent être directement infectés par des virus aviaires.

La grippe chez les chevaux est une maladie ancienne. Plusieurs épidémies ont été rapportées à la fin du XIXe siècle en Amérique du Nord. Le virus a été isolé pour la première fois à Prague en 1956, il répondait à la formule H7N7. Un deuxième type, H3N8, a été isolé en 1963. Les chevaux présentent une maladie proche de la grippe humaine. L'importance économique de ce type d'épizootie, en particulier pour les chevaux de course, a nécessité la mise au point d'un vaccin bivalent contenant les deux virus connus.

Chez les oiseaux, l'ensemble des sérotypes de virus de la grippe circule. Généralement, le virus provoque des infections inapparentes, en particulier chez les oiseaux aquatiques, et notamment chez les canards. Le virus se multiplie dans le tractus respiratoire sans provoquer de maladie, il est excrété dans les fèces en quantité importante. Ce faible pouvoir pathogène associé à une grande stabilité génétique suggère que le virus s'est parfaitement adapté aux espèces aviaires sauvages, probablement depuis de très nombreuses années. Les canards sauvages semblent jouer un rôle essentiel dans le maintien des virus de la grippe et dans leur diffusion chez d'autres espèces réceptives. Dès 1980, une épidémie chez les phoques due à un virus de la grippe répondant à la formule H7N7 était rapportée sur la côte Est des Etats-Unis. Ce virus avait une origine aviaire. D'autres espèces de mammifères marins, et notamment les baleines, furent contaminées par les virus de la grippe aviaire.

Les sérotypes H5 et H7 peuvent être à l'origine d'infection respiratoire et urogénitale. Ces dernières années, des épizooties sévères entraînant 100 % de mortalité ont été décrites chez les poulets d'élevage. La circulation du virus H5N2 dans un élevage au Mexique, en 1993, s'est révélée particulièrement riche en enseignements. En octobre 1993 est observée une diminution importante de la ponte chez les poulets d'élevage, associée à la présence du virus H5N2. En mai 1994, l'épizootie s'étend, avec l'apparition d'infection respiratoire très fréquente. Les autorités mexicaines ne prennent aucune mesure, or l'abattage des poulets à ce stade aurait permis l'arrêt de la circulation du virus. A la fin de 1994, le virus a muté, il est devenu très virulent, entraînant 100 % de mortalité, une véritable catastrophe pour l'économie. Que s'est-il passé ? L'analyse moléculaire révèle que des mutations se sont produites dans le site de clivage de l'hémagglutinine. Cette étape de clivage est essentielle pour produire des particules virales infectieuses. Dans des conditions habituelles, ce clivage restreint l'infection aux cellules épithéliales de l'appareil respiratoire ou digestif. Ce tropisme explique les symptômes cliniques. Dans le cas de la souche H5N2, des modifications dans ce site, qui ont consisté en des substitutions et des insertions de nucléotides, ont donné naissance à un virus capable d'infecter de nombreux tissus et d'engendrer une maladie particulièrement sévère. Autrement dit, des mutations mineures dans la structure de l'hémagglutinine du virus ont abouti à un virus qui avait modifié son tropisme cellulaire. Ce type de mutation constitue un excellent marqueur de l'évolution du virus et se révèle prédictif de la survenue d'une forte mortalité chez les poulets.

Les différents acteurs présents dans le cycle des virus de la grippe A sont parfaitement connus. Kennedy Shortridge [9] propose l'hypothèse selon laquelle l'épicentre des épidémies de grippe se situe en Chine. Depuis le XVIIe siècle, les paysans chinois ont développé la riziculture. Pour lutter contre les insectes nuisibles, ils ont introduit des canards. A la fin de la récolte annuelle, les résidus de riz constituent une source alimentaire importante pour les canards qui seront prêts pour la vente. L'élevage de porcs est également important en Chine. La présence des canards et des porcs, avant que ceux-ci ne constituent des mets laqués très recherchés, permet de rassembler tous les facteurs nécessaires à la génération des nouveaux virus de la grippe. Un cycle écologique parfaitement établi depuis des décennies, et qui effectivement pourrait expliquer l'origine des virus de la grippe ; mais ces conditions favorables à l'émergence des épidémies de grippe pourraient ne pas être limitées à la Chine. Les conditions d'élevage en Bretagne et aux Pays-Bas, où les productions industrielles de volailles voisinent avec celles des porcs, pourraient favoriser un nouvel épicentre de création de virus grippaux.

Les grandes pandémies de grippe

La grippe est une maladie très ancienne ; nous possédons des informations précises sur la survenue de pandémies depuis le XVIIIe siècle. Le tableau 1 (p. 151) résume la chronologie de celles-ci et leur probable origine [10]. Les enquêtes sérologiques ont permis d'apporter des informations sur le virus qui circulait aux différentes époques. Comme on peut le constater, la quasi-totalité des virus est issue d'Eurasie. Le virus se déplace de l'est vers l'ouest. Ce déplacement, qui se fait toujours à la même latitude, est beaucoup plus aisé que le déplacement sud-nord qui se heurte à des changements climatiques drastiques. Une seule exception demeure la grippe espagnole de 1918, qui a pris naissance aux Etats-Unis. Cette pandémie demeure unique en divers points : mortalité exceptionnelle, toutes les tranches d'âge ont été touchées, et elle s'est manifestée en trois vagues, avec une augmentation progressive de la mortalité. Le transport d'un nombre important de militaires entre les ports des Etats-Unis et ceux d'Europe et d'Afrique a constitué le vecteur de cette maladie, mais cette situation exceptionnelle a pu masquer l'origine de la pandémie. Des données témoigneraient de la présence du virus dans la province de Chunking, en Chine, très précocement, ce qui, associé à l'immigration massive des ouvriers chinois en Europe ou aux Etats-Unis, pourrait constituer l'explication de cette anomalie dans la chronologie habituelle des pandémies de grippe.

La grippe de 1957 due au virus H2N2 est partie de Hong Kong en avril ; elle a rapidement atteint le Japon en mai, et la côte Ouest des Etats-Unis en juin. L'Union soviétique a particulièrement été touchée par cette épidémie. Elle débuta en mai dans les provinces de Tashkent et d'Achkhabad en Asie centrale, puis, par l'intermédiaire du Transsibérien, le virus s'étendit à la Sibérie occidentale dans les villes d'Omsk et de Novossibirsk. L'épidémie se répandit ensuite dans l'ensemble de l'Europe. Le virus H2N2 circulait probablement dès 1956 en Chine, mais à cette époque le pays n'appartenait pas à l'OMS et aucune information n'avait alors été diffusée.

La grippe de Hong Kong, H3N2, est survenue dans l'île en juillet 1968 ; comme la grippe précédente, le virus a suivi une voie identique en Asie du Sud-Est puis dans le reste du monde.

La réémergence du virus H1N1, appelé grippe russe, demeure un mystère pour les épidémiologistes qui, après les apparitions successives des virus H1N1, H2N2, H3N2, attendaient un virus H4Nx, mais en aucun cas la réapparition de H1N1. L'analyse de la séquence de la souche de 1977, comparativement à celle de 1957, montre une remarquable stabilité de ce virus, comme s'il était resté congelé pendant vingt ans. L'hypothèse a été émise que ce virus pourrait s'être échappé d'un laboratoire de recherche. Lors de travaux sur ce virus une contamination humaine accidentelle a pu être à l'origine de sa diffusion. Les premières épidémies dues au virus H1N1 ont été rapportées dans les écoles en Russie en novembre 1977, puis rapidement le virus s'est propagé dans l'ensemble de l'Union soviétique et en Europe.

Les alertes

1976 : la grippe porcine [11]

Le 4 février 1976, David Lewis, âgé de dix-huit ans, jeune recrue à la base militaire de Fort Dix, dans le New Jersey, est pris de malaise au cours d'une course d'entraînement. Il présente des difficultés respiratoires. Il est hospitalisé et meurt en quelques heures. Diagnostic : grippe associée à une sévère pneumonie. Dans le camp militaire c'est la consternation, David n'avait aucun antécédent de maladie respiratoire, rien ne laissait présager une mort aussi rapide. D'autres cas d'infection respiratoire sont rapportés dans le camp ; cela n'a rien d'étonnant, nous sommes en février, en période de grippe. Les échantillons sont adressés au laboratoire. La grippe est bien dans les murs du camp. Une surprise attend les virologues : la majorité des souches sont identifiées à la souche qui circule aux Etats-Unis, A/Victoria, répondant à la formule H3N2, mais certains échantillons ne répondent pas à cette dernière, parmi lesquels, celui de David Lewis. Ces virus grippaux sont adressés au CDC d'Atlanta pour un complément d'étude. Il faut une semaine pour obtenir la réponse : il s'agit du virus de la grippe du porc responsable de l'épidémie de 1918 qui répond à la formule H1N1. Walter Dowdle, le chef du laboratoire, se rend tout de suite compte du drame qui s'annonce. Le directeur du CDC, David Sencer, est immédiatement informé, une réunion a lieu avec les responsables de la santé et les responsables militaires. Par coïncidence, le *New York Times* publie un long article sur la grippe, signé par le grand expert Eldwin D. Kilbourne. Kilbourne attire l'attention sur la chronologie des épidémies de grippe. Depuis les années 1940, différentes pandémies dues à de nouveaux virus se sont produites à des intervalles de onze ans (1946, 1957, 1968). Par conséquent, nous nous rapprochons de la prochaine pandémie prévue en 1979. Il remarque aussi un retour régulier des virus. La souche de 1957 ressemble à celle de 1889, la souche de 1968 à celle de 1898, la prochaine pourrait être le retour de celle de 1918, la fameuse grippe espagnole.

Cette étrange coïncidence n'est pas faite pour rassurer les autorités. En quelques jours, tous les responsables de la santé sont informés. Une solution : la vaccination. Nous sommes en février, la circulation des virus de la grippe touche à sa fin, il faut se préparer pour la prochaine épidémie, et posséder le vaccin au plus tard en octobre. La production industrielle du vaccin nécessite au moins six mois. La décision doit donc être prise rapidement. Dans l'immédiat, on adresse la souche à

Kilbourne afin de préparer le réassortant indispensable pour préparer le vaccin. En effet, depuis quelques années, pour obtenir une souche virale qui cultive bien dans les œufs, Kilbourne a eu l'idée de créer un réassortant entre la souche de l'année qui rentrera dans la composition du vaccin et la souche PR8 connue pour son aptitude à se multiplier très facilement dans les œufs. Jusqu'à présent, tous les candidats vaccins obtenus par cette approche ont fourni d'excellents rendements. Dès réception de la souche, un problème de sécurité est posé à Kilbourne et son équipe. Cette souche risque d'être très virulente ; comment la manipuler sans risques de contaminer le personnel de laboratoire ? Kilbourne décide que, pour éviter toute exposition inutile, seuls une technicienne expérimentée et lui-même manipuleront le virus.

L'affaire est maintenant dans les mains des responsables de santé. Le 19 février, Sencer annonce publiquement la découverte du virus de la grippe porcine. Le 10 mars, le comité pour les recommandations vaccinales (Advisory Committee on Immunization Practice), présidé par le même Sencer, se réunit. Les informations connues à cette date se résument à quelques cas de grippe porcine dans le camp militaire de Fort Dix, suite à une transmission interhumaine. Le virus ne semble pas avoir diffusé hors du camp, l'OMS ne signale aucune épidémie de grippe due au virus H1N1 dans le reste du monde. La décision repose donc sur les données limitées à quelques cas dont un décès. La réunion est houleuse, toutes les hypothèses peuvent être présentées pour ou contre la vaccination. Pour Kilbourne, la position est simple, mieux vaut un vaccin sans épidémie qu'une épidémie sans vaccin ! Dans ce débat houleux, une voix se fait entendre, c'est celle du Dr Russel Alexandre qui attire l'attention sur deux points : il n'est jamais anodin d'injecter une substance biologique à un individu, et lorsque deux cents millions vont être concernés on doit être très prudent. Il propose tout simplement de constituer d'importants stocks de vaccin et d'attendre le début de l'épidémie pour vacciner. Quelques mois plus tard, on regrettera de ne pas avoir suivi les propositions d'Alexandre.

En fin de réunion, il est décidé de vacciner la totalité des Américains, soit plus de deux cents millions d'individus. Le président Ford est tenu informé du projet. Il réunit un comité de crise. On note la présence de Kilbourne et des deux vétérans de la vaccination, Salk et Sabin. Le choix des deux éternels ennemis est judicieux. Ce sera certainement la première fois qu'ils seront d'accord, ce qui ne peut que rassurer le Président. A la fin de la réunion, tous les participants sont unanimes pour lancer la campagne de vaccination au début de l'hiver. Ford, entouré de Salk et de Sabin, se présente devant la télévision pour commenter la décision. Les fonds nécessaires, 135 millions de dollars, seront immédiatement débloqués.

A peine le président Ford a-t-il rendu public le projet et le déblocage des fonds nécessaires pour réaliser la campagne de vaccination que les premières critiques se font jour. On parle d'un « coup politique », un moyen de corriger l'image du Président, présenté comme un homme habituellement indécis. Le corps médical est divisé, même Sabin revient sur son opinion, il pense qu'il est préférable de constituer un stock de vaccins et attendre la réalité de l'épidémie. La presse suit l'opinion publique : au début 88 % des personnes interrogées sont favorables au projet, un mois plus tard ce pourcentage n'est plus que de 66 %. Les producteurs de porc demandent qu'on rebaptise la grippe porcine du terme de grippe du New Jersey ! La question du danger lié au vaccin est soulevée. Les producteurs de vaccin annoncent quelques mauvaises nouvelles : la société Parke-Davis a fabriqué plusieurs millions de doses, mais elle s'est trompée de souche virale. Elle a utilisé la souche de grippe porcine de Shope de 1930 et non l'actuelle. Les autres producteurs annoncent que les rendements sont faibles, une seule dose par œuf au lieu de deux attendues. Les Américains risquent d'être privés de poulet pendant quelques années !

Les autres pays sont sceptiques devant la stratégie des Américains ; seuls les Hollandais se proposent de lancer une campagne de vaccination. Les scientifiques anglais réalisent une étonnante expérience : ils inoculent six volontaires avec la souche de grippe du New Jersey. Cinq d'entre eux présentent une grippe bénigne, le sixième aucun signe clinique. Ils concluent qu'il n'y a aucune raison de vacciner les jeunes adultes.

Mais le plus extraordinaire reste à venir. Les producteurs annoncent que leur compagnie d'assurances refuse de les suivre dans cette campagne. La situation est en effet inhabituelle, on se propose de vacciner la totalité des Américains en quelques semaines. Si la vaccination précède l'épidémie, pas de problème, ce sera un succès. L'Amérique montrera au reste du monde l'efficacité de son système de santé, alors que des millions de personnes risquent de mourir dans les pays qui ne l'ont pas suivi. Mais s'il n'y a pas d'épidémie, cette vaccination imposée par les autorités de santé pourrait amener certaines personnes à profiter de la situation pour rattacher différentes maladies, voire décès de proches, aux suites de la vaccination. Les assureurs demandent que l'Etat prenne en charge les indemnités en cas d'accidents éventuels, ce que n'acceptent pas les autorités fédérales. Finalement, la situation sera débloquée lors de la survenue des premières morts. Au cours d'une réunion des anciens combattants de « l'American Legion » à Philadelphie, une épidémie d'une maladie proche de la grippe se produit. Au total on recensera trente-six décès. On évoque les premiers cas de grippe porcine. En fait, quelques jours plus tard, le diagnostic sera établi par le CDC : il s'agit d'une épidémie due à une bactérie nouvelle que l'on dénommera *Legionella pneumophilia*, et la maladie sera appelée la maladie des légionnaires. Rien à voir avec la grippe porcine, mais la coïncidence a amené le congrès à débloquer la situation. L'Etat fédéral prendra en charge les indemnités en cas d'accident. Les producteurs et leurs assureurs sont rassurés et la production repart. Le 31 août paraît un nouveau sondage : 95 % de la population des Etats-Unis a entendu parler de la campagne de vaccination contre la grippe, mais seulement 53 % sont prêts à se faire vacciner. C'est la consternation au CDC.

Le premier Américain est vacciné le 1er octobre. La campagne est lancée. En dix jours, les premiers décès sont rapportés. Dans la région de Pittsburgh, trois personnes âgées décèdent après avoir été vaccinées. Toutes avaient des problèmes cardiaques. Les autopsies révéleront une mort par arrêt cardiaque. Mais les doutes s'installent. Le CDC présente des données statistiques : dans la tranche d'âge de 70-75 ans on peut attendre dix à douze décès pour cent mille personnes. Ces décès peuvent coïncider avec la vaccination, mais celle-ci n'a aucune raison d'en être la cause. Le 14 octobre, le président Ford et sa famille se font vacciner devant les caméras de la télévision. Son rival Jimmy Carter refusera la vaccination. A la mi-décembre, quarante millions d'Américains auront été vaccinés, soit déjà le double du nombre habituel de vaccinés à cette époque de l'année. Ce nombre est encourageant, mais on n'ira pas plus loin. Les premiers cas d'une maladie rare, le syndrome de Guillain-Barré, sont rapportés dès le mois de novembre. Le syndrome de Guillain-Barré est une maladie neurologique extrêmement rare dont la cause est inconnue et qui affecte chaque année quatre mille Américains. En l'occurrence, on recense plusieurs cas associés avec la vaccination contre la grippe. Le CDC ne retient qu'une éventuelle relation si ces cas sont rapportés dans une période maximale de dix semaines après la vaccination. Les premières plaintes arrivent devant la justice. Dès septembre, 743 plaintes sont recensées ; quelques mois après, ce chiffre s'élèvera à 3 917. Chaque cas fera l'objet d'une investigation. Contrairement à la transmission du virus du sida par le sang, on ne possède pas de marqueurs biologiques permettant d'établir avec certitude le diagnostic de la maladie de Guillain-Barré. Mais le CDC apporte des données établissant qu'une personne vaccinée à sept fois plus de chance de présenter des troubles neurologiques. Le 16 décembre, la campagne de vaccination est définitivement arrêtée. On parlera de fiasco historique.

Un an après ce que l'on appellera l'affaire de la grippe porcine, le secrétaire d'Etat à la Santé, Joseph Califano, demandera un rapport. Il sera rédigé par Richard E. Neustadt et Harvey V. Fineberg ; la chronologie des événements y est fidèlement rapportée [12]. Mais, à la lecture de ce document, il est difficile de proposer une stratégie pour l'avenir. Quand on a entre 0 % et 100 % de chance qu'un événement se produise, comment se prononcer ? Cependant, les responsables de la santé dans les différents pays seront confrontés au même problème. Car les experts sont formels : il y aura une nouvelle pandémie de grippe, sa date est imprévisible, mais ce qui est certain c'est que chaque jour qui passe nous en rapproche !

1997 : la grippe aviaire de Hong Kong

Le 9 mai 1997, à Hong Kong, un jeune enfant âgé de trois ans présente un syndrome fébrile avec troubles respiratoires et de la toux. Rien d'inquiétant, conclut son médecin. Mais, au bout de cinq jours, la fièvre persiste. Les parents décident de faire hospitaliser l'enfant à l'hôpital Queen Elisabeth à Kowloon. Les troubles respiratoires s'aggravent, l'enfant est admis au service de soins intensifs. Malgré les efforts déployés par les médecins, son état se détériore rapidement, et il décède le 21 mai. Des échantillons sont adressés au laboratoire de virologie dirigé par le Dr Wilma Lim. En trois jours, le virus de la grippe est isolé. Par contre, sa caractérisation sera difficile. Testée avec les réactifs du laboratoire, la souche virale se révèle différente des virus H3N2 et H1N1 qui circulent de par le monde à cette époque. Lim décide d'adresser le virus dans un centre de référence. Il existe quatre centres internationaux de référence de l'OMS à travers le monde, localisés à Tokyo, Melbourne, Londres et Atlanta. Les échantillons sont envoyés à Londres et Atlanta pour complément d'étude. En outre, la souche virale a également été adressée au Dr Jan De Jong qui travaille aux Pays-bas, à Biltoven. Ce cas isolé de grippe sévère n'attire pas une attention particulière, jusqu'au 8 août, lorsque De Jong informe Lim que la souche en question est nouvelle pour l'homme et possède une hémagglutinine H5. Ce diagnostic a été laborieux et explique l'intervalle de deux mois entre la réception du virus et son identification. Tout comme Lim, De Jong a été surpris de constater que cette souche ne réagissait pas avec les réactifs qu'il disposait.

En juillet, il envoie le virus au centre national de référence à Rotterdam, dirigé par le Pr Osterhaus, un virologue mondialement connu. Dans son laboratoire travaille un jeune assistant, Eric Claas, qui revient d'un séjour à Memphis au laboratoire de R. Webster, un des meilleurs spécialistes mondiaux de la grippe. Webster étudie ces virus depuis près de quarante ans, sa contribution a été majeure, notamment dans le domaine de l'épidémiologie. Ses travaux sur les virus de la grippe aviaire sont à la base de l'épidémiologie de la maladie. Webster [13] soutient depuis de nombreuses années que les oiseaux aquatiques constituent le réservoir de la grippe humaine, bien qu'à ce jour on ne connaisse pas de cas de transmission directe entre les virus aviaires et l'homme. Son expertise allait être déterminante. De retour de son séjour chez Webster, Claas a ramené des réactifs permettant d'identifier les virus de la grippe aviaire. Ses conclusions sont immédiates, la souche provenant de Hong Kong répond à la formule antigénique H5N1, une souche d'origine aviaire.

A la fois surpris et sceptiques, les chercheurs pensent d'abord à une erreur, une contamination dans le laboratoire de Hong Kong. Mais l'identité est confirmée quelques jours plus tard par l'équipe de Nancy Cox au CDC. En outre, une visite de De Jong au laboratoire de Lim confirme l'improbabilité d'une erreur. Il n'existe pas de souche possédant l'hémagglutinine H5 dans le laboratoire de Lim [14].

Sommes-nous en face du premier cas d'une redoutable pandémie ? L'inquiétude est grande parmi les scientifiques.

Le CDC dépêche à Hong Kong un épidémiologiste, Keiji Fukuda. En collaboration avec les autorités de santé de la presqu'île, il teste deux mille sujets pour la recherche d'anticorps contre le virus H5. Seulement neuf d'entre eux semblent avoir été en contact avec le virus H5N1, aucun n'a été malade. Il n'existe pas de liens entre ces différents sujets, aucune évidence de circulation n'est décelée dans l'entourage des parents de l'enfant décédé en mai. Telles sont les conclusions de l'enquête. De toute évidence, ce virus ne semble pas se transmettre selon un mode épidémique entre individus. Keiji Fukuda retourne à Atlanta, on en reste à un cas isolé.

Mais, à la fin de l'année, de nouveaux cas sont rapportés. Les médias se saisissent de l'affaire, la panique gagne l'île,

Fukuda revient accompagné d'experts, dont Webster. A la fin décembre, le bilan est de 18 cas dont 6 décès. Au fur et à mesure que l'épidémie progresse, il devient évident que la transmission résulte de contact direct avec les poulets. Le marché est reconnu comme le lieu de la transmission du virus. A ce stade, le virus ne semble pas être adapté à la transmission interhumaine. Il n'existe qu'une parade pour endiguer l'épidémie : l'abattage massif des poulets et la fermeture du marché. Cette décision est prise le 27 décembre. En deux jours, 1 200 000 poulets et 400 000 oiseaux provenant de 600 fermes seront abattus et incinérés, les marchés seront fermés, l'importation de volailles depuis la Chine continentale interdite. A partir de cette date, aucun cas de grippe due au virus H5N1 ne sera plus rapporté [15].

Ces mesures drastiques d'abattage étaient-elles justifiées ? Cette question se rapporte à l'épidémiologie de la grippe. Selon Webster, les oiseaux aquatiques renferment l'ensemble des gènes associés au virus de la grippe. Ainsi, cet auteur pense que l'épidémie de grippe espagnole de 1918 résulte du passage d'un virus aviaire répondant à la formule H1N1 à l'homme ou au porc. Le virus, après adaptation, a pu être transmis entre les deux espèces. Ce virus s'est maintenu jusqu'en 1957 en subissant un processus d'évolution qui a abouti à une structure antigénique que l'on qualifie d'humaine, en opposition à son origine aviaire initiale. A cette date, ce virus a disparu ; il a été remplacé par le virus de la grippe asiatique, lequel répond à la formule H2N2. L'évolution de ce virus résultait de l'acquisition de trois gènes provenant d'un virus aviaire et de la conservation de cinq gènes de la souche antérieure. En 1968 est apparue la grippe de Hong Kong répondant à la formule H3N2, résultat de l'acquisition de deux gènes nouveaux d'origine aviaire et de la conservation de six gènes de la souche de 1957. Ces trois souches de virus de la grippe responsables des épidémies humaines résultaient donc soit du passage direct d'un virus aviaire à l'homme, soit de l'acquisition de gènes d'origine aviaire par le processus du réassortiment des gènes. En 1997, l'apparition d'une souche aviaire H5N1 pouvait aboutir à une situation identique à celle de 1918, c'est-à-dire, après son adaptation à l'homme, provoquer une grave pandémie. Une deuxième possibilité aurait été que cette souche, par le processus du réassortiment des gènes, acquière des gènes de la souche qui circulait à l'époque et donne naissance à un virus à potentiel épidémique, comme les souches de virus responsables de la grippe asiatique ou de Hong Kong. L'abattage massif du réservoir aviaire aura permis d'éviter une évolution de ce virus et son adaptation à l'homme, critère indispensable pour acquérir son potentiel épidémique.

Les chasseurs de virus du passé [16]

Depuis longtemps les chercheurs ont rêvé de retrouver le virus de l'épidémie de 1918. Mais les techniques d'isolement du virus par inoculation au furet remontent à 1933, il s'est donc passé quinze ans avant que l'on puisse envisager de retrouver le virus de la grippe espagnole. Les virus, pour se maintenir, doivent se multiplier dans des cellules cibles, ils ne survivent pas dans la nature. Quand on expose une suspension de virus pouvant contenir jusqu'à cent millions de particules virales dans un millilitre, à la température ambiante, on constate leur totale dégradation en trois jours. Pour conserver les virus en dehors d'un organisme, il faut les maintenir à très basse température (– 70 °C) et prendre des précautions particulières, notamment ajouter des substances protectrices telles que le sérum de veau, ou de l'albumine, ou encore certains sucres. Dans ces conditions, il est possible de conserver les virus congelés pendant des années. A l'époque de la grande pandémie de grippe de 1918, l'agent infectieux n'était pas connu. Aucun échantillon n'avait été conservé dans les conditions précitées.

Un jeune scientifique d'origine suédoise, Johan V. Hultin, qui travaillait aux Etats-Unis, eut l'idée d'aller rechercher le virus dans des corps qui auraient pu être maintenus congelés. En collaboration avec trois autres chercheurs, il élabora un projet d'une mission en Alaska. Hultin avait lu avec un intérêt particulier le livre d'Alfred W. Crosby Jr, *Epidemic and Peace 1918*[17]. Cet ouvrage particulièrement bien documenté détaille des épidémies chez les Esquimaux d'Alaska. Certains villages avaient été rayés de la carte. L'épidémie avait été particulièrement meurtrière dans les régions polaires. L'idée de Hultin était d'aller rechercher le virus chez des sujets décédés en 1918 et dont les corps enterrés auraient pu être maintenus congelés. Il demanda des crédits à l'Institut national de la santé américaine. Ce projet, à première vue farfelu, attira l'attention des autorités de santé, et en particulier de l'armée américaine.

Les chercheurs du Walter Reed, dirigés par le grand virologue Maurice Hilleman, s'en emparèrent. Hultin dut alors trouver une autre source de financement, et il fut devancé par l'équipe du Walter Reed, dans la ville de Nome en Alaska. Mais pour les chercheurs du Walter Reed, la mission tourna court. Des corps retrouvés, il ne restait plus que des fragments d'os, aucun matériel exploitable.

Informé de cet échec, Hultin ne se découragea pas ; après une infructueuse tentative dans la ville de Wales, il se dirigea vers le site Brevig. Les informations sur l'épidémie de grippe établissaient que, sur les 80 habitants de Brevig, 72 étaient morts de grippe en novembre 1918. Aidés de ces collaborateurs, il réussit à déterrer cinq corps qui semblaient bien conservés et toujours congelés. Des échantillons furent prélevés et ramenés pour analyse. Cette expédition se déroula en 1951. Les échantillons furent traités avec les techniques virologiques de l'époque, qui permettaient d'isoler le virus de la grippe par inoculation aux œufs et aux animaux de laboratoire, et notamment aux furets. Mais la déception fut de taille : aucun virus ne fut isolé. Le virus était mort.

En 1991, on apprit que les Soviétiques avaient réalisé une expédition similaire à la recherche du virus de la variole. En Sibérie, près du village de Chersky, ils extrairont des corps, remarquablement bien conservés, dont certains possédaient encore des lésions caractéristiques de la variole. Malgré de nombreuses tentatives, ils ne parviendront pas à isoler le virus de la variole. Les congélations et décongélations successives avaient inactivé le virus.

Cette expédition, Hultin ne pourra jamais l'oublier. Avoir échoué aussi près du but ! Quarante-six ans après, alors âgé de soixante-douze ans, à la retraite, il va effectuer le même parcours dans la ville de Brevig. De nouveau il déterre des corps congelés et ramène les échantillons. Les chances de succès sont en 1997 beaucoup plus grandes, grâce à une méthode révolutionnaire de diagnostic virologique, la PCR (technique d'amplification génique). Par chance, Hultin a fait connaissance d'un chasseur du virus de la grippe de 1918, le Dr Jeffrey Taubenberger. Les échantillons ramenés par Hultin vont permettre d'apporter des informations sur le virus de la grippe espagnole.

La recherche des virus a suivi l'évolution des techniques virologiques. Le diagnostic virologique a longtemps été limité à l'isolement du virus par inoculation aux animaux de laboratoire, puis aux cultures de cellules. Des progrès décisifs sont apparus ces dernières années dans ce domaine. La difficulté pour isoler un virus réside essentiellement dans la nécessité de conserver à très basse température l'échantillon à tester. Les techniques virologiques sont particulièrement délicates à mettre en œuvre, et la détection d'un virus nécessite plusieurs semaines. En outre, il existe un risque non négligeable de contamination pour l'opérateur lorsqu'il s'agit d'un virus très pathogène. Seuls des laboratoires de haute sécurité peuvent manipuler certains agents infectieux. Dans les années 1980, les chercheurs ont mis au point des techniques qui visaient non plus à isoler le virus mais à détecter son information génétique. Une méthode révolutionnaire est apparue à la fin de la décennie, mise au point par une équipe de chercheurs d'une petite firme de Californie, Celtus, dirigée par Kerry Mullis. Cette technique, dénommée Polymerase Chain Reaction (PCR) ou amplification génique, valut le prix Nobel à son auteur. Complétée par les techniques de séquençage de l'information génétique, la PCR allait révolutionner la virologie.

Depuis la découverte de Watson et Crick, on connaît la structure de l'ADN. Il est possible de synthétiser une copie d'ADN dans un tube en ajoutant les oligonucléotides nécessaires, les sels et une enzyme, l'ADN polymérase. La première étape consiste à séparer les deux brins de la double hélice d'ADN pour que l'enzyme synthétise *de novo* la copie. Pour réaliser cette séparation, il faut chauffer, puis immédiatement refroidir avant d'ajouter l'enzyme. Si l'on veut obtenir de grandes quantités d'ADN, il faut renouveler cette opération qui est particulièrement longue et fastidieuse. Pour dépasser ces contraintes techniques, Kerry Mullis et son équipe ont eu l'idée d'utiliser l'enzyme de bactéries qui vivent en permanence dans des eaux à haute température, et notamment celles que l'on trouve dans les geysers et qui prolifèrent à 90 °C. A ces températures, l'enzyme bactérienne demeure fonctionnelle. L'équipe de Mullis a isolé une ADN polymérase de la bactérie *Therus aquaticus* (ou TAQ), et ont donné le nom de TAQ polymérase à l'enzyme. L'avantage est évident ; pour réaliser la synthèse d'ADN avec la TAQ polymérase, les deux réactions complémentaires sont effectuées à température élevée. Il devient possible d'obtenir autant de copies que l'on désire. Lorsqu'on veut amplifier un fragment d'ADN, il suffit de fournir une amorce correspondant à une partie de l'ADN, les oligonucléotides, et l'enzyme fera le travail. Une fois les copies d'ADN synthétisées, il reste à déterminer la séquence des nucléotides. Cette technique n'est applicable que pour l'ADN. Dans le cas d'un virus à ARN, tel celui de la grippe, la première étape consistera à copier l'ARN en ADN au moyen de la transcriptase inverse des rétrovirus ; on parle alors de technique RT-PCR, pour traduire l'association des deux étapes. Cette technique présente de grands avantages. Elle ne nécessite pas de travailler avec du matériel infectieux : le virus peut avoir perdu son aptitude à se multiplier, son information génétique demeure. On peut même inactiver le virus avant de réaliser la PCR. Par conséquent, le risque de contamination des opérateurs est supprimé. On peut par exemple manipuler des échantillons contenant le virus Ebola sans précaution particulière si l'échantillon a été traité au préalable à 60 °C pendant une heure. Cette méthode permet également d'établir un diagnostic viral lorsque le matériel a été mal conservé ou dénaturé.

C'est cette approche qu'allait appliquer Taubenberger, responsable du laboratoire de pathologie au sein de l'armée américaine, à différents échantillons, et notamment ceux rapportés par Hultin. Les pathologistes ont une longue expérience de la conservation des fragments d'organes prélevés lors des autopsies, qu'ils fixent dans le formol et qui seront enrobés dans la paraffine. Ces pièces sont ainsi conservées de très nombreuses années et peuvent éventuellement être réutilisées. Bien sûr, il n'est pas possible d'isoler un virus à partir de ce matériel, le formol détruisant toute infectivité. Mais pour Taubenberger et son assistante, Ann Reid, ce matériel se prêtait à la recherche de l'information génétique par RT-PCR. De très nombreux échantillons avaient été prélevés lors de l'épidémie de grippe de 1918. Taubenberger décida de s'intéresser uniquement à des sujets qui avaient présenté une grippe sévère d'évolution fatale. Après un an de recherche infructueuse, un prélèvement réalisé chez un soldat du nom de Vaughan allait se révéler positif. Celui-ci était décédé au camp Jackson en Caroline du Sud, en septembre 1918. Par la méthode RT-PCR, l'information génétique du virus de la grippe qui avait infecté le soldat Vaughan fut décryptée. En octobre 1996, le groupe de Taubenberger décida de rapporter cette découverte historique. L'article, soumis à la revue *Nature*, fut refusé. Après de nouveaux essais, le papier fut finalement publié dans la revue concurrente *Science*[18]. Pour Taubenberger, cette difficulté à faire accepter une découverte aussi importante indiquait que les experts de la grippe voyaient d'un mauvais œil l'intrusion d'un jeune scientifique qui n'appartenait pas à leur coterie. Cette situation est relativement banale dans le milieu scientifique.

En 1999, Taubenberger et son équipe publiaient la séquence complète des deux protéines majeures de la surface du virus de la grippe de 1918, l'hémagglutinine et la neuraminidase. Comme pour l'épizootie de grippe chez les poulets au Mexique, en 1993, Taubenberger espérait trouver des délétions ou des insertions dans le site de clivage de l'hémagglutinine, qui expliqueraient l'émergence d'une souche virale très pathogène. La déception fut grande ; rien d'anormal ne fut décelé dans la structure de l'hémagglutinine. Quant à la neuraminidase, les chercheurs avaient montré qu'il était possible de rendre le virus de la grippe neurotrope chez la souris par passages successifs après inoculation directe dans les cerveaux des rongeurs. Cette modification du tropisme du virus de la grippe résultait de mutations dans la neuraminidase. Mais la séquence de cette protéine, du virus de 1918, ne révélait aucune anomalie.

A ce stade, la déception était grande, les protéines de surface ne présentant aucune particularité qui pourraient expliquer la virulence du virus de 1918. Ces conclusions étaient communes aux tests effectués par Taubenberger sur différents échantillons, et notamment ceux rapportés par Hultin.

Il fallait chercher dans les autres gènes le support moléculaire de la virulence. Un intérêt tout particulier fut porté à un gène qui code pour une protéine non structurale dénommée NS. Les virus comportent des protéines dites structurales qui constituent l'enveloppe de surface, et les protéines internes assemblées en une sorte de boîte, appelée capside, qui referme le précieux matériel génétique. Pour réaliser leur synthèse, les virus possèdent également des gènes qui codent pour des protéines qui permettront de réaliser différentes étapes dans la construction du virus. Certaines assureront la synthèse de l'ARN, d'autres l'assemblage du virion. Ces protéines sont indispensables mais ne participent pas à l'architecture du virion. La protéine NS appartient à ce groupe de protéines dites non structurales.

L'équipe dirigée par Peter Palese à l'Ecole de médecine du Mount Sinai à New York, dans le laboratoire d'Edwin D. Kilbourne, avait montré une propriété particulière de cette protéine. En créant des mutants présentant une délétion du gène codant pour la protéine NS, ils avaient obtenu des virus qui demeuraient viables. En outre, ils démontraient que la protéine NS inhibait la production d'interféron. Lors d'une infection virale, l'organisme utilise différents mécanismes de défense. Parmi ceux-ci, la production d'interféron permet de bloquer la réplication du virus. Les travaux de Palese établissaient que le virus de la grippe, par l'intermédiaire de sa protéine NS, bloquait cette production d'interféron, et par conséquent favorisait la multiplication virale.

En 1989, alors que je travaillais au laboratoire de l'armée américaine à Fort Detrick, j'avais isolé un mutant naturel du virus de la fièvre de la vallée du Rift (RVF), dénommé clone 13, qui présentait une délétion sur le gène codant pour la protéine NS. Ces résultats, présentés au congrès de la société américaine de virologie, en 1989, avaient laissé les virologues très sceptiques. Il était difficile de comprendre comment un virus qui ne contient que cinq gènes avait pu en perdre un ! Si celui-ci ne servait à rien, il est probable que lors de l'évolution ce gène aurait disparu depuis très longtemps. Plus surprenant encore, le clone 13, du virus de la fièvre de la vallée du Rift, se révélait très atténué pour les souris, alors que le virus complet est très virulent. Cette découverte allait avoir une application immédiate : l'utilisation du clone 13 comme candidat vaccin. Le virus de la fièvre de la vallée du Rift est une zoonose qui provoque des pertes considérables, en particulier chez les moutons et les chèvres en Afrique, et depuis peu au Moyen-Orient. Ce virus peut être responsable de dramatiques épidémies de fièvre hémorragique chez l'homme. Des études très prometteuses sont en cours en Afrique pour évaluer ce vaccin. Les propriétés biologiques du clone 13 se superposent à celles des mutants du virus de la grippe qui présentent une délétion sur le gène codant pour la protéine NS. Le virus n'étant plus capable de bloquer la production d'interféron, l'organisme va rapidement limiter l'infection et répondre par la production d'anticorps sans développer la maladie.

Outre l'application à la mise au point de nouveaux vaccins, cette découverte pose de passionnantes questions quant à l'évolution des virus. A travers ces deux exemples, grippe et fièvre de la vallée du Rift, il apparaît que des virus avec seulement cinq à huit gènes possèdent l'information génétique nécessaire pour déjouer les défenses de l'organisme humain. C'est d'autant plus surprenant que ces deux virus circulent selon un mode enzootique faisant intervenir de nombreuses espèces animales, voire des insectes. L'homme est-il bien le dernier maillon de la chaîne de transmission de ces virus ? D'où provient ce gène qui semble s'ajouter au patrimoine du virus pour permettre une multiplication importante chez l'homme et assurer ainsi sa transmission ? Ce gène est-il suffisant pour permettre à un virus de s'adapter à l'homme ? Autant de questions auxquelles les scientifiques devront répondre pour nous préparer à faire face à l'émergence de nouveaux virus.

Dans l'immédiat, Palese et son équipe ont entrepris une collaboration avec Taubenberger pour réaliser la séquence de ce gène à partir des échantillons ramenés par Hultin. Le but était de retrouver non pas une délétion sur ce gène mais l'équivalent d'une super-NS qui aurait la propriété d'inhiber fortement la production de l'interféron et produire une infection généralisée qui expliquerait l'extrême virulence du virus de la grippe de 1918. Mais là encore la déception fut grande : la séquence de ce gène ne révélait aucune anomalie qui aurait correspondu à une super-NS.

En attendant la connaissance de la structure des autres gènes, le mystère de la grippe espagnole reste entier.

Des éléments récents pourraient apporter une piste dans l'étude du support moléculaire de la virulence du virus de la grippe. Hatta et un collectif d'auteurs [19] ont étudié les virus de la grippe aviaire de Hong Kong. En 1997, dix-huit cas de grippe dont six décès, dus au virus H5N1, avaient été rapportés à Hong Kong. Hatta et ses collaborateurs ont étudié le pouvoir pathogène des virus isolés chez les différents malades, par inoculation aux souris. Les réponses chez l'animal se répartissent en deux groupes : les souches qui tuent la souris et celles qui sont non pathogènes. Il se trouve que les souches très virulentes pour la souris sont celles qui ont provoqué les décès lors de l'épidémie. La souris apparaît donc comme un bon modèle pour étudier la virulence des virus de la grippe. Des réassortants entre la souche virulente et la souche atténuée ont été construits : ils ont révélé que la virulence était due à une mutation en position 627 sur le gène PB2 qui code pour la polymérase du virus. Cette mutation associée à une mutation dans l'hémagglutinine rendait le virus extrêmement virulent.

En attendant l'analyse de la séquence du gène PB2 du virus de la grippe espagnole, on peut conclure que la virulence des virus grippaux est complexe, mais, comme le démontre les travaux de Hatta et de son équipe, une simple mutation pourrait être à l'origine de l'émergence d'un virus hautement pathogène pour l'homme. Autrement dit, l'apparition d'un virus de la grippe très virulent pour l'homme pourrait être beaucoup plus simple que ce que l'on pensait initialement. Rien ne permet toutefois de prédire quand cette évolution s'effectuera.

La vaccination

La vaccination est considérée, en général, comme un moyen pour prévenir les maladies infectieuses de l'enfant. Elle consiste en une première série d'injections du vaccin, suivie quelques années plus tard par des rappels. La vaccination contre la grippe est tout à fait différente. Elle intéresse tout d'abord les personnes âgées et doit être effectuée tous les ans à l'approche de l'épidémie au moyen d'un nouveau vaccin.

La variole a été éradiquée avec un vaccin découvert par Jenner au XVIIIe siècle ; pendant plus de deux cents ans, c'est cette même souche, la vaccine, qui a été utilisée. Le vaccin contre la fièvre jaune demeure inchangé depuis les années 1930. Quant à la vaccination contre la poliomyélite, elle résulte des deux vaccins créés dans les années 1950 par Jonas Salk et Albert Sabin. Pour la grippe, il en va tout autrement. Chaque année, les experts virologues et épidémiologistes se réunissent au siège de l'OMS à Genève, pour décider quelle sera la composition du vaccin contre la grippe. Cette formule résulte des observations réalisées par des laboratoires de référence qui dépistent dès son apparition le nouveau variant épidémique. Généralement, la formule vaccinale contient trois souches virales, deux souches de grippe A et une souche de grippe B. Parmi celles-ci, une au moins est nouvelle, qui sera responsable de l'épidémie. Les deux autres souches continuent à circuler ; dans certains cas elles peuvent se maintenir pendant plusieurs années et restent donc présentes dans la formule vaccinale. Dès que la formule est connue, une course pour la production du vaccin est lancée ! Celle-ci résulte d'une étroite collaboration entre les centres de référence de l'OMS, les autorités nationales et les producteurs de vaccins. Les souches vaccinales sont produites par les centres nationaux sous forme de réassortants adaptés à la culture sur œufs. Ces souches et les différents réactifs sont alors fournis aux producteurs de vaccins. Ceux-ci ont préparé leur campagne en collaboration avec les fournisseurs d'œufs embryonnés. Tous les vaccins actuels sont produits par inoculation du virus dans les liquides qui entourent l'embryon de poulet. Cette technique permet d'obtenir d'importantes quantités de virus. La récolte virale sera traitée pour assurer une purification et une inactivation du virus. En outre, un traitement complémentaire permettra de dissocier les constituants du virus afin d'assurer une présentation optimale des antigènes de surface. L'activité du vaccin est ajustée à une concentration de 15 microgrammes d'hémagglutinine. Les trois souches virales sont produites successivement. Le vaccin résulte du mélange de celles-ci. Ces opérations de production débutent en février afin que le vaccin soit présent dans les pharmacies au début de l'automne.

Comment répondre à une nouvelle pandémie ?

Les capacités actuelles peuvent être évaluées à 150 millions de doses de vaccin trivalent pour une campagne annuelle. En cas de pandémie, probablement une seule souche sera incriminée, il faudra produire un vaccin monovalent. Par conséquent on peut estimer, au rendement actuel, qu'environ 450 millions de doses pourront être disponibles.

Lors de l'alerte de 1976, le virus avait été isolé le 19 janvier, et le vaccin était autorisé par les autorités américaines le 2 septembre. Il aura donc fallu neuf mois avant le début des campagnes de vaccination. Pour faire face à la survenue d'une nouvelle pandémie, plusieurs plans ont été élaborés par les différents pays, mais aucune stratégie globale n'est prévue à ce jour. Une étroite collaboration entre les centres de référence, l'OMS et les autorités de santé est nécessaire pour raccourcir ce délai en cas de pandémie associée à une souche très pathogène pour l'homme.

Quels paramètres peuvent perturber cette stratégie vaccinale ? Ce sont tout d'abord les propriétés biologiques de la souche de grippe. La souche H5N1 possède la propriété de tuer les œufs embryonnés, c'est-à-dire le support sur lequel est produit le vaccin. Dans ces conditions, il faudra trouver une solution pour générer un virus atténué. La circulation concomitante d'un virus hautement pathogène pour l'homme et pour les élevages de poulet aurait le même effet en réduisant le support pour la production du vaccin. La difficulté de multiplication de la souche vaccinale ou son faible pouvoir immunogène limiterait considérablement les capacités de production. Enfin, de nombreux points pratiques devront être résolus, en particulier la protection des techniciens amenés à produire les premières doses de vaccin, sachant qu'eux-mêmes ne sont pas immunisés.

L'apparition du virus H5N1, en 1997, a révélé les difficultés rencontrées pour produire un vaccin en présence d'une souche virale nouvelle, très pathogène pour l'homme. La manipulation d'un virus aviaire, responsable de cas mortels, doit être réalisée dans des laboratoires de haute sécurité P3 ou P4. Cette précaution est nécessaire pour protéger les techniciens et pour éviter une diffusion du virus dans l'environnement. Il existe très peu de P4 dans le monde, et ceux-ci sont occupés à l'étude des agents des fièvres hémorragiques. En 1997, l'étude du virus H5N1 a été réalisée dans des laboratoires P3 en prenant des précautions extrêmes et en soumettant les sujets à des traitements préventifs contre la grippe. Trois approches ont été envisagées pour préparer les candidats vaccins [20] :

— La production d'un réassortant en transférant les gènes H5 et N1 dans un virus de la grippe, telle la souche habituelle A/PR/8/34 (H1N1). Ce réassortant contient donc six gènes de la souche PR8 et les gènes HA et NA de la souche aviaire. Ce réassortant s'est révélé viable, non pathogène pour les œufs, il produit des rendements satisfaisants. Il pouvait donc être utilisé pour la préparation industrielle du vaccin.

— Une deuxième approche a consisté à produire une protéine sous-unitaire H5 dans un système de cellules d'insectes (technologie connue sous le terme de baculovirus). Les résultats ont été très décevants ; la protéine ainsi obtenue est faiblement immunogène chez l'homme.

— Enfin, a été envisagée l'utilisation d'un virus aviaire qui contenait l'hémagglutinine H5, mais qui était non pathogène pour les œufs. De nouveau le pouvoir immunogène de ce virus, pour l'homme, est apparu très faible.

L'expérience acquise avec le virus aviaire H5N1 révèle donc la grande difficulté de préparation d'un vaccin contre un virus de la grippe totalement nouveau. Dans le cas de l'incident de Hong Kong, quatre mois ont été nécessaires pour caractériser le virus, et huit mois pour préparer les candidats vaccins. A cette durée s'ajoute le temps nécessaire pour la production industrielle, soit un cycle de vingt et un mois avant de pouvoir bénéficier d'un vaccin. Autant dire qu'en 1997 les autorités de santé n'étaient pas prêtes à répondre à une nouvelle pandémie. L'abattage intensif préconisé par Webster a probablement évité une réelle catastrophe. Mais la leçon a été tirée, les centres de référence travaillent intensément afin de trouver une solution à la préparation des candidats vaccins pour la prochaine alerte.

A l'heure actuelle, les capacités de production du vaccin sont, dans le monde, limitées. Que peut-on faire pour améliorer cette situation et pour être en mesure de fournir des quantités suffisantes afin d'immuniser les six milliards d'individus ? Depuis près de quarante ans, le mode de production industrielle du vaccin contre la grippe n'a pas changé. On utilise toujours l'œuf embryonné. Des améliorations ont été envisagées, en particulier la production sur des cellules de mammifères. Mais les rendements restent faibles et nettement inférieurs à ceux obtenus sur les œufs. De nombreuses autres approches sont envisagées, notamment l'utilisation de virus vivants atténués. Dans les années à venir, nous devrions être en mesure de substituer le vaccin inactivé actuel, préparé sur les embryons de poule, mais à cours terme, en cas de pandémie, nous devons nous limiter aux techniques actuelles [21].

Outre le vaccin, sont apparus ces dernières années des médicaments antiviraux. L'amantidine et le chlorydrate de rimantidine ont montré leur efficacité à titre préventif. Leur emploi à titre curatif est plus délicat, car il engendre des mutants résistants. D'autres antiviraux sont en cours d'utilisation, en particulier les inhibiteurs de la neuraminidase. Deux molécules ont récemment été mises sur le marché, Relenza (GlaxoSmithKline) et Tamiflu (Hoffman-LaRoche). Pour être efficaces, ces médicaments doivent être donnés très précocement. Des mutants résistants sont rapidement apparus. Tous ces médicaments ne sont pas actifs contre les germes qui pourraient créer des complications au cours d'une infection due au virus de la grippe. A l'instar de la trithérapie pour le sida, il est probable que des médicaments associés qui s'attaqueront aux différents constituants du virus, et notamment à l'hémagglutinine et à la neuraminidase, pourront limiter la sévérité de l'infection. La brutale survenue d'une pandémie se heurtera à la disponibilité de ces médicaments d'un coût très élevé. La solution réside dans la préparation et le maintien de stocks importants de ces antiviraux. Mais qui financera ce projet ?

LES PANDÉMIES DE GRIPPE DEPUIS LE XVIIIe SIÈCLE [22]

Année	Origine	Virus
1729-1730	Russie	
1732-1733	Russie	
1781-1782	Russie/Chine ?	
1830-1831	Russie/Chine ?	
1833	Russie	
1889-1890	Russie (Asie)	H2
1899-1900	?	H3
1918-1919	Etats-Unis ?	H1N1
1957	Chine	H2N2
1968	Chine	H3N2
1977	Chine	H1N1

5

LE SIDA

Lorsque le Dr Michael Gottlieb rapporta, dans le bulletin épidémiologique du CDC (Center for Disease Control) daté du 5 juin 1981, les cinq premiers cas d'une maladie nouvelle, il ne savait pas qu'il décrivait l'une des plus redoutables maladies que l'humanité allait connaître. Les malades étaient de jeunes homosexuels hospitalisés dans trois hôpitaux de Los Angeles, entre octobre 1980 et mai 1981. Ils présentaient une pneumonie grave attribuée à *Pneumocystis carrinii*, un parasite ubiquitaire qui se rencontre chez l'homme mais qui n'occasionne pas de maladie grave, à l'exception notoire de sujets immunodéprimés, à la suite par exemple de traitements immunosuppresseurs.

Dès 1980, le CDC observait une consommation accrue d'un médicament particulier, la pentamidine. Ce médicament était utilisé pour le traitement des cas de pneumocystose résistant aux antibiotiques. Cette molécule était distribuée directement par le CDC en dehors des circuits commerciaux. Entre 1967 et 1979, elle n'avait été prescrite qu'à deux reprises. En 1981, la responsable pour les médicaments non courants au CDC informait les autorités de santé que la pentamidine avait été demandée à neuf reprises par des hôpitaux new-yorkais.

Dans cette ville on parlait également d'un nombre inhabituel de sarcomes de Kaposi. Cette maladie était jusqu'alors extrêmement rare aux Etats-Unis. Le sarcome de Kaposi représentait à cette époque une curiosité dans les ouvrages de médecine. On connaissait cette maladie chez les Juifs d'Europe centrale, sur le pourtour de la Méditerranée ou encore en Afrique. Elle demeurait toutefois exceptionnelle, et elle n'était rencontrée que chez les personnes âgées. A New York, au contraire, la maladie atteignait de jeunes adultes ; sur les huit premiers malades, quatre étaient décédés.

Les épidémiologistes du CDC établissaient un rapprochement entre les données recueillies à New York et en Californie. Dans le bulletin épidémiologique daté du 4 juillet 1981, ils rapportaient trente-deux cas de sarcome de Kaposi, dont vingt-six à New York et six en Californie. Tous étaient de jeunes homosexuels, certains souffraient de pneumonie ou d'autres infections inhabituelles. Pour la première fois, la presse s'emparait de l'information et parlait de *gay cancer*. L'expansion de la maladie se poursuivit rapidement : à la fin de l'année 1981, près de deux cents cas furent rapportés aux Etats-Unis. La maladie n'a pas encore de nom scientifique. La revue *Lancet* propose de la nommer *gay compromise syndrom*. Tous les malades présentent une immunodéficience sévère. Des tests biologiques permettent d'observer une diminution importante de certains lymphocytes dénommés T4 qui jouent un rôle essentiel dans les défenses immunitaires à médiation cellulaire. Le *gay cancer* allait devenir le sida (Syndrome d'immuno-déficience acquise).

Les homosexuels ne sont pas les seuls atteints. Le syndrome est décrit aussi chez les hétérosexuels toxicomanes utilisant des drogues intraveineuses. Les hémophiles sont également parmi les premières victimes. La transmission de la mère au nouveau-né est établie dès le début de l'épidémie. Par contre, les contacts autres que sexuels avec le malade ne sont pas contaminants ; de même les fluides, la salive, l'urine ou les piqûres d'insecte ne sont pas des sources de contamination. La paranoïa des premières années qui visaient à exclure les malades n'avait aucun fondement.

Les Etats-Unis ne sont pas les seuls à être touchés. En Europe, les premiers cas sont rapportés dès le début des années 1980. En France, le premier cas répertorié est un homosexuel hospitalisé, en 1981, à l'hôpital Claude-Bernard à Paris. Il aurait été contaminé lors d'un séjour à New York. Au début de l'année 1982, on compte en France cinq cas suspects hospitalisés à Paris. Un groupe de travail sur le sida est alors constitué. En juillet 1982, *Le Figaro* signale onze cas d'une maladie assimilable au *gay syndrom* d'outre-Atlantique. Les premiers cas européens semblent avoir été décrits au Danemark dès 1980.

La piste africaine fut d'abord révélée chez des ressortissants d'Afrique centrale vivant en Europe, en particulier en Belgique et en France. Quelques cas furent également recensés chez des Européens ayant séjourné plusieurs années en Afrique. Ce fut notamment le cas d'une Danoise qui avait travaillé de 1972 à 1975 comme chirurgien dans un hôpital du nord du Zaïre. Elle avait été probablement contaminée dans l'exercice de ses fonctions et décéda en 1977. En 1985, une équipe d'épidémiologistes du CDC dirigée par le Dr McCormick révélait l'ampleur du désastre qui s'annonçait en Afrique.

Dès 1981, les hypothèses les plus diverses circulaient pour expliquer l'origine de cette maladie nouvelle. L'étiologie infectieuse est évoquée. Mais, comme le fait remarquer le Dr Curran, « la meilleure preuve contre la contagion c'est qu'à ce jour on n'a signalé aucun cas en dehors de la communauté homosexuelle ». On recherche dans les pratiques sexuelles ce qui pourrait expliquer la survenue de ce syndrome. On évoque le rôle du nitrite d'amyle utilisé comme stimulant sexuel, une surcharge antigénique consécutive aux nombreuses infections dont sont victimes les homosexuels. La découverte de cas de sida chez les sujets ayant reçu des dérivés du sang filtrés permet de conclure au rôle d'un virus comme agent étiologique. Mais quel virus ? Le cytomégalovirus régulièrement rencontré chez les malades, le virus d'Epstein Barr, facteur de croissance des lymphocytes B, fréquemment rencontrés chez les malades du sida ? Ces virus sont anciens et très communs, ils ne produisent aucune déficience immunitaire. L'imagination n'a pas de limites, le KGB fait courir le bruit qu'il s'agirait d'un virus créé dans un laboratoire de l'armée américaine.

L'agent étiologique du sida allait être découvert et caractérisé en un temps record. Il s'agissait d'un rétrovirus nouveau.

Sa découverte par le professeur Luc Montagnier, à l'Institut Pasteur, avait été rendue possible par des travaux menés par un groupe de chercheurs dirigés par le Dr Robert Gallo à l'Institut national de la santé, à Bethesda aux Etats-Unis. Depuis de nombreuses années, cette équipe essayait d'établir un lien entre rétrovirus et cancer, hypothèse émise dès le début du siècle mais jamais démontrée chez l'homme. Leur acharnement sur cette piste devait non seulement aboutir à la découverte du premier rétrovirus responsable de cancer chez l'homme, mais également à la mise en place d'une technologie qui allait permettre l'isolement du virus du sida.

Rétrovirus et cancer

A la fin du XIXe siècle, de nombreux chercheurs s'acharnaient, en vain, à la découverte d'agents infectieux qui pourraient être responsables des cancers chez l'homme.

En 1910, Peyton Rous [1] démontra qu'il était possible d'induire une tumeur chez une poule saine en lui inoculant des broyats de tissus filtrés provenant d'un sarcome (cancer des tissus musculaires osseux ou conjonctifs) prélevés chez une poule malade. Cette expérience établissait pour la première fois la transmissibilité d'un cancer. D'autres chercheurs essayèrent de répéter cette expérience en transférant des tumeurs chez différentes espèces animales : rat, souris, chien, lapin. Toutes ces tentatives furent des échecs. L'induction de ce type de cancer se rencontrait uniquement chez les poules. En outre, l'apparition rapide de ces cancers expérimentalement induits apparaissait peu compatible avec ce que l'on connaissait des cancers humains. Ces travaux furent abandonnés.

Il fallut attendre les années 1950 pour que Ludwik Gross [2] reprenne ces expériences. Gross était un Juif polonais qui avait fui son pays au cours de la Seconde Guerre mondiale, pour travailler d'abord à l'Institut Pasteur puis aux Etats-Unis. Il était convaincu que les virus pouvaient être à l'origine de cancers, non seulement chez les poules, mais aussi chez les mammifères. Pendant quatre années, il va s'acharner, sans succès, à essayer de transmettre différentes leucémies chez les souris. L'approche technique était similaire à celle de Rous : un broyat de cellules leucémiques filtré inoculé à des souris saines. En 1949, il prend connaissance d'un rapport selon lequel des virus pouvaient induire des paralysies chez les souriceaux nouveau-nés et aucune pathologie chez les souris adultes. Gross avait toujours réalisé ses travaux sur des souris adultes. Il recommence ses expériences sur des animaux de quarante-huit heures, c'est le succès : en quelques jours les jeunes souris présentent des leucémies. La communauté scientifique demeure très sceptique. Personne n'est en mesure de reproduire cette expérience. On parle de fraude. Gross était honnête et chanceux. Il utilisa, sans le savoir, la seule lignée de souris sensible aux virus leucémiques ! Il sera reconnu comme le premier à avoir démontré le rôle des virus dans l'induction de leucémies et de lymphomes chez la souris.

L'hypothèse d'un agent filtrable responsable de tumeurs, proposée par Rous en 1911 et confirmée par Gross en 1950, ouvrait un vaste champ d'investigation sur les virus tumoraux à ARN ou virus des leucémies. Nous savons actuellement qu'il s'agit de rétrovirus. En 1966, âgé de quatre-vingt-cinq ans, Peyton Rous obtint le prix Nobel, et son filtrat magique prit le nom de virus du sarcome de Rous. Les années 1960 allaient être favorables à l'étude du rôle des virus dans l'induction de tumeurs. Différents virus nouveaux responsables de leucémies murines furent découverts et baptisés du nom de leur auteur : virus leucémogènes de Moloney, de Rauscher, de Friend, etc. On découvrit également des virus capables d'induire des sarcomes : le virus du sarcome de Moloney, le virus du sarcome de Kirstein. Nous devons à William Jarret [3] la découverte du premier virus naturellement transmis responsable de la leucémie du chat. Par la suite, Myron Essex [4] établit que ce virus était transmissible non seulement par contact entre un animal infecté et un animal sain, mais aussi par voie sexuelle. Ces résultats ne furent pas reconnus immédiatement par la communauté scientifique, qui continuait à considérer que les cancers humains n'étaient pas transmissibles.

La question du mécanisme d'induction de ce type de cancer expérimentalement induit demeurait un mystère. Renato Dulbecco, brillant chercheur d'origine italienne qui s'était installé sur la côte Ouest des Etats-Unis, allait présenter une hypothèse très séduisante. Il étudiait alors le polyoma virus, capable de transformer les cellules de hamster. Dulbecco établit que l'information génétique de l'ADN viral s'incorporait à l'intérieur des chromosomes des cellules et provoquait des perturbations qui allaient dérégler le fonctionnement cellulaire. Les cellules étaient maintenues en état de multiplication permanente en raison de la présence de l'ADN du virus inséré dans celui de la cellule [5]. Cette découverte était essentielle : elle valut à Renato Dulbecco le prix Nobel de médecine en 1975, et signait l'apparition de la virologie moléculaire. Restait à expliquer le mécanisme d'action des virus à ARN : ce fut l'œuvre, quelques années après, de deux élèves de Dulbecco.

A la fin des années 1960, l'hypothèse du rôle des virus dans l'induction de tumeurs était fortement concurrencée en raison d'importantes découvertes relatives à l'origine des cancers. Robert Huebner et George I. Todaro, de l'Institut national du cancer, aux Etats-Unis, démontraient que l'ADN des différentes espèces (incluant l'homme) contenait des séquences partielles ou entières de rétrovirus [6]. Ces virus furent appelés rétrovirus endogènes. On ignorait l'origine et le rôle de ces virus ; ils apparaissaient comme des éléments normaux du patrimoine génétique, transmis de génération en génération comme n'importe quel gène. Ils ne produisaient généralement pas de particules virales, et se comportaient comme des gènes inactifs. Huebner et Todaro suggéraient que l'activation de ces gènes par des substances chimiques pouvait entraîner des cancers. En d'autres termes, que le patrimoine génétique des individus possédait des séquences inactives de rétrovirus qui, sous l'effet de substances connues pour leur pouvoir cancérigène, pouvaient être activées et induire des cancers. Cette élégante hypothèse constituait le support moléculaire de l'induction des cancers. Ces auteurs voyaient dans ce processus d'activation des gènes viraux la source de ces maladies.

Hypothèse particulièrement attrayante qui allait intriguer deux jeunes chercheurs de l'université de Californie à San Francisco : Michael Bishop et Harold Varmus, qui essayèrent de localiser ces gènes dans les chromosomes. Dans le cas du sarcome de Rous, les deux chercheurs pensent qu'un gène pouvant induire la tumeur existe à la fois sous forme d'ADN dans les chromosomes des poulets et sous forme d'ARN dans le génome du virus. A cette époque, des chercheurs découvrent un mutant du virus du sarcome de Rous inapte à produire des tumeurs, et ils établissent que ce virus est défectif pour environ 15 % de son génome. Bishop et Varmus proposent que cette partie défective de l'ARN est le support moléculaire de la tumorigénicité et que dans le génome des poulets sensibles doit exister l'équivalent sous forme d'ADN. Ils nomment ce gène « sarc ». A cette époque, un jeune chercheur français, Dominique Stehelin, rejoint l'équipe de l'université de San Francisco. Il sera chargé de rechercher l'information génétique du gène sarc dans le génome des poulets. Les résultats sont rapidement positifs, mais, surtout, Stehelin démontre que ce gène est présent dans toutes les espèces aviaires. Ultérieurement, ce gène est retrouvé chez les mammifères et même chez l'homme. Pour expliquer une telle distribution en relation avec l'évolution des espèces, il faut admettre que ce gène a été incorporé dans le patrimoine des espèces il y a plusieurs centaines de millions d'années. Si ce gène s'est maintenu, c'est qu'il est utile. Il est devenu un gène normal des cellules, mais il demeure un agent potentiel d'induction d'un cancer. Par la suite furent découverts plus de cent gènes similaires qui sont actuellement appelés proto-oncogènes. L'étude de ces gènes se poursuit, de nos jours, afin de préciser le mécanisme de leur activation [7].

Mais revenons aux années 1970. A l'opposé de ces virus endogènes, il fut décidé d'appeler rétrovirus exogènes ceux qui étaient transmissibles. A cette époque, la concurrence entre les experts des deux groupes de rétrovirus, pour expliquer la survenue de cancers, était acharnée. Les tenants du rôle des rétrovirus exogènes allaient revenir dans la course au cancer avec une découverte essentielle obtenue indépendamment par Howard Temin [8] et David Baltimore [9] : la mise en évidence d'une enzyme, la transcriptase inverse. Dès le début des années 1960, Temin estimait que l'ARN des rétrovirus tumoraux devait passer par un stade ADN pour se reproduire. Temin proposait le terme de « provirus » pour caractériser cette information génétique sous forme d'ADN incorporée dans les cellules. Ces conclusions, il les tenait de ses travaux sur le virus responsable du sarcome de Rous. Temin constatait que, lorsqu'il traitait les cultures virales avec une substance capable de bloquer l'ADN, le virus était inhibé. Or le virus possédait un génome à ARN, il aurait donc dû être complètement insensible à des substances qui réagissaient avec l'ADN, sauf à admettre que dans le cycle du virus son information génétique était transformée en ADN. Le dogme en biologie moléculaire établissait la séquence suivante : ADN → ARN → Protéines, c'est-à-dire une information génétique contenue dans les chromosomes, transformée en protéines dans le cytoplasme. Ce dogme n'admettait aucune exception. Ce que proposait Temin paraissait tout à fait hérétique. Le cycle conçu par Temin était le suivant : ARN (du virus) → ADN (cellulaire) → ARN → Protéines. Cette hypothèse, qui révolutionnait la biologie, provoqua une incrédulité quasi générale. La description de cette enzyme capable de convertir l'ARN en ADN allait constituer la démonstration de la réalité de cette hypothèse et valoir à Temin et Baltimore le prix Nobel de médecine qu'ils partagèrent, en 1975, avec Renato Dulbecco. On proposa alors d'appeler les virus tumoraux à ARN des rétrovirus, en raison de la présence de la transriptase inverse. La détection de cette enzyme constituait un bon marqueur de la présence d'un rétrovirus et elle permettait de développer un test rapide de diagnostic des infections par les rétrovirus.

Les recherches sur ce groupe de virus connurent alors un regain d'intérêt ; on découvrit d'abord un rétrovirus responsable de la leucémie bovine, puis d'autres rétrovirus de primates. Mais toujours pas de rétrovirus humain. M. Sarngadharan, du laboratoire de Robert Gallo à l'Institut national de la santé aux Etats-Unis, résume l'état d'esprit de la recherche sur les rétrovirus à la fin des années 1970 dans des propos rapportés par

Gallo dans son ouvrage *Chasseur de virus* [10] : « Depuis le début des années soixante-dix, les chercheurs abandonnaient la rétrovirologie humaine les uns après les autres, et le terrain n'était plus fréquenté en 1977. Pis, ceux qui avaient déserté étaient convaincus qu'ils avaient perdu beaucoup de temps et qu'il n'y aurait jamais de rétrovirus humain. »

En 1981, je suivais un cours de virologie moléculaire à l'Institut Pasteur de Paris. Ce cours était dirigé par Luc Montagnier ; on y étudiait les principales familles de virus. Les sujets les plus passionnants se rapportaient au virus SV40, au virus de la poliomyélite ou encore aux rétrovirus endogènes. Les rétrovirus exogènes, en revanche, ne recevaient qu'un accueil mitigé. J.C. Cherman présentait ses travaux sur un inhibiteur des rétrovirus murins, l'HPA 23 (qui connut ultérieurement son jour de gloire, lorsqu'il fut utilisé dans le traitement du sida, et notamment de l'acteur de cinéma Rock Hudson), mais la spécificité animale de ces virus limitait leur intérêt. Lors de l'examen de fin de stage, une collègue était interrogée par Montagnier sur le sujet des rétrovirus. Elle devait avouer le peu de motivation qu'elle avait porté au sujet ; en tant que médecin, elle affirmait n'avoir trouvé aucun intérêt dans ce groupe de virus. Montagnier compatissait, terminant ses remarques par « mais qui sait... ». Nous étions en mars 1981, Montagnier savait que la chasse aux rétrovirus humains était ouverte et qu'il était prêt à y participer. Robert Gallo venait d'isoler et de caractériser le premier rétrovirus humain. Son article avait été publié dans les comptes rendus de l'Académie nationale des sciences américaines... le 6 mars 1981.

Robert Gallo est un éminent virologiste moléculaire, qui travaillait à l'époque à l'Institut national de la santé à Bethesda. Sa famille, native de la ville de Saluzzo au Piémont, avait émigré aux Etats-Unis à la fin du XIXe siècle. Sa passion pour la médecine, et plus particulièrement pour la cancérologie, il l'acquiert très tôt, lorsque sa jeune sœur meurt d'une leucémie à l'âge de sept ans. Devenu médecin, Gallo s'intéresse au rôle des rétrovirus comme cause possible des cancers humains. La découverte de la transcriptase inverse permettait de détecter la présence de ces virus. Mais il fallait en outre pouvoir cultiver les cellules sanguines dans lesquelles les virus leucémogènes pouvaient se multiplier. En 1976, D. Morgan, F. Ruscetti et R. Gallo décrivent un facteur de croissance, dénommé interleukine-2 (IL-2), qui stimule la croissance des lymphocytes T [11]. Cette découverte allait révolutionner la biologie des rétrovirus.

Les globules blancs dérivent de deux lignées : la lignée myéloïde et la lignée lymphoïde. Les cellules mères se trouvent dans la moelle osseuse. Les cellules matures sont présentes dans le sang. La lignée myéloïde fournit les granulocytes, les macrophages et les monocytes qui jouent un rôle dans les réponses inflammatoires. Les cellules dérivées de la lignée lymphoïde sont appelées lymphocytes. On en distingue deux groupes, B et T. Les cellules T sont subdivisées en types que l'on peut reconnaître en fonction de protéines situées à leur surface. On distingue notamment les T4 qui jouent un rôle de régulateur du fonctionnement des cellules sanguines, principalement par la sécrétion de protéines, les lymphokines. Les leucémies sont des proliférations malignes de globules blancs. Il existe autant de formes de leucémies que de types de globules blancs.

Après plusieurs années d'acharnement, l'équipe de Gallo isolait le premier rétrovirus humain, dénommé HTLV (pour *Human T-Cell Leukemia Virus*, virus de la leucémie à cellules T). Ce nouveau rétrovirus avait été obtenu à partir de cellules T d'un jeune Noir. L'homme souffrait d'une malignité agressive à cellules T4 [12]. A cette même époque, un chercheur japonais, le Dr Kiyoschi Takatsuki de l'université de Kyoto, étudiait une forme particulière de leucémie provoquant un cancer des lymphocytes T ; il constatait que tous les malades provenaient de l'île Kyushu dans le sud-ouest du Japon, où la maladie paraissait fréquente. La cause de cette maladie était inconnue. Les chercheurs et les médecins japonais décidèrent de dénommer cette tumeur ATL (*Adult T-cell Leukemia/lymphome*, leucémie/lymphome à cellules T de l'adulte). Quelque temps plus tard, le Pr Yorio Hinuma [13], de l'université de Kyoto, isola un virus à partir de malades atteints de cette nouvelle maladie auquel il donna le nom d'ATLV (*Adult T-cell Leukemia Virus*, virus de la leucémie à cellules T de l'adulte). Ce virus se révéla identique à celui préalablement décrit par Gallo. Par conséquent, les termes HTLV-1 et ATL furent retenus pour caractériser les virus et la maladie (par la suite, Gallo devait isoler un autre virus qu'il dénomma HTLV-2). Des foyers épidémiques du virus HTLV-1 furent décrits dans différentes régions, et notamment aux Caraïbes. Les études épidémiologiques révélaient des informations tout à fait surprenantes. Ce virus se transmet par le sang et par contacts sexuels, mais aussi de la mère à l'enfant. La période de latence, temps qui s'écoule entre l'infection et la maladie, est variable, de quelques années à généralement plusieurs décennies : un bébé infecté par sa mère ne souffrira de leucémie qu'à l'âge de trente à quarante ans. Les enquêtes épidémiologiques dans les Antilles révélaient que 3 à 5 % de la population étaient infectés par le virus HTLV-1. Aux Etats-Unis, le virus était dispersé en particulier dans la population noire du Sud-Est.

Les connaissances actuelles de l'épidémiologie du virus HTLV-1 révèlent d'importants foyers dans les îles du sud-ouest du Japon, le bassin des Caraïbes, l'Afrique intertropicale, l'Amérique du Sud et certaines parties de l'Océanie.

Les données cliniques concernant cet agent infectieux se précisaient : Myron Essex montrait que les sujets infectés par le virus HTLV-1 présentaient une incidence plus élevée de maladies infectieuses, et notamment d'infections opportunistes. Ces patients semblaient présenter un syndrome d'immunodéficience spécifique, mais mal défini.

Rétrovirus et sida

Ce rappel sur le rôle des rétrovirus dans la survenue de cancers permet de mieux comprendre comment les chercheurs ont pu s'orienter rapidement vers un rétrovirus comme agent étiologique du sida. En 1982, Gallo émet l'hypothèse qu'un rétrovirus humain ayant pour cible les cellules T pourrait être la cause du sida. Ces conclusions dérivent des discussions avec son ami Essex : celui-ci attire l'attention sur le fait que le virus de la leucémie féline peut également provoquer une immunodéficience, chez les chats, identique au sida. Il observe que ce syndrome d'immunodéficience est de plus en plus fréquent dans cette infection. Tout se passait comme si le virus avait évolué par des mutations et aurait acquis la propriété non plus d'induire une prolifération des lymphocytes mais au contraire de les détruire. Par analogie, Gallo proposa que le sida serait dû à un variant des virus HTLV. Des mutations auraient pu modifier les gènes régulateurs du virus et être à l'origine d'une nouvelle maladie, comme cela semblait être le cas pour la leucémie féline. En outre, l'épidémiologie du sida commençait à être connue : le virus est transmis par le sang, par contact sexuel, de la mère à l'enfant, propriétés communes aux virus HTLV. Toutes ces données convergeaient pour faire d'un virus apparenté au virus HTLV l'agent étiologique du sida.

C'est la piste que vont suivre les chercheurs américains sous l'impulsion de Gallo. Pour détecter ce virus, les chercheurs cultivent les cellules du sang prélevé chez les malades et recherchent une activité transcriptase inverse. En outre, ils recherchent la présence des séquences du virus HTLV dans les cellules des malades. Mais ces investigations, comme nous le verrons, se révéleront plutôt confuses. Contrairement au virus HTLV qui possédait la propriété d'immortaliser les cellules, le virus du sida les détruisait, rendant par là même difficile la recherche d'un virus.

Nous devons à l'équipe de Luc Montagnier, à l'Institut Pasteur, l'isolement du virus du sida. Montagnier et son équipe possédaient une bonne expérience des rétrovirus. Dans son laboratoire, Jean-Claude Chermann et son assistante, Françoise Sinoussi (devenue Barré-Sinoussi), étudiaient les rétrovirus murins. L'équipe de Montagnier avait mis au point une technique originale pour augmenter la sensibilité de détection des rétrovirus. Celle-ci consistait à bloquer la production de l'interféron à l'aide d'anticorps anti-interféron. Lorsqu'un un virus infecte des cellules, elles vont produire de l'interféron, cette substance provoque une inhibition de la réplication du virus. C'est un moyen que possède l'organisme pour se défendre à la suite d'une infection virale. En bloquant la production d'interféron, il devenait possible d'accroître la réplication des virus. Cette technique jouera un rôle non négligeable dans la découverte du virus du sida [14].

La découverte du virus

La découverte du virus du sida a été à l'origine d'une bataille scientifique historique entre l'équipe du Pr Montagnier à l'Institut Pasteur et celle du Pr Gallo de l'Institut national de la santé aux Etats-Unis. Incontestablement, ce sont les Français qui les premiers ont isolé le virus. Mais l'histoire de cet isolement et des conséquences juridiques et politiques qui ont suivi méritent une attention particulière.

En 1982, il y avait très peu de cas de sida en France, et les cliniciens intéressés par ce sujet étaient peu nombreux. Parmi ceux-ci, Willy Rozenbaum manifestait un enthousiasme débordant pour faire connaître cette nouvelle maladie. Autour de lui se constitua un petit groupe qui allait jouer un rôle déterminant et faire de la médecine française un centre reconnu dans la recherche contre le sida. Le 3 janvier 1983, Rozenbaum fournit, par l'intermédiaire de Françoise Brun-Vézinet, ancienne élève du cours de Montagnier, un prélèvement pour tentative d'isolement d'un rétrovirus. Ce prélèvement avait été réalisé chez un « malade BRU » (d'après les trois premières lettres de son nom) suspect de sida, qui présentait une lymphoadénopathie généralisée. Le prélèvement consistait en un fragment de ganglion. Ce choix peut paraître surprenant : on aurait pu s'attendre à ce que la tentative d'isolement soit faite à partir du sang, comme cela avait été réalisé par l'équipe de Gallo pour isoler le virus HTLV-1 et chez un malade ayant développé un sida confirmé. Pourtant, ce choix, proposé par Jean-Claude Gluckman, se révéla judicieux. En effet, l'apparition d'adénopathies, à un stade précoce de la maladie, signait la probable réplication du virus dans les ganglions. Un prélèvement sanguin plus tardif, effectué lors de l'apparition du syndrome d'immunodéficience, pouvait aboutir à isoler des germes opportunistes qui n'avaient rien à voir avec l'agent étiologique de la maladie.

Le même jour, Montagnier procède au broyage du prélèvement, en vue d'extraire les lymphocytes et de les mettre en culture. Le 6 janvier, pour favoriser la culture des cellules, il ajoute le cocktail magique, interleukine-2 de Gallo et anti-interféron. Il ne reste plus qu'à attendre. A intervalles réguliers, Barré-Sinoussi teste le surnageant de culture pour rechercher une activité transcriptase inverse qui signerait la présence d'un rétrovirus. C'est ce qui se produit le 15 janvier. Victoire ! Pas tout à fait. Car quelques jours plus tard, les cellules commencent à mourir. Montagnier attendait au contraire une prolifération des cellules, leur immortalisation, comme cela avait été le cas pour le virus de HTLV. Il faut alors rapidement inoculer de nouvelles cellules. Montagnier demande à André Eyquem, directeur du Centre de transfusion sanguine, de nouvelles cellules sanguines. Par chance, le virus s'adapte à ces nouvelles cellules. Le virus du sida vient d'être isolé [15].

Mais de quel virus s'agit-il ? Montagnier rencontre Gallo qui lui fournit des réactifs spécifiques des virus HTLV. Les tests réalisés ne sont pas concordants. Ce virus n'est pas identique, ni même proche des HTLV. Les différents tests pratiqués démontrent qu'il s'agit probablement d'un nouveau virus associé à une nouvelle maladie. Le rêve de tout virologue. Fin janvier, Montagnier considérait qu'il possédait suffisamment d'informations pour conclure à la présence d'un nouveau rétrovirus. Il fallait maintenant le visualiser. Pour cela, des échantillons furent adressés au spécialiste de la microscopie électronique, Charles Dauguet, à l'Institut Pasteur. La visualisation des virus en microscopie électronique est une étape extrêmement difficile qui nécessite beaucoup d'expérience, ce que, fort heureusement, Charles Dauguet possédait. Les informations de Montagnier étaient on ne peut plus claires : « Vous devez trouver un rétrovirus dans les lymphocytes. »

Après différents préparations et réglages du microscope, dans l'après-midi du 4 février 1983, Charles Dauguet fut le premier à visualiser le virus du sida. L'aspect morphologique et les données sérologiques concouraient à faire de ce virus un nouveau rétrovirus. L'équipe de l'Institut publiait ces résultats dans la revue *Science* le 20 mai 1983 [16], en désignant ce nouveau virus sous le terme LAV pour *Lymphoadenopathy-Associated Virus* (terme qui désignait parfaitement les symptômes observés chez le patient). Dans cette même édition de *Science*, Gallo présentait des informations sur la détection d'un virus apparenté au virus HTLV ainsi que la détection de séquences d'ADN similaires à HTLV-1, retrouvées dans deux cas sur trente-trois sidéens [17]. Essex publiait des résultats sérologiques. Environ 35 % des sérums de sidéens étaient positifs, avec des cellules infectées par le virus HTLV-1 [18]. Autant dire que la situation à ce stade était particulièrement confuse. D'autant que, dans sa précipitation pour publier l'article, Montagnier avait omis de rédiger un résumé. Toutes les publications scientifiques comportent un cours résumé mentionnant les principales découvertes contenues dans l'article. Pour gagner du temps, Gallo avait proposé à Montagnier de rédiger ce résumé. Dans celui-ci, Gallo précisait que le virus LAV appartenait au groupe des virus HTLV !

En fait, le groupe de l'Institut Pasteur avait raison, il avait bien découvert un nouveau rétrovirus. Non seulement le virus était nouveau, mais il appartenait à un genre différent des virus HTLV. Dès juillet 1983, un chercheur de l'Institut Pasteur, Oswald Edlinger, indiquait à Montagnier que le virus LAV présentait une similitude morphologique avec un rétrovirus responsable de l'anémie infectieuse des équidés qui appartient au genre lentivirus [19]. Montagnier obtenait des vétérinaires de Maisons-Alfort des réactifs pour établir une relation avec le virus LAV. Les différents tests permettaient de conclure qu'il y avait beaucoup plus de relations entre le virus LAV et celui de l'anémie des équidés qu'entre les virus LAV et HTLV. Le virus du sida était un lentivirus.

En quelques mois, l'équipe de l'Institut Pasteur venait de découvrir un nouveau rétrovirus, associé à une nouvelle maladie, et ils apportaient tous les éléments nécessaires à la classification de ce virus. Il fallait maintenant imposer ces découvertes à la communauté scientifique, ce qui de toute évidence prit beaucoup plus de temps ! Et l'on doit mettre à leur crédit leur persévérance pour faire accepter ces découvertes, d'abord au sein même de l'Institut Pasteur où le doute persistait : « Il s'agit probablement d'un virus opportuniste qui n'a rien à voir avec le sida, du reste le malade ne présentait pas le sida », lui opposait-on ; ou encore : « Attendons les Américains pour voir ce qu'il en est. » Il fallut beaucoup de courage et d'opiniâtreté pour faire face aux critiques. Car le point essentiel résidait dans le peu d'informations, à cette date, entre ce virus nouveau et la maladie. De l'autre côté de l'Atlantique, début 1984, Gallo persiste et signe : il isole une souche dénommée HTLV-3B. A la fin de l'année 1984, l'équipe de l'Institut Pasteur, dirigée par Wain-Hobson [20], et celle du NIH, sous la plume de F. Wong-Staal [21], publient la séquence complète des virus LAV et HTLV-3B. C'est la surprise : les deux virus sont quasiment identiques ! Cependant, la séquence d'autres virus du sida montre une grande hétérogénéité. De nouveau, les chercheurs de l'Institut Pasteur, dénommés « les cinq mousquetaires » — Simon Wain-Hobson, Pierre Sonigo, Marc Alizon, Olivier Danos et Stuart Cole — réalisèrent le véritable exploit de précéder l'équipe de Gallo avec ses moyens considérables, comme l'attestent les dix-neuf auteurs de la publication américaine.

Comment expliquer cette étrange similitude? Après avoir isolé le virus LAV souche BRU, l'équipe de Montagnier réalisa une deuxième culture de cette souche et l'adressa à Gallo le 26 juin. Toutefois, celui-ci ne fut pas en mesure de cultiver ce virus. Cet échange de matériel est très commun entre virologistes. Quelque temps après, l'équipe de Montagnier cultive un second virus dénommé « LAI ». Contrairement au virus BRU, la souche LAI présente la particularité de se multiplier facilement et rapidement sur des lignées cellulaires continues.

En juillet 1983, l'équipe de Montagnier cultive les deux souches de virus, BRU et LAI. Comme prévu, la souche LAI se reproduit rapidement (en cinq jours), mais, de façon surprenante, la souche BRU, d'habitude difficile à cultiver, se reproduit en douze jours. Quelques années plus tard, il fut montré que la souche LAI avait contaminé le flacon de la souche BRU, et ce que l'on pensait être une culture de virus BRU n'était en fait que du virus LAI. Or il s'est avéré que cet échantillon a été adressé à Gallo en septembre 1983. A ce stade, personne ne savait qu'il s'agissait d'un mélange des deux virus LAI/BRU. Quant à la réelle souche BRU, elle fut oubliée pendant plusieurs années dans un congélateur. L'aptitude de la souche LAI à contaminer les cultures cellulaires se réitéra dans le laboratoire de Gallo qui, croyant isoler le virus, qu'il dénomma HTLV-3B, obtint en fait une culture de virus LAI. Les deux équipes ont donc contaminé les cultures cellulaires avec cette même souche LAI. Par chance pour l'équipe de Montagnier, cette contamination intéressait ses propres cultures ; en revanche, Gallo devait contaminer ses cultures avec la souche française. Le plus surprenant est que, pendant plusieurs années, les deux laboratoires ont manipulé la même souche LAI sous deux dénominations différentes : BRU pour l'équipe Montagnier et HTLV-3B pour l'équipe Gallo [22].

Le conflit entre Montagnier et Gallo n'allait pas s'arrêter à la paternité de la découverte du virus du sida, rebaptisé VIH (Virus de l'Immuno-Déficience Humaine), mais il s'étendit à une bataille économique relative à des brevets d'exploitation. Dès que le virus fut cultivé dans les deux laboratoires, un test ELISA (*Enzyme-Linked Immuno-Sorbent Assay*) fut mis au point afin de rechercher les anticorps contre le VIH. Les techniques ELISA sont très largement utilisées pour le diagnostic sérologique. Il s'agit de tests simples, réalisés dans de petites cupules, qui consistent à détecter des anticorps par une coloration spécifique. La mise au point de ce test fut d'un apport considérable pour détecter les sujets infectés par le virus VIH. Il permit rapidement de sélectionner les donneurs de sang et d'éliminer le risque de transmission du virus lié à la transfusion sanguine. En décembre 1983, l'Institut Pasteur déposa, aux Etats-Unis, une demande de brevet pour un kit qui utilisait un test ELISA pour la détection des anticorps anti-LAV. L'Institut national de la santé américaine fit de même en avril 1984 ; ce dernier brevet fut accepté très rapidement, en moins d'un an. Le test français dut attendre 1986 pour être accepté. Fait très inhabituel, la FDA (Food and Drug Administration) accepta dans un temps record l'enregistrement du test américain.

Compétition déloyale? L'argument portait sur la différence de sensibilité des deux tests. Le test français, à ses débuts, était de faible sensibilité en comparaison du test américain [23]. A cette époque, le succès du test ELISA, développé par l'équipe de Gallo, résultait de l'adaptation du virus HTLV-3B à la culture sur des cellules H9, permettant une production industrielle des antigènes viraux. Cette technologie fut utilisée ultérieurement par les pasteuriens. En France, la volonté, semble-t-il délibérée, de retarder l'enregistrement du test américain en attente du test français est à la base du scandale du sang contaminé. Le procès qui s'en est suivi a abouti à l'incarcération de dirigeants de la transfusion sanguine, sans que le rôle des hommes politiques soit franchement éclairci. Des scandales similaires ont ébranlé la classe politique au Japon et en Allemagne [24].

L'Institut Pasteur porta plainte aux Etats-Unis, arguant de l'antériorité de la demande de brevet et de l'utilisation du virus LAV pour la préparation du test américain. L'équipe de Gallo rétorquait que le test français n'était pas suffisamment sensible et que la preuve de l'utilisation du LAV n'était pas faite. La dispute entre les deux camps se solda en mars 1987 par un accord à l'amiable entre Américains et Français. Son implication politique était telle que la signature de ce protocole s'accompagna d'une déclaration commune entre le président des Etats-Unis, Donald Reagan, et le Premier ministre français, Jacques Chirac. Les Français renonçaient aux poursuites, et les Américains acceptaient de partager le brevet avec l'équipe de l'Institut Pasteur.

En 1991, Gallo et Montagnier publiaient, dans la revue *Nature*, une chronologie de la recherche sur le sida, précisant la contribution des deux équipes.

Il ne fait aucun doute que les deux équipes ont joué un rôle déterminant dans la lutte contre cette maladie. L'acharnement de Gallo dès les années 1970 pour démontrer le rôle des rétrovirus comme agents du cancer a été de toute évidence un facteur décisif dans la recherche sur ce groupe de virus. La découverte de l'Interleukine-2 pour stimuler la multiplication des cellules sanguines a constitué un apport technique décisif dans la découverte du virus VIH. Si cette maladie était apparue quelques années avant que l'on dispose de ces techniques de diagnostic des rétrovirus, l'histoire de cette maladie, tout au moins dans les pays industrialisés, aurait certainement été différente. En l'absence de diagnostic sérologique, la transmission par la transfusion sanguine et par les dérivés du sang n'aurait pu être empêchée. L'impossibilité d'un diagnostic aurait rendu difficile la compréhension de l'épidémiologie de cette maladie. Il est remarquable de constater qu'en seulement trois ans (1983-1986) le virus a été isolé et caractérisé, et un test de diagnostic commercialisé, permettant d'éviter des milliers d'infections.

Le succès de Gallo, en isolant le premier rétrovirus humain responsable de cancer, a certainement été la cause de son échec dans l'isolement du VIH. En voulant à tout prix démontrer le rôle du virus HTLV comme agent étiologique du sida, Gallo et son équipe sont passés à côté d'isolats qu'ils possédaient dans leur laboratoire.

L'isolement et la caractérisation moléculaire du virus du sida reviennent incontestablement à l'équipe de Montagnier. Avec des moyens modestes par rapport aux Américains, les chercheurs français ont su imposer à la communauté scientifique leur découverte.

Cette même équipe devait récidiver en 1985, en isolant un deuxième virus, le VIH-2. Une biologiste portugaise, Maria-Odette Santos-Ferreira, était venue faire un stage à l'Institut Pasteur pour s'initier aux techniques d'études du virus du sida. Elle amenait avec elle des échantillons prélevés chez un malade soigné dans un hôpital de Lisbonne et résidant en Guinée-Bissau. Le sérum du malade était déclaré négatif par le test ELISA, et pourtant il était atteint du sida. Les échantillons de sang mis en culture permirent d'isoler un nouveau virus proche de VIH-1 mais différent de par ses propriétés antigéniques [25]. Ce nouveau virus fut baptisé initialement LAV-2, puis ultérieurement VIH-2. Ce virus se distinguait du virus VIH-1 non seulement par ses propriétés antigéniques, mais également par sa distribution géographique et son pouvoir pathogène. Les enquêtes épidémiologiques révélaient que le foyer de circulation du virus VIH-2 se limitait à l'Afrique de l'Ouest, et notamment au Sénégal, aux îles du Cap-Vert, à la Gambie, à la Guinée. Il était nettement moins virulent que le virus VIH-1. L'étude réalisée chez les prostituées au Sénégal montrait un risque de contamination faible et une évolution très lente de la maladie [26]. La diffusion du foyer africain se produisit à l'instar du virus VIH-1, notamment chez les prostituées de la région de Bombay, en Inde, mais beaucoup plus lentement et de façon limitée.

L'ORIGINE DU SIDA

Aux Etats-Unis, les épidémiologistes ont identifié ce qu'ils appelèrent le patient zéro. Un jeune homosexuel, d'origine canadienne : Gaetan Dugas. Dans la littérature anglo-saxonne, son nom est toujours suivi du qualificatif « French speaking », une façon subtile d'attribuer une origine externe aux Etats-Unis à cette nouvelle maladie. Gaetan Dugas était steward dans la compagnie Air Canada. Il aurait infecté au moins 40 des 248 malades diagnostiqués avant avril 1982. Atteint en juin 1980 d'un sarcome de Kaposi, il eut des rapports sexuels sans protection jusqu'à sa mort, en mars 1984, à l'âge de trente-deux ans. Si ce jeune homosexuel a sans aucun doute joué un rôle dans la diffusion du virus, il ne peut être considéré comme la source de cette maladie. Il a dû lui-même être contaminé, probablement sur le territoire américain [27]. A une plus large échelle, se sont les Haïtiens qui ont servi de bouc émissaire pour expliquer l'apparition de l'épidémie aux Etats-Unis. Dès 1982, des cas de sida sont rapportés en Floride, presque tous chez des Haïtiens récemment immigrés. En Haïti, les médecins décrivent de nombreux cas, en particulier dans les grandes villes, mais cette maladie leur apparaît nouvelle. Cette épidémie est liée à une transmission hétérosexuelle, ce que nient, à cette époque, la plupart des épidémiologistes américains. La filiale haïtienne permet aux

Américains de confirmer l'origine étrangère de ce fléau. Ce sont les immigrés clandestins qui auraient introduit le sida aux Etats-Unis. L'inverse pouvait être aussi évoqué. La capitale haïtienne, Port-au-Prince, était connue comme haut lieu du tourisme sexuel dans les Caraïbes ; les homosexuels américains et européens y venaient nombreux. Du reste, l'épidémie dans l'île prenait place dans les endroits fréquentés par les touristes. Le virus avait pu être introduit par les homosexuels de la côte Est des Etats-Unis.

Lorsqu'il fut établi que l'épicentre de l'épidémie se situait en Afrique, la piste haïtienne refit surface. Au moment de l'indépendance dans les années 1960, le Zaïre se séparait de ses coopérants belges et français pour faire appel, temporairement, à d'autres francophones... les Haïtiens. Ceux-ci, après des séjours plus ou moins prolongés, auraient pu introduire le virus du sida lors de leur retour en Haïti. Les conditions économiques de l'île ont favorisé l'immigration massive d'une frange de la population jeune qui se serait livrée à la prostitution, offrant par là même l'occasion de dissémination du virus. Dans les années 1980, les autorités américaines voulaient à tout prix établir une origine externe aux Etats-Unis de cette pandémie, ce qui égarait l'objectivité des recherches épidémiologiques. Ce n'est qu'après la publication du remarquable ouvrage de Mirko Grmek [28], en 1989, sur ce sujet que les discussions purent s'ouvrir.

Il est couramment admis que, dans les pays industrialisés, l'épidémie a pris naissance dans les communautés homosexuelles des grandes villes américaines, telles que Los Angeles, San Francisco et New York, puis s'est déplacée dans les villes européennes comme Paris, Amsterdam, Copenhague.

Toutefois, on connaît au moins un cas parfaitement bien documenté, antérieur à l'épidémie et dont la contamination n'a rien à voir avec la filière homosexuelle. Il s'agit d'un marin norvégien qui avait voyagé pendant de nombreuses années en Europe et en Afrique. Il aurait été contaminé avant 1966, période au cours de laquelle débuta une lymphoadénopathie généralisée persistante. Un prélèvement effectué en 1971 et qui avait été conservé congelé, et ultérieurement testé, s'est révélé positif pour VIH-1. Le malade est mort en avril 1976 d'une pneumonie associée à de sévères troubles neurologiques. Il avait contaminé son épouse, qui décédera quelques mois après lui dans un tableau clinique similaire. Celle-ci avait transmis le virus à sa fille lors de sa naissance : dès l'âge de deux ans cette dernière présenta une candidose généralisée, et elle décédera à l'âge de neuf ans des suites d'une varicelle généralisée. Des tests sérologiques rétrospectifs ont confirmé que la mère et l'enfant étaient séropositifs pour le virus VIH-1.

Le virus était donc présent en Europe dans les années 1960, et il présentait des caractéristiques de virulence qu'on lui connaît actuellement.

Des preuves irréfutables démontrent également la présence du virus dans les années 1970 en Afrique équatoriale. Lors de l'épidémie de virus Ebola, en 1976, dans la région de Yambuku dans le nord du Zaïre (cf. chapitre 7, « Ebola »), des sérums avaient été prélevés et conservés au CDC d'Atlanta dans le laboratoire à haute sécurité (P4), dirigé à l'époque par Joe McCormick. Celui-ci est envoyé en 1985 au Zaïre, afin d'évaluer l'importance du sida. Il recense de nombreux malades hospitalisés à Kinshasa, la capitale. McCormick se rend ensuite en visite à l'hôpital de Yambuku où il retrouve, avec une certaine émotion, des infirmières missionnaires qui avaient survécu à l'épidémie d'Ebola. Il constate la présence de malades atteints du sida. De retour au CDC, il analyse les sérums de 1976. Au total, cinq sérums sur six cents testés sont positifs (0,8 %), et l'un d'entre eux permet l'isolement du virus VIH-1 (souche ZH321).

Cette souche virale devait suivre un parcours original. Un technicien qui avait participé à l'étude quittait le CDC pour rejoindre une société de biotechnologie en Californie : Immune Response Corporation (IRC). Il ramenait avec lui cette souche qui allait être utilisée pour la préparation d'un vaccin inactivé dénommé l'immunogène Salk (cf. chapitre 3, « La poliomyélite »).

Les données recueillies dans le nord du Zaïre allaient apporter d'importantes conclusions sur l'évolution de la pandémie du sida. Une enquête réalisée en 1986, dans cette même région de Yambuku, établissait que, dans les villages, la prévalence en anticorps VIH était restée identique (0,8 %) à celle de 1976. Par contre, dans la ville de Lisala située en bordure du fleuve Zaïre, qui avait connu une extraordinaire explosion démographique dans les années 1980, cette séroprévalence atteignait 11 % chez les femmes célibataires. Le virus existait donc dans les années 1970, et probablement plus précocement, en milieu rural en Afrique centrale. La migration et l'urbanisation, associées au développement de la prostitution, ont été à l'origine de l'amplification du sida en Afrique.

D'autres cas suspects ont été rapportés en Europe ou en Afrique à partir de données cliniques suggérant que l'épidémie de sida s'était manifestée dans les années précédant 1980 dans les trois continents, touchant des cas isolés. On considère de nos jours que l'émergence du sida n'est pas le résultat d'une épidémie unique mais de différentes épidémies, comme l'atteste la diversité des souches virales de VIH.

Mais d'où proviennent ces virus ? En admettant qu'ils circulent depuis des décennies de façon discrète chez l'homme, reste à savoir comment ce dernier a acquis ce virus. Les scientifiques s'accordent pour considérer que les virus VIH ont une probable origine simienne. L'homme a été infecté par contact avec des singes porteurs du virus. Comment les chercheurs sont-ils arrivés à cette conclusion ?

La première détection d'un virus simien apparenté au VIH a été obtenue chez des macaques en captivité aux Etats-Unis. Plusieurs épizooties d'une infection proche du sida avaient été observées dans des colonies de singes aux Etats-Unis, entre 1969 et 1981. Ron Hunt, mammalogiste au New England Primate Center, contacta Myron Essex pour essayer de préciser la cause de cette maladie. Essex, comme nous l'avons indiqué précédemment, joua un rôle déterminant dans l'histoire du sida. En 1984, il isole un rétrovirus à partir de prélèvement simien effectué dans les colonies de macaques en captivité. Il en attribue l'identité à un virus de la série humaine des HTLV. Il dénomme ce virus STLV-3, bien qu'il n'existât aucun virus STLV-1 ou STLV-2. De toute évidence, cette dénomination traduisait une volonté d'établir l'équivalence simienne des virus humains isolés par son ami Gallo. Comme pour le virus humain, ce nouveau virus n'a rien à voir avec le groupe de rétrovirus ; il s'agit en fait d'un lentivirus. Il sera rebaptisé SIV. Ce virus isolé de l'espèce macaque prendra la dénomination SIVmac (mac pour préciser l'espèce simienne, ici le macaque).

Les macaques infectés provenaient d'Asie. L'enquête épidémiologique orienta Essex vers ce continent. A sa grande surprise, il constata que les singes sauvages de cette espèce n'étaient pas infectés par le virus SIV. L'infection s'était produite en captivité. De nouvelles enquêtes l'amenèrent à tester les singes d'origine africaine. A cette époque les données épidémiologiques relatives au sida faisaient de l'Afrique la probable source de l'épidémie. Rapidement, Essex constate que les singes verts sont porteurs d'anticorps. Les premières enquêtes révèlent que près de 30 à 70 % des singes verts (*Cercopithecus aethiops*) sont infectés mais sans maladie apparente. Plusieurs souches de virus SIV sont isolées de différentes espèces simiennes. L'analyse génétique établit que les virus de l'espèce sooty mangabeys (*Cercocebus atys*) SIVsm sont très proches, sinon identiques au virus humain VIH-2. En outre, la distribution des singes de cette espèce (sud de l'Afrique de l'Ouest) se superpose parfaitement à l'épidémie humaine. Ces données permettent de conclure que le virus VIH-2 provenait du virus SIVsm.

L'origine de VIH-1 apparaît beaucoup plus difficile à préciser. La différence entre les virus VIH-1 et VIH-2 ne permet pas de conclure à une évolution commune du type SIV → VIH-2 → VIH-1. L'analyse des séquences des virus simiens ne permettait pas d'établir une relation avec VIH-1. En 1990, au Centre International de Recherche Médicale (CIRM) de Franceville au Gabon, qui possède une importante colonie de singes, Eric Delaporte isola un virus SIVcpz (de chimpanzé), qui apparaît à ce jour le plus proche parent et peut-être l'ancêtre du virus VIH-1. Découverte très controversée au départ en raison de sa rareté, mais qui devait être confirmée par la suite. Une deuxième souche a été isolée d'un chimpanzé au Gabon, puis le virus a été obtenu d'un singe provenant du

Zaïre et importé en Belgique. Enfin, récemment, la séquence du virus a été retrouvée, aux Etats-Unis, chez un chimpanzé mort en 1985.

Feng Gao, analysant la séquence de toutes ces souches virales provenant de chimpanzés, apporte des éléments convaincants selon lesquels le virus VIH-1 proviendrait de l'espèce *Pan troglodytes troglodytes* [29]. En outre, tout comme pour les relations SIVagm et VIH-2, la distribution géographique du virus SIV de chimpanzé se superpose à l'origine probable de l'épidémie humaine du VIH-1.

Des données récentes rapportées par Mario Santiago et son équipe, de l'université de Birmingham, en Alabama (Etats-Unis), obscurcissent quelque peu ces conclusions [30] : les quatre chimpanzés infectés par le virus SIV proche des souches humaines étaient tous des animaux en captivité. Ce virus existe-t-il dans la nature ? Les chimpanzés sont des espèces protégées, il n'est pas possible de les capturer dans leur habitat. Les chercheurs ont alors mis au point une technique de détection du virus SIV, dans les selles et les urines des animaux. Après avoir vérifié la sensibilité de cette méthode par rapport à la recherche du virus dans le sang, ils ont suivi, en collaboration avec des primatologues, les chimpanzés dans les forêts tropicales d'Afrique. Sur les 58 singes testés, un seul s'est révélé positif, résultat étonnant puisque généralement plus de 80 % des autres espèces simiennes présentent des marqueurs d'infection par les virus SIV. Mais une deuxième surprise attendait les chercheurs : la séquence du génome du virus SIV établi à partir du chimpanzé était très différente de celles des souches humaines (30 % de différence dans la séquence en acides aminés). En d'autres termes, le virus qui infecte un très faible nombre de chimpanzés dans la nature est différent de celui qui a été détecté chez les chimpanzés en captivité et n'a plus rien à voir avec le virus humain. Il n'est pas exclu que, dans les années 1960, un virus SIV ait pu circuler parmi un groupe limité de chimpanzés, lesquels vivant en colonies isolées ont été chassés et progressivement anéantis, le virus ayant eu la possibilité de passer à l'homme et disparaître des populations de chimpanzés. L'histoire de l'origine VIH-1 ne semble pas encore close !

Ces rétrovirus simiens se sont adaptés à leurs hôtes en Afrique, lesquels sont infectés sans être malades. L'infection des singes africains à partir d'un autre hôte inconnu s'est probablement produite au moment de la séparation des espèces simiennes il y a environ un million d'années. Cette hypothèse est corroborée par la grande sensibilité des singes asiatiques et la résistance des singes africains aux virus SIV. L'analyse de l'évolution de la séquence des virus SIV et VIH-1 laisse à penser que le passage chez l'homme s'est produit il y a environ quarante années. Comment expliquer que l'épidémie ait pris l'ampleur actuelle à partir des années 1980 ? Il est probable que le virus ait circulé à bas bruit en milieu rural en Afrique, pendant de nombreuses années. Après l'indépendance, les migrations des populations ont introduit le virus dans les villes où la prostitution à joué un rôle amplificateur. Les hôpitaux, mal équipés, ont également participé à l'épidémie.

Le franchissement de la barrière d'espèce, c'est-à-dire la transmission du virus simien à l'homme, ne suit pas nécessairement cette chronologie. Les contacts entre les chasseurs de singes et les virus SIV sont probablement très anciens. Si bien que, dans la longue histoire des relations entre les virus SIV et l'homme, les conditions favorables à l'émergence des virus VIH n'ont été réunies qu'à partir des années 1960.

Enfin, on ne peut exclure que des virus moins pathogènes aient circulé pendant de nombreuses années et qu'ils aient évolué pour donner naissance aux virus actuels.

Les traitements

Pour inhiber la multiplication du virus, les chercheurs ont essayé de synthétiser des molécules qui pouvaient bloquer les différentes étapes du cycle viral. Celles-ci sont les suivantes :

1) Le virus se fixe sur la cellule cible par l'intermédiaire du récepteur cellulaire, le CD4. Cette étape initiale est suivie par la fusion du virus avec la cellule.

2) Le matériel génétique du virus est déversé dans la cellule.

3) L'ARN viral est transformé en ADN par une enzyme apportée par le virus, la transcriptase inverse. Celle-ci va transformer l'information génétique du virus d'ARN en ADN.

4) L'ADN issu de cette transformation va pénétrer dans le noyau et s'insérer dans l'ADN de la cellule hôte au moyen d'une enzyme, l'intégrase.

5) L'information génétique est transcrite dans le cytoplasme de la cellule et donne naissance à des protéines qui, par l'intermédiaire d'une protéase, vont s'assembler en incorporant l'ARN nouvellement synthétisé, aboutissant à de nouveaux virions qui vont bourgeonner à la surface de la membrane cellulaire avant d'être libérés.

Les premiers médicaments efficaces ont interféré avec la transcriptase inverse. Dès 1984, J.C. Chermann a testé une molécule dénommée HPA23. Cette molécule était très efficace *in vitro* pour inhiber la transcriptase inverse, elle avait été testée dans le traitement de la maladie de Creutzfeldt-Jakob. Malheureusement, cette molécule n'a pas confirmé son activité antirétrovirale lors des essais de traitement du sida entrepris notamment chez de jeunes hémophiles. A l'Institut national de santé américain (NIH), Hiroaki Mitsuaya eut plus de succès avec une molécule répondant au code BW 509, qui devint la fameuse AZT. Cette molécule avait été utilisée, sans grand succès, pour le traitement des tumeurs, par le laboratoire anglais Burroughs Wellcome. Il s'agissait d'un analogue de nucléoside, synthétisé en 1964. Sa puissante activité anti-VIH, démontrée *in vitro*, a amené son utilisation très rapide en phase clinique. Son intérêt thérapeutique en fait une molécule de choix dans le traitement du sida. Assez rapidement, on s'est aperçu que le virus mutait pour échapper à l'activité de l'AZT. D'autres inhibiteurs de la transcriptase inverse ont alors été synthétisés. Certains sont utilisés pour le traitement du sida : ddI, ddC, 3TC, d4T, abacir.

En 1996 sont apparus des inhibiteurs de la transcriptase inverse non nucléosides (la névirapine), d'une grande efficacité, mais pour lesquels des résistances sont également apparues.

Enfin, en 1996, la mise sur le marché des inhibiteurs de la protéase a marqué un tournant décisif dans la lutte contre le sida. Leur découverte n'est pas le fruit du hasard. Pendant de nombreuses années, les laboratoires pharmaceutiques Abbott, Hoffmann-LaRoche et Merck avaient investi des sommes considérables dans la mise au point d'inhibiteurs d'une protéase, la rénine, pour le traitement de l'hypertension. Ces travaux n'avaient pas abouti. Lorsqu'il fut établi que la protéase du virus VIH appartenait à la même famille d'enzymes, ces différents inhibiteurs de la protéase furent proposés dans le traitement du sida. Ainsi sont apparus sur le marché les médicaments suivants : Sequinavir (Hoffmann-LaRoche), Ritonavir (Abbott) et Indinavir (Merck). Actuellement, l'arsenal thérapeutique des inhibiteurs de la protéase comporte six molécules déjà commercialisées et plusieurs autres en cours d'évaluation. L'association de ces molécules avec les médicaments précédemment utilisés a abouti à la trithérapie qui, dès 1996, a donné des résultats spectaculaires dans le traitement du sida.

D'autres pistes thérapeutiques ont été envisagées ou sont encore en cours d'évaluation clinique, afin de complémenter l'activité de ces molécules. En premier lieu on a essayé de bloquer la fixation du virus sur le récepteur. Les chercheurs ont fait preuve d'une grande imagination en utilisant des leurres, sous forme de CD4 soluble. Mais cette stratégie n'a pas abouti. Les recherches se poursuivent notamment avec les inhibiteurs de l'intégrase dont une molécule prometteuse est en étude clinique.

A ce jour les résultats sont importants. L'AZT continue d'être très utilisée ; elle a permis notamment d'éviter la transmission du virus de la mère au nouveau-né. Avant l'utilisation de l'AZT, on estimait que le taux de contamination de la mère à l'enfant était de l'ordre de 40 % ; l'utilisation d'un traitement préventif pendant la grossesse a ramené ce taux à 2 %. En France, il naît moins de vingt enfants infectés par le virus VIH par an. Sous l'effet des trithérapies, le sida, de maladie considérée comme inéluctable, est devenu une maladie chronique. Cependant, on meurt encore du sida en France. Selon les données récentes, au second semestre 2000, environ 350 malades seraient morts de cette maladie. Ce chiffre est à comparer aux 31 780 personnes décédées depuis le début de l'épidémie dans notre pays (au 31 décembre 2000).

L'ÉVOLUTION DE LA PANDÉMIE. LA GUERRE CONTRE LE SIDA

A la fin de l'année 2000, l'OMS estimait à 36 millions le nombre de personnes touchées par le virus VIH depuis l'apparition de l'épidémie. Plus de 25 millions de cas ont été rapportés en Afrique. Pour la seule année 2000, 5,3 millions de personnes ont été contaminées dont 3,8 millions sur ce même continent. Les morts du sida se comptent annuellement par millions ; il s'agit de jeunes hommes, de jeunes femmes ou encore d'enfants infectés à la naissance. Dans certains pays une génération entière est décimée. L'économie du continent est affectée, le sida devient un facteur de déstabilisation de l'Afrique. La cible (jeunes adultes) et le nombre de personnes infectées sont à rapprocher de la traite des Noirs qui, en trois siècles, a retiré au continent africain 13 millions d'individus. Quand on connaît les dramatiques conséquences qu'a représenté cette saignée, on ne peut qu'être inquiet sur le devenir du sida sur ce continent. L'Afrique du Sud est le pays le plus touché, on y recense 4,7 millions de porteurs du virus VIH ; 1 Sud-Africain sur 9 est contaminé.

Le traitement d'un malade dans les pays industrialisés s'élève à 12 000 dollars par an. L'utilisation de médicaments génériques pourrait porter ce coût à environ 300 à 400 dollars. Mais cette somme reste trop élevée pour la majorité des pays africains dont le budget de santé publique est généralement inférieur à dix dollars par habitant. Seule l'aide internationale pourrait fournir les 7 à 10 milliards de dollars annuels nécessaires pour offrir des soins à ces malades. C'est cette somme qu'a récemment réclamée M. Kofi Annan dans le cadre du programme des Nations unies, ONUSIDA. En imaginant une telle solidarité internationale, ces traitements n'arrêteront pas pour autant l'épidémie. La solution passe par un vaccin de grande efficacité comme ceux de la fièvre jaune ou de la poliomyélite. Le 23 avril 1984, au cours d'une conférence de presse qui rendait hommage aux chercheurs de son pays, et tout particulièrement à Robert Gallo, le ministre de la Santé américaine, Margaret Heckler, annonçait qu'à la suite de la découverte de l'agent responsable du sida on pouvait s'attendre à la mise au point d'un vaccin qui pourrait être testé dans les deux ans à venir. Près de vingt ans plus tard, on doit reconnaître que cet optimisme inconsidéré n'avait aucune base scientifique. L'absence de modèle animal qui permettrait d'évaluer les candidats vaccins, la variabilité du virus, les particularités de l'infection par les rétrovirus expliquent les difficultés rencontrées dans la mise au point d'un vaccin.

L'histoire des essais de mise au point d'un vaccin contre le sida a été récemment rapportée par la journaliste Patricia Thomas dans l'ouvrage *Big Shot* [31]. On y apprend l'extraordinaire compétition que se livrent les scientifiques, les hésitations des voies de recherches, la position ambiguë des autorités nationales qui ne possèdent aucun critère permettant de sélectionner un candidat vaccin. Les géants de la pharmacie sont restés pendant de nombreuses années hors de la course, préférant investir dans la mise au point de médicaments dont le marché est nettement plus lucratif que celui des vaccins. Les deux premières équipes à avoir proposé un vaccin sont les compagnies de biotechnologie Chiron et Genentech. Après leur succès dans la mise au point d'un vaccin contre l'hépatite B au moyen de protéines sous-unitaires, elles ont proposé une approche similaire pour le sida en produisant un vaccin à base d'une protéine de l'enveloppe du virus VIH, appelée gp120. Deux études de protection, avec cette protéine d'enveloppe, sont en cours aux Etats-Unis et en Thaïlande. Les résultats sont attendus en novembre 2002. Une protection de 30 % serait considérée comme un succès.

Les vaccins du futur apparaissent. La société Merck se propose d'initier des études avec des vaccins à ADN associés à des injections d'autres candidats, et notamment des vecteurs adénovirus. Plus récemment, une jeune société, AlphaVax, a mis au point une technologie originale dite réplicon, qui fait appel au virus de l'encéphalite équine du Venezuela comme vecteur de gènes. Les premières études commencent cette année (2002) en Afrique du Sud. Aventis Pasteur possède également un ambitieux projet faisant appel à la technologie pox.

Autant dire que toutes les techniques les plus modernes issues du génie génétique sont en course pour la mise au point d'un vaccin contre le sida. Pour les années 2001-2002, dix-sept candidats vaccins seront expérimentés chez l'homme. Certains sont déjà à un stade avancé. Des études d'efficacité sont en cours en Thaïlande, au Canada et aux Pays-Bas. Il faudra encore beaucoup de temps, facteur le plus dramatique dans l'avancée de la pandémie, mais l'effort sans précédent dans le domaine de la recherche pour un vaccin devrait porter ses fruits.

6

LA FIÈVRE DE LASSA

L'étiologie des maladies virales dans les pays tropicaux est mal connue. Sous le terme de malaria, on regroupe de nombreuses infections fébriles dont un grand nombre sont d'origine virale.

Peu d'études ont été réalisées pour préciser le rôle des virus dans l'étiologie des infections fébriles ; quelques exemples révèlent la diversité des virus impliqués. Dans les années 1970, l'Institut Pasteur de Bangui, sous la direction du Dr Jean-Pierre Digoutte, avait étudié l'étiologie des fièvres rouges congolaises. Certains en attribuaient l'origine aux rickettsies, d'autres aux arbovirus. L'équipe de l'Institut Pasteur allait isoler treize arbovirus, dont deux nouveaux pour la science, associés aux fièvres exanthématiques. Cette extraordinaire diversité de virus avait été obtenue par la surveillance des coopérants français travaillant en République centrafricaine [1]. Lors de l'intervention militaire des Américains en Somalie dans le cadre de l'opération « Restore Hope », en 1992-1993, quelle ne fut pas la surprise des médecins de constater que 17 % des infections fébriles observées chez les militaires étaient dues à la dengue ! Cette maladie était pourtant quasi inconnue dans cette partie de l'Afrique [2]. L'introduction d'une population étrangère dans un pays tropical, sous un contrôle médical approfondi, avait permis dans les deux cas de révéler la présence de virus associés à des syndromes fébriles qui jusqu'alors avaient été identifiés sous le terme de malaria ou d'infection bactérienne résistante aux antibiotiques. C'est dans cette perspective que, dans les années 1970, le Dr John Frame, professeur de médecine à l'université de Columbia (New York), allait initier un programme de surveillance des arbovirus chez les missionnaires américains qui étaient amenés à travailler en Afrique. Pour cela, le Dr Frame s'associa à l'équipe du Dr Jordi Casals en charge du laboratoire de référence des arbovirus à l'université de Yale.

Jordi Casals était un virologiste mondialement connu pour ses recherches sur les arbovirus. Ces virus se multiplient chez les vecteurs, principalement les moustiques et les tiques, et sont transmis à l'homme par piqûre. Chez le moustique, le cycle de réplication du virus est relativement complexe. Après un repas sanguin chez un hôte présentant une quantité suffisante de virus dans le sang, le moustique va digérer le sang, et le virus gagner le tube digestif. L'étape essentielle se produira alors : le virus va traverser la barrière digestive et gagner les glandes salivaires avant d'être de nouveau transmis. Nous avons vu dans le chapitre 2 sur la fièvre jaune l'importance de ce cycle effectué chez les moustiques avant la transmission du virus. Casals avait consacré sa carrière scientifique à étudier ces virus. Le plus important demeure le virus de la fièvre jaune, mais à ce jour plus de six cents arbovirus ont été découverts. Parmi ceux-ci, environ 25 % sont pathogènes pour l'homme. Les tableaux cliniques qu'ils occasionnent sont très variés : fièvre hémorragique, encéphalite, fièvre exanthématique ; un grand nombre sont à l'origine d'une infection fébrile difficilement diagnostiquée.

Le centre de référence dont s'occupait Casals, dénommé YARU (Yale Arbovirus Research Unit), c'est-à-dire l'unité de recherche des arbovirus à l'université de Yale, était devenu le centre OMS de référence pour les arbovirus. Parmi ses nombreuses activités, ce centre était en charge d'identifier et de classer les nouveaux arbovirus. Ce travail était mené avec différents laboratoires de recherche situés dans les pays tropicaux. Parmi ceux-ci, le réseau des Instituts Pasteur avec les laboratoires situés au Sénégal, en République centrafricaine, en Côte-d'Ivoire, au Cameroun ou à Madagascar allaient jouer un rôle déterminant dans l'établissement d'un inventaire des arbovirus. Le seul Institut Pasteur de Bangui aura découvert trente-neuf arbovirus nouveaux pour la science. Lorsqu'un virus était isolé, il était comparé avec les virus connus dans la zone d'étude. S'il s'en différenciait, il était adressé au YARU, en vue de compléter son identification. Casals était devenu l'expert incontesté pour la classification des arbovirus.

L'étude que se proposait de réaliser Frame, en collaboration avec le YARU, consistait à établir une surveillance des infections fébriles chez les missionnaires américains. Pour cela, il était prévu d'effectuer des prélèvements de sang et de les faire parvenir dans les meilleures conditions au laboratoire de J. Casals qui mettrait en œuvre les techniques adaptées pour l'isolement et la caractérisation des virus éventuels.

Cette étude était menée en collaboration avec le Dr Jeannette Troup, qui dirigeait l'hôpital évangélique à Jos, au Nigeria. Cette collaboration allait rapidement aboutir à la découverte du virus Lassa, un des virus les plus dangereux que l'on connaisse. L'histoire des premiers cas de fièvre de Lassa a été rapportée par le journaliste John G. Fuller [3].

Laura Wine, une sage-femme âgée de soixante-neuf ans, missionnaire, bénévole, qui consacra sa vie à aider les plus démunis, tombe malade le 19 janvier 1969. Elle présente des ulcérations de la gorge très douloureuses, associées à une fièvre tenace et une déshydration sévère. Son état se dégrade rapidement ; elle est hospitalisée à Jos et prise en charge par le Dr Jeannette Troup. Malgré des soins intensifs, elle décède le 26 janvier. Quelques jours plus tard, Charlotte Shaw, une infirmière de l'hôpital qui avait soigné Laura Wine, est atteinte de fièvre à 39 °C. Elle se rappelle un incident particulier lors de la surveillance de Laura. Dans la matinée du 25 janvier, elle cueille des roses dans son jardin et se pique à un doigt. Après une désinfection locale elle se rend au chevet de Laura. Celle-ci souffre de violentes douleurs à la gorge. Pour la soulager, Charlotte Shaw entreprend d'éponger les ulcérations avec une compresse qu'elle place sur son doigt blessé. Ce sera la cause de son infection. Devant la fièvre persistante de C. Shaw, J. Troup suspecte une fièvre typhoïde, et elle prescrit un traitement aux antibiotiques. Mais la fièvre se maintient, un exanthème apparaît, des ulcérations blanchâtres sont observées au niveau de la gorge. Au onzième jour de la maladie, Charlotte Shaw décède. Une autopsie est pratiquée et des échantillons adressés aux Etats-Unis. A ce stade, il n'y a aucune certitude d'une relation entre les deux cas. Mais quelques jours plus tard, une autre infirmière, Lily Pinneo, est également malade et hospitalisée. Devant la similitude de l'évolution de la maladie avec les deux cas précédents, il est décidé de l'évacuer dans un hôpital de New York. A son arrivée, Lily Pinneo est attendue par le Dr Frame et hospitalisée dans l'isolement le plus strict à l'hôpital presbytérien de Columbia. A son admission, Lily était dans un état critique, son état de déshydratation était extrême, la fièvre atteignait 40 °C. Son état restera stationnaire pendant une semaine, puis s'améliorera progressivement, sous l'effet des soins intensifs. Elle quittera l'hôpital neuf semaines après son admission pour une longue convalescence.

Au laboratoire, Casals et sa collègue, Sonja Buckley, disposaient des échantillons pour essayer d'isoler le virus. Casals inocule des souriceaux nouveau-nés par voie intracérébrale, Buckley inocule des cellules Vero (cellules de rein de singe). Il ne reste plus qu'à attendre. La présence d'un virus chez l'animal se traduit par l'apparition de paralysies et de la mort en quelques jours. L'incubation est très variable, certains virus tuent l'animal en deux à trois jours, pour d'autres il faut attendre deux à trois semaines. Sur les cultures cellulaires, la présence d'un virus se traduit par une dégradation des cellules, les virologues parlent d'effet cytopathogène. Vers le huitième jour d'observation, alors qu'aucune évidence de présence de virus n'a été observée, S. Buckley reçoit la visite de M. Theiler, le prix Nobel de médecine, l'inventeur du vaccin fièvre jaune. Sa grande expérience des animaux de laboratoire (il a été à l'origine de l'adaptation du virus de la fièvre jaune aux souris, cf. chapitre 2, « La fièvre jaune ») l'a fait surnommer « le père de la souris ». Bien qu'en semi-retraite, Theiler vient s'informer des derniers résultats. A son arrivée, S. Buckley, quelque peu émue de cette prestigieuse visite, l'informe que, jusqu'à présent, rien n'est à signaler. Après la traditionnelle tasse de café, S. Buckley se rend au laboratoire pour examiner les cultures de cellules ; une surprise l'attend : le tapis cellulaire est entièrement détruit dans les flacons qui ont reçu l'échantillon de Lily Pinneo, par contre rien ne se passe dans les cellules témoins. Le virus vient d'être isolé. Dans le laboratoire de Casals, les souriceaux ne présentent aucune paralysie. Comment expliquer cette discordance des résultats ?

Casals, après avoir consulté Wilbur Downs, le directeur du YARU, virologue mondialement connu, décide d'inoculer des souris adultes. Quelques jours plus tard, toutes les souris meurent ! Il reste à identifier ce redoutable agent infectieux. Les chercheurs disposent d'une batterie de tests pour établir l'identité d'un virus. D'abord, ils vérifient que le sérum de Lily Pinneo contient des anticorps contre ce nouveau virus. Le résultat est positif. L'examen en microscopie électronique permet d'observer des structures virales qui ressemblent à un arénavirus. Enfin des tests sérologiques vont permettre d'établir qu'il s'agit d'un nouveau virus. Le genre arénavirus a été créé pour regrouper différents virus qui, observés au microscope électronique, se présentent sous forme circulaire et contiennent des structures en grain de sable (*arena* en latin). Ce nouvel arénavirus fut appelé Lassa, du nom du village où le premier cas, Laura Wine, avait été diagnostiqué [4]. Il s'agit d'une habitude très ancienne des arbovirologistes de baptiser les nouveaux virus du nom de la ville où a été réalisé le prélèvement ayant permis leur isolement.

Il existe différents arénavirus, dont le plus ancien est le virus de la Chorio Méningite Lymphocytaire (CML), découvert par Armstrong en 1931, responsable chez l'homme de méningite à liquide clair, ou d'une méningo-encéphalite. Le réservoir naturel est la souris *Mus musculus*. Ce virus est connu des laboratoires où le personnel animalier peut être accidentellement infecté en manipulant les rongeurs. Le virus CML, à l'instar du rongeur qui l'abrite, est relativement cosmopolite. Par contre il existe un groupe d'arénavirus que l'on trouve uniquement en Amérique du Sud. Parmi ceux-ci, les virus Junin et Machupo sont responsables de sévères fièvres hémorragiques. Le virus Junin est responsable de la fièvre hémorragique d'Argentine et le virus Machupo de la fièvre hémorragique de Bolivie. L'homme est contaminé par contact avec les excréments des rongeurs. Ces deux maladies se manifestent sous forme d'épidémie en milieu rural. Il existe d'autres arénavirus d'Amérique du Sud, dont certains ont été récemment découverts, tel le virus Guanarito responsable de la fièvre hémorragique du Venezuela. Tous ces virus hautement pathogènes pour l'homme ont comme réservoir des rongeurs. Propriété commune à tous les arénavirus à l'exception du virus Tacaribe qui a été isolé de chauve-souris.

La connaissance de l'épidémiologie de ces différents arénavirus d'Amérique du Sud allait permettre d'orienter rapidement la recherche d'un réservoir de virus Lassa chez les rongeurs et les chauve-souris en Afrique. Mais cela devait se produire trois ans plus tard. Dans l'immédiat, le virus Lassa allait faire reparler de lui aux Etats-Unis, dans le laboratoire de son découvreur. Le Dr J. Casals, lors de la manipulation des animaux inoculés avec les échantillons provenant du Nigeria, allait être contaminé par ce redoutable virus. Les conditions de cette contamination ne sont pas parfaitement connues. Mais à l'époque, la manipulation des virus ne répondait pas aux mêmes exigences de sécurité que de nos jours. Le laboratoire de J. Casals n'était pas équipé d'un niveau de protection de classe 4 requis actuellement pour manipuler les virus hautement pathogènes, et notamment ceux transmissibles par aérosols. Les animaux ont toujours constitué une source importante de contamination des chercheurs (cf. chapitre 2, « La fièvre jaune »). C'est probablement en manipulant des souris que J. Casals a été contaminé. Après les avoir inoculées, il les observait quotidiennement en vue de détecter l'apparition de signes de paralysie. Ces manipulations s'effectuaient sans précautions particulières ; il est probable qu'en bougeant les litières des animaux il a pu créer des aérosols contaminants. Dans la matinée du 19 juin 1969, J. Casals ressent une forte fatigue ; S. Buckley est surprise de le rencontrer dans son laboratoire emmitouflé : « J'ai pris froid », affirmet-il. Mais dans les jours qui suivent, son état général se dégrade rapidement, il est hospitalisé.

A l'admission, il présente une fièvre à 40 °C, des troubles respiratoires et un état général très dégradé. En raison de son activité de recherche, le Dr Frame pense à une infection par le virus Lassa. Il contacte Lily Pinneo, la seule rescapée des trois premiers cas de la maladie. Celle-ci accepte immédiatement de fournir du plasma de convalescent. Vers le quatrième jour d'hospitalisation, J. Casals présente des pétéchies sur les muqueuses pharyngée et buccale, signes initiaux de la fièvre de Lassa. Un prélèvement sanguin est effectué pour un diagnostic virologique de certitude. Mais il faut environ huit jours pour détecter le virus dans les cultures cellulaires. Nous sommes au septième jour de la maladie, or Laura Wine et Charlotte Shaw étaient décédées au dixième jour. Tous les spécialistes des fièvres hémorragiques sont réunis et débattent pour savoir ce qu'il est possible de faire : fallait-il, oui ou non, injecter le plasma de convalescent de Lily Pinneo ? Le risque serait de transmettre une hépatite ou d'induire une maladie auto-immune. Le Dr W. Downs, directeur du YARU, décide alors de téléphoner au Dr Karl Johnson, grand spécialiste des fièvres hémorragiques, qui se bat en ce moment au fin fond de la Bolivie contre le virus Machupo. K. Johnson a une expérience exceptionnelle avec les arénavirus, c'est lui qui a découvert le virus Machupo. Au cours des études épidémiologiques de terrain en Bolivie, il fut contaminé par ce redoutable virus et présenta une sévère fièvre hémorragique. A cette époque, Karl Johnson expérimentait un traitement contre le virus Machupo au moyen d'un sérum de convalescent. Son expérience allait être déterminante dans le cas de Casals. Dès qu'il eut connaissance du drame qui se déroulait, il recommanda à Downs d'administrer immédiatement le plasma de convalescent de Lily Pinneo. C'est ce qui sera fait : nous sommes au neuvième jour de la maladie.

Les jours suivants, la fièvre se maintient à 38 °C. S. Buckley confirme le diagnostic : Casals est bien infecté par le virus Lassa. Puis progressivement l'état de santé du patient s'améliore. Au trentième jour, il quitte l'hôpital [5].

Alors que Casals débute une longue période de convalescence, un nouveau drame survient : un technicien, Juan Roman, qui travaillait dans le même institut mais dans un laboratoire différent, est lui aussi contaminé par le virus Lassa. Il décédera quelques jours après son admission à l'hôpital de New York. Aucune piste ne permettra d'expliquer cette contamination. Le seul lien avec le virus Lassa, Juan le devait à son épouse, technicienne de S. Buckley. Il est possible qu'elle ait été accidentellement contaminée et ait présenté une infection inapparente qui aurait pu permettre la transmission du virus à son époux. A cette époque, l'existence de forme subclinique n'était pas connue concernant ce virus. L'origine de la contamination ne sera jamais élucidée.

A la fin de l'année 1969, le bilan est dramatique : sur les cinq cas d'infection par le virus Lassa, trois sont décédés, deux ont survécu par miracle. Les chercheurs prennent peur : ils décident d'arrêter toutes les recherches sur ce virus et de transférer le matériel infectieux au CDC où existe un laboratoire de haute sécurité. Les laboratoires du YARU sont fermés le temps de les désinfecter.

Le *New York Times* titre à la une : « Un virus tellement dangereux que les chercheurs arrêtent leurs travaux ».

En août 1994, quinze ans après, un nouveau drame devait se reproduire au YARU avec un nouvel arénavirus. Cette fois-ci, ce sera un ami français, Jean-Paul Gonzalez, professeur associé à l'université de Yale, qui sera contaminé par le virus Sabia, découvert pour la première fois au Brésil. Alors qu'il travaille à purifier du virus par centrifugation, un tube se casse : bien que protégé par un masque, lorsque J. P. Gonzalez ouvrira la centrifugeuse, ce sera trop tard, il sera contaminé par le virus. Même attente, même réunion des experts appelés à son chevet. Mais en 1994, Jean-Paul a de la chance : un médicament efficace contre les arénavirus est connu, il s'agit de la ribavirine. Après un traitement de plusieurs jours, il sera sauvé. Le traitement que lui réservent les médias fut plus douloureux que la maladie. Il fut qualifié de « Français le plus haï des Américains ». Il s'en remettra, mais pas le YARU, qui progressivement cessera ses activités.

Mais revenons à 1969. A cette époque, tous les cas de fièvre de Lassa ont été rapportés chez des citoyens américains, soit dans le cadre de leur mission en Afrique, soit au laboratoire, aux Etats-Unis. En Afrique, les premiers cas autochtones seront rapportés à Jos, au Nigeria, en 1970 [6]. Dès les premiers jours de 1970, seize cas sont recensés dans cette ville ; parmi ceux-ci, quatre ont été contaminés à l'intérieur de l'hôpital. La peur envahit la ville, les routiers refusent de s'y arrêter, malgré la chaleur ils traversent la ville les fenêtres de leurs camions fermées. A l'hôpital, Jeannette Troup pratique une autopsie sur un jeune garçon de salle qui vient de mourir de la fièvre de Lassa. Alors qu'elle cherche à désinsérer une côte, le bistouri lui glisse des mains et la blesse, le sang jaillit. Elle réalise immédiatement la gravité de son geste. Quelques jours plus tard, elle présente de la fièvre. Elle meurt de fièvre de Lassa, quatorze jours après, malgré l'inoculation du plasma d'un convalescent. Dans les deux premiers mois de l'année, le bilan est terrifiant : vingt-trois cas dont treize décès ont été recensés dans la région de Jos. Au total, en 1970, on enregistrera au moins trente cas de fièvre de Lassa [7].

L'histoire de la fièvre de Lassa, en Afrique de l'Ouest, ne faisait que commencer.

En avril 1972, une nouvelle épidémie eut lieu à l'hôpital de Zorzor au Liberia. Le CDC d'Atlanta qui a réalisé le diagnostic contacte son virologue, Tom Monath, en poste au Nigeria. Tom arrive à la fin d'un séjour de deux ans à l'université d'Ibadan où il a étudié une épidémie de fièvre jaune ; il s'apprête à retourner au CDC d'Atlanta. La mission qui lui est confiée au Liberia est difficile, il s'agit de rechercher le réservoir du virus. Le seul élément qu'il possède est l'appartenance du virus Lassa au groupe des arénavirus, suggérant que le réservoir est un rongeur, mais il sait surtout que cette maladie est particulièrement dangereuse — à ce jour, 50 % des malades sont décédés. L'équipement dont il dispose est des plus rudimentaires. Il se rend à Zorzor, avec Pinneo, l'infirmière miraculeusement rescapée de la fièvre de Lassa.

Dès son arrivée dans la ville, l'ambiance est tendue, la population a peur. Tout comme à Jos, les véhicules traversent la ville sans s'y arrêter, l'hôpital a été déserté, seuls des malades suspects de fièvre de Lassa y sont admis. Monath capture des rongeurs dans différents villages, il prélève avec d'infinies précautions les organes, il les place dans des tubes en plastique puis les dépose dans un récipient contenant de l'azote liquide pour les maintenir congelés. Ils seront adressés au CDC. A l'hôpital de Zorzor, il y aura dix cas de fièvre de Lassa, dont quatre décès [8]. Comme pour les épidémies précédentes, il est possible d'identifier le premier cas, puis la transmission du virus s'est répandue parmi le personnel de l'hôpital. Tous les échantillons d'organes de rongeurs prélevés par Tom seront négatifs.

A peine trois mois après l'alerte de Zorzor, une nouvelle épidémie est suspectée en Sierra Leone. Des cas d'une maladie considérée comme nouvelle avaient été rapportés dans la région de Panguma, à la frontière entre la Sierra Leone et le Liberia, non loin de Zorzor. Au CDC, Tom Monath, immédiatement alerté, évoque une épidémie de fièvre de Lassa. Son intuition est rapidement confirmée lorsqu'il reçoit le sérum d'une infirmière hospitalisée à Londres. Celle-ci avait été accidentellement contaminée en se piquant le doigt avec une aiguille alors qu'elle effectuait un prélèvement chez une malade suspecte de fièvre de Lassa, à l'hôpital de Panguma. Immédiatement, les équipes du CDC organisent une mission en Sierra Leone. Ils obtiennent le soutien de l'US Air Force pour un rapatriement immédiat en cas d'infection. L'équipe, dirigée par Monath, entreprend une étude séroépidémiologique ; on dénombra 64 cas dont 23 décès [9]. Il fut aussi observé que, sur les 54 membres de l'hôpital de Panguma, la prévalence en anticorps contre le virus Lassa était de 22 %. Ces résultats démontraient pour la première fois l'existence d'une forme clinique discrète. Les infirmières et les techniciens de laboratoire étaient les plus exposés. Mais l'épidémie de Sierra Leone révélait une particularité : de nombreux cas provenaient des différents villages autour de Panguma, l'épidémie ne se limitait pas à l'hôpital.

Les chercheurs étaient en présence du premier foyer naturel

de transmission du virus Lassa. Ils rencontraient des conditions favorables pour rechercher le réservoir du virus.

De nouveau, Monath entreprend de capturer des rongeurs et des chauve-souris. Il est aidé par un jeune médecin épidémiologiste, Graham Kemp. Au total, 615 petits vertébrés seront capturés, et les échantillons d'organes adressés au laboratoire d'Atlanta.

L'équipe du CDC retourne aux Etats-Unis, à l'exception d'un jeune épidémiologiste, Kent Campbell, qui souhaite vérifier une hypothèse sur l'origine de la maladie. Campbell, comme d'autres chercheurs, pense que la fièvre de Lassa est une maladie ancienne et qu'il a fallu des conditions particulières pour révéler son existence. Il envisage de prélever le sang des missionnaires ayant séjourné en Afrique de l'Ouest quelques années auparavant. Pour cela, il se rend en Angleterre. A peine arrivé à l'aéroport de Londres, il tombe malade : il est atteint de la fièvre de Lassa. Le CDC décide de le transférer aux Etats-Unis ; la mission est confiée à Monath. Campbell sera rapatrié à bord d'un avion militaire ; pendant le transfert il sera placé à l'intérieur d'une capsule spatiale qui avait été construite pour les missions Apollo. Il sera hospitalisé à New York dans la même chambre qui avait accueilli Jordi Casals deux ans auparavant. L'évolution de la maladie sera favorable et il quittera l'hôpital quelques semaines après son hospitalisation.

Au CDC, Monath entreprend d'isoler le virus à partir des organes d'animaux qu'il a prélevés. Le travail est délicat, il est réalisé dans un laboratoire à haute sécurité, dans des boîtes à gants à dépression. Les organes sont triturés dans un mortier à l'aide d'un pilon, le broyat est centrifugé, et le surnageant est inoculé à des cultures de tissus. La manipulation est longue et pénible, le risque n'est pas nul. Tom traite de nombreux échantillons : tous sont négatifs. L'équipe commence à se décourager. Tom propose alors de tester les organes de rongeurs qui ont été prélevés au domicile de Hawa Foray, le premier cas de fièvre de Lassa qu'il avait rencontré dès son arrivée en Sierra Leone. La malade était décédée, malgré les soins qu'il lui avait prodigués. Huit rongeurs avaient été capturés à son domicile, tous appartenaient à l'espèce *Mastomys natalensis*. Après préparation des broyats d'organes, les échantillons sont inoculés aux cellules Vero ; au bout de quelques jours les cellules meurent, elles sont infectées par le virus Lassa, c'est un succès. Les huit échantillons contiennent le virus. Lorsque l'ensemble des prélèvements aura été testé, seule cette espèce se révélera positive.

En 1973, T. Monath publie dans la revue *Science* [10] un article sur l'isolement du virus Lassa à partir du rongeur à mamelles multiples, *Mastomys natalensis*. La première page de l'histoire de cette nouvelle maladie venait d'être tournée. En trois ans, une maladie nouvelle associée à un virus nouveau a été décrite, et son cycle de transmission dans la nature a été établi.

La suite sera tout aussi passionnante. Le CDC décide, en 1976, de mettre en place une station de recherche en Sierra Leone. Les études vont révéler de façon surprenante que la fièvre de Lassa est une des maladies infectieuses les plus communes en Afrique subsaharienne.

Mais avant d'en venir aux années 1980, signalons d'autres épidémies qui allaient établir que la fièvre de Lassa est endémique en Afrique de l'Ouest. Trois cas se sont produits dans le centre du Nigeria à l'hôpital de Onitsha en janvier-février 1974 [11]. Le cas initial est un jeune Nigérian, les cas secondaire et tertiaire sont des médecins allemands. Le premier, âgé de vingt-neuf ans, a été contaminé en soignant le malade nigérian. Il devait décéder de fièvre de Lassa. Quant au deuxième médecin, il fut contaminé en soignant son compatriote ; il reçut deux unités de plasma de convalescent, son état s'améliora rapidement et il fut rapatrié en Allemagne. En janvier 1975, un médecin anglais qui avait soigné deux patients suspects de fièvre de Lassa, à l'hôpital de Zonkwa, au Nigeria, présente un syndrome fébrile dont la cause est inconnue. Il est rapatrié à Londres, son état général se dégrade rapidement. Il décédera quelques jours plus tard. Le diagnostic de fièvre de Lassa fut porté sur ce nouveau cas. Il est à noter que, sur les 65 personnes qui ont été en contact avec ce patient à l'hôpital londonien, aucune ne présenta des anticorps contre le virus Lassa.

Entre 1974 et 1977, des épidémies nosocomiales se produisirent à l'hôpital de Vom au Nigeria. Il s'agit d'un hôpital dirigé par des missionnaires, qui comporte 260 lits et accueille des malades de différentes régions. Le cas initial fut une doctoresse européenne, dont l'origine de la contamination restera inconnue. Âgée de trente ans, enceinte, elle présente le 25 décembre 1974 de la fièvre, une fatigue et un mal de gorge. Hospitalisée à Vom, son état de santé s'aggrave rapidement. Elle présentera une forme sévère de fièvre de Lassa, mais après trois semaines elle quittera l'hôpital — elle devait avorter au cours de sa maladie. Trois infirmières qui avaient été en contact avec ce cas initial contractèrent la maladie, l'une d'entre elles décédera. Tous les cas résultaient de transmission nosocomiale ; l'enquête sérologique révélera que neuf autres personnes avaient été contaminées au cours de cette épidémie. En 1976, une nouvelle épidémie se produisit dans cet hôpital, une malade hospitalisée étant à l'origine de deux cas. Huit autres cas sporadiques furent rapportés au cours de cette même année dans cet hôpital. Enfin, en 1977, cinq nouveaux cas seront signalés au même endroit.

A cette date, le bilan de la fièvre de Lassa en Afrique de l'Ouest est le suivant : de 1969 à 1977, des flambées épidémiques ont été observées au Nigeria, au Liberia, en Sierra Leone, des preuves sérologiques attestent la présence du virus en Guinée. Au total, environ quatre cents cas cliniques de fièvre de Lassa ont été rapportés au cours de ces différentes épidémies. Le taux de létalité est de 45 %. Toutefois, les enquêtes séro-épidémiologiques établissent l'existence d'un grand nombre d'infections inapparentes ou bénignes. Enfin, on doit différencier le taux de létalité élevé lors des épidémies nosocomiales de celui nettement plus faible des infections en zone endémique. Lors des épidémies nosocomiales, la source de l'infection a toujours été un malade hospitalisé pour une fièvre d'origine inconnue qui ultérieurement s'est révélée être la fièvre de Lassa. Les transmissions secondaires ont été fréquemment rapportées en milieu hospitalier, elles résultent de contacts étroits avec les malades ou les produits biologiques. Les infirmières, les médecins et les techniciens de laboratoire ont été les victimes de ces infections secondaires. En revanche, les cas tertiaires ont été très rares.

Des virus, des rats et des hommes

Le rat à mamelles multiples est le seul réservoir naturel du virus Lassa. Au cours des premiers travaux, l'espèce incriminée était identifiée à *Mastomys natalensis* ; par la suite il fut avéré qu'il existait un complexe *Mastomys* avec différentes espèces, notamment *Mastomys huberti* et *Mastomys erythroleucus*. Les travaux du Pr Francis Petter du Museum d'histoire naturelle de Paris ont été déterminants pour faire connaître la diversité des *Mastomys*. Mais le rôle de chaque espèce dans l'épidémiologie de la fièvre de Lassa reste mal connu. Les autres rongeurs n'appartenant pas à l'espèce Mastomys peuvent être porteurs accidentellement du virus, mais leur rôle dans l'épidémiologie du virus Lassa est insignifiant. Les *Mastomys* vivent dans les villages, près ou à l'intérieur des habitations, à proximité des lieux où sont stockés les aliments. Ils sont très prolifiques, leur période de gestation est de vingt-trois jours. Leur activité est principalement nocturne, mais dans les cases en pisé, sans électricité, que l'on retrouve dans les villages de brousse africaine, ils peuvent être actifs la journée, ce qui augmente le contact avec l'homme. L'aire d'activité des rongeurs est limitée à une vingtaine de mètres. En moyenne on rencontre une dizaine de *Mastomys* par maison avec un taux d'infection de 5 à 10 %, mais dans certains cas on retrouve jusqu'à cinquante à soixante-dix rongeurs infectés dans une seule habitation. Il existe une relation directe entre le nombre de rongeurs infectés dans les maisons et le risque de contamination par le virus Lassa. Une fois infecté, le rongeur le demeure toute sa vie ; il transmet le virus par voie verticale à la génération suivante. Les *Mastomys* nouveau-nés infectés présentent une infection chronique inapparente. Ils excrètent le virus dans les urines et les selles. Cette excrétion est permanente ; on a estimé que l'urine contient environ mille à dix mille particules virales par millilitre.

L'homme est contaminé par contact direct avec les aliments souillés, les contacts avec les déjections ou encore par les aérosols. La chasse des rongeurs et la préparation des repas constituent également une source de contamination [12].

La transmission interhumaine, et notamment en milieu hospitalier, qui a été à l'origine de la découverte de la fièvre de Lassa, se fait probablement par contact direct avec le malade plutôt qu'au travers des gouttelettes ou fomites [13]. Pour le personnel hospitalier et les techniciens de laboratoire, le contact avec le sang, les tissus et les sécrétions constituent la principale source de contamination. Dans les habitations, c'est le contact direct avec le malade, ainsi que les rapports sexuels lors de la période de convalescence qui sont à l'origine de l'infection par le virus Lassa.

L'importance du rôle des deux modes de transmission rongeur-humain, humain-humain n'est pas établie avec précision. Il semble toutefois que la transmission interhumaine soit prédominante.

L'existence de la fièvre de Lassa est confirmée par la détection de la présence du virus dans au moins quatre pays de l'Afrique de l'Ouest : Nigeria, Liberia, Sierra Leone et Guinée. Il a été évoqué que cette distribution pourrait se superposer à celle du rongeur *Mastomys* et par conséquent englober toute l'Afrique subsaharienne. Toutefois, les enquêtes que j'avais réalisées au Sénégal, avec les mammalogistes de l'IRD, parmi 1 397 rongeurs, n'ont pas permis de détecter la présence du virus Lassa [14]. Des études complémentaires sont nécessaires pour évaluer avec précision l'aire d'endémicité de la fièvre de Lassa.

En Sierra Leone, près de 5 % des habitants des régions côtières possèdent des anticorps pour le virus. Dans certains villages, 5 à 20 % de la population sont infectés tous les ans. Les anticorps persistent en moyenne trois à cinq ans, les réinfections sont alors possibles.

Les recherches du CDC en Sierra Leone

En 1976, le CDC met en place un important projet de recherche sur la fièvre de Lassa en Sierra Leone ; il sera dirigé pendant de nombreuses années par Joe McCormick. Celui-ci installe un laboratoire à Kemena, sa mission est très large, il s'agit non seulement d'étudier la maladie dans deux hôpitaux de la région, à Segbwema et à Panguma, mais également d'établir le mécanisme d'infection dans la nature et de préciser les relations virus-rongeur. On imagine les difficultés pour mettre en place un tel laboratoire avec un agent aussi dangereux que le virus Lassa. La première étape pour Joe consiste à recruter des techniciens qu'il formera. Le critère de recrutement n'est pas la compétence technique, mais l'état immunitaire. Joe s'entoure d'un personnel qui possède des anticorps pour le virus Lassa, condition indispensable, en particulier lorsqu'il faudra réaliser des expériences sur les *Mastomys* infectés. Il met en place un laboratoire de diagnostic et entreprend le suivi des malades dans les deux hôpitaux. Les échantillons affluent au laboratoire. Le diagnostic est réalisé par une méthode d'immunofluorescence récemment mise au point au CDC. Des cellules Vero infectées par le virus Lassa sont déposées sur des cupules d'une lame de verre. Ces cellules sont fixées par l'acétone, et le virus est inactivé par gamma-irradiation. Cette étape technique est réalisée au CDC à Atlanta. Les lames sont adressées au laboratoire en Sierra Leone. Pour établir un diagnostic, on dépose le sérum du malade sur les cellules, on laisse se produire la réaction antigènes-anticorps, puis on révèle la fixation de l'anticorps sur le virus Lassa par une substance fluorescente ; la visualisation s'effectue à l'aide d'un microscope à fluorescence. Une réaction positive se traduit par l'apparition d'inclusion dans le cytoplasme de couleur jaune. Dans le cas d'une réaction négative, les cellules apparaissent vertes.

Très rapidement, Joe est surpris par le nombre de réactions positives. La surveillance dans les deux hôpitaux révélera que la fièvre de Lassa est la première cause de syndromes fébriles, avant le paludisme, et représente 30 % de la mortalité. Une maladie infectieuse des plus communes d'Afrique de l'Ouest ! On est loin de la mystérieuse fièvre des missionnaires américains décelée en 1969. Les études ultérieures confirmeront l'importance de cette maladie. On a estimé que le nombre de cas annuels de fièvre de Lassa dans cette partie d'Afrique s'élevait à environ 300 000, dont 5 000 décès [15].

Les remarquables résultats épidémiologiques obtenus en quelques mois auraient convenu à plus d'un scientifique. Un retour au prestigieux CDC devait constituer l'évolution normale d'une future brillante carrière scientifique, mais Joe McCormick n'était pas tout à fait satisfait. Il voulait passer à l'étape suivante, c'est-à-dire soigner les malades atteints de fièvre de Lassa. A cette époque, Joe connaissait les résultats encourageants obtenus en Argentine dans le traitement de la fièvre hémorragique d'Argentine au moyen de plasma de convalescent. L'agent responsable de cette redoutable fièvre hémorragique, le virus Junin, est également un arénavirus. Ce qui marche pour le virus Junin devrait pouvoir s'appliquer au virus Lassa. Mais la mise en place d'une structure quasi industrielle pour préparer les plasmas de convalescents représentait un défi insurmontable. En Sierra Leone, il n'existe pas de centre de transfusion. Lors d'une intervention chirurgicale, les transfusions se font au lit du malade, les donneurs sont recrutés dans l'entourage familial. Autant dire qu'il aurait fallu des moyens considérables pour mettre en place une structure fonctionnelle. Joe obtient des centrifugeuses du CDC ; avec des moyens locaux il réussira à les faire fonctionner. Elles permettront de préparer quelques unités de plasma.

En 1978, Joe reçoit une lettre de Karl Johnson, le directeur du laboratoire à haute sécurité d'Atlanta, qui l'informe d'une importante découverte. A l'université de l'Utah, des chercheurs ont mis au point un médicament antiviral, la ribavirine. Ce médicament a déjà été utilisé dans le traitement de certaines maladies virales. Au CDC, Johnson a montré son effet inhibiteur *in vitro* sur le virus Lassa. Au laboratoire de l'armée américaine (USAMRIID), Peter Jahrling a obtenu des résultats encourageants dans le traitement des singes infectés expérimentalement par le virus Lassa. Une aubaine pour Joe, qui décide de se lancer dans le traitement de la fièvre de Lassa. La ribavirine présente d'intéressantes propriétés : facile à fabriquer, elle est d'un coût faible ; stable à la température ambiante, dépourvue d'effets secondaires, elle représente une possible solution pour traiter des maladies virales dans des pays tropicaux. Il faut d'abord obtenir tous les accords nécessaires, et notamment ceux de la tatillonne Food and Drug Administration (FDA) américaine. Mais le sujet est tellement passionnant que l'effort administratif mérite d'être tenté.

En novembre 1978, Joe a obtenu toutes les autorisations nécessaires. Les études cliniques en vue d'apprécier l'efficacité d'un médicament nécessite deux groupes de sujets. Un premier groupe reçoit le médicament, le second un placebo (une substance qui n'a pas d'effet direct sur l'évolution de la maladie). Dans le cas de la fièvre de Lassa, en raison de la mortalité élevée, il n'apparaît pas éthique de réaliser une étude avec placebo. Joe décide de diviser les malades en deux groupes qui recevront respectivement la ribavirine ou le plasma de convalescent. Il est à noter qu'en 1978 le virus VIH n'était pas présent en Sierra Leone, l'emploi de plasma de convalescent à cette époque n'a pas pu jouer un rôle dans la transmission du sida. L'étude durera deux ans. Ce ne sont pas les malades qui manquent, 16 % des sujets hospitalisés sont atteints de la fièvre de Lassa.

A la fin de l'étude, Joe retourne à Atlanta pour analyser les résultats. C'est la consternation, ni le plasma ni la ribavirine ne marchent. Joe entreprend une nouvelle analyse des résultats en se référant au moment où le traitement a débuté. Il conclut que si la ribavirine est administrée dans les sept premiers jours de la maladie, une amélioration est observée, alors qu'il ne se passe rien avec le plasma. C'est un premier résultat encourageant, mais le nombre de malades demeure faible pour une analyse statistique approfondie. Il faut repartir sur le terrain. Joe se propose d'utiliser la ribavirine non plus en comprimés mais par voie intraveineuse. Huit mois sont nécessaires pour monter un nouveau dossier et le soumettre à la FDA.

L'étude recommence en 1982, sous la direction de Patricia Webb, une grande spécialiste des arénavirus d'Amérique du

Sud, épouse de Karl Johnson, l'expert des virus des fièvres hémorragiques. Joe supervise les recherches depuis son laboratoire du CDC. Deux groupes de malades sont constitués, ceux qui reçoivent la ribavirine par voie orale et ceux qui reçoivent le médicament par voie intraveineuse. L'étude est un extraordinaire succès. La mortalité passe de 16 % à moins de 5 %. Dans les formes sévères, elle est réduite de 76 % à 9 %. En quelques années, quinze cents malades seront traités. Dans la région, l'équipe du CDC est accueillie en triomphe. Les résultats seront publiés dans la prestigieuse revue scientifique *New England Journal of Medecine* : ils établissent clairement que la ribavirine administrée par voie intraveineuse dans les premiers jour de la maladie réduit considérablement la mortalité due au virus Lassa [16].

Dix ans après, l'équipe du CDC a quitté la Sierra Leone, la guerre civile s'est installée, on ne parle plus du traitement magique avec la ribavirine, mais on continue toujours de mourir de cette redoutable maladie.

Lorsque le CDC entreprend la surveillance à long terme de la fièvre de Lassa dans les deux hôpitaux de Sierra Leone, une des principales causes d'infection par le virus demeure la transmission nosocomiale. Dès le début de ses investigations à l'hôpital de Panguma, Joe est surpris de l'absence de mesure pour éviter la transmission du virus. Dans cet hôpital, une épidémie de fièvre de Lassa avait été rapportée parmi le personnel soignant en 1972. Mais aucune précaution particulière n'était prise. Joe et l'équipe du CDC vont organiser l'hôpital pour limiter la transmission nosocomiale du virus Lassa. Des lits réservés aux malades suspects sont aménagés dans une partie de l'hôpital. Une cloison amovible sépare cette zone à risque du reste de l'hôpital. Pour chaque malade, une petite table comporte le matériel nécessaire pour le personnel soignant : une paire de gants, un masque chirurgical, un flacon d'eau de javel pour la désinfection. Les gants sont normalement jetables, mais le coût reste élevé, ils seront réutilisés huit à dix fois et nettoyés à chaque usage ; en permanence dans le jardin de l'hôpital on pourra voir étendus des dizaines de paires de gants en train de sécher. Le personnel hospitalier est formé à la prise en charge des malades. Les résultats seront excellents, la transmission nosocomiale sera arrêtée. Ces principes simples serviront de base à la rédaction d'un document par l'OMS pour la prise en charge de malades suspects de fièvre hémorragique.

Joe aura l'occasion de vérifier que ces pratiques sont également efficaces aux Etats-Unis lorsque, en 1989, le virus Lassa arrivera à Chicago. En février de cette année, un jeune Nigérian, Azikiwe, reçoit un appel téléphonique de Lagos l'informant que sa mère est très malade et qu'il serait souhaitable qu'il lui rende une dernière visite. Il quitte Chicago pour Lagos et rejoint sa famille à Ekpoma. Il ne reverra pas sa mère vivante. Aîné de la famille, il a en charge d'organiser les funérailles. Il reste quelques jours au village, mais son père est, lui aussi, malade. Sa sœur lui indique qu'il souffre de la même maladie qui a emporté sa mère. Il décédera quelques jours après son hospitalisation. Après ces nouvelles funérailles, Azikiwe décide de retourner aux Etats-Unis. A peine arrivé, il souffre d'une fièvre persistante, il est en outre très fatigué. Il consulte son médecin qui conclut à une grippe et lui propose de rester quelques jours à son domicile en lui prescrivant des antipyrétiques. Son état ne s'améliore pas : il présente une diarrhée sanglante, associée à une douloureuse pharyngite ; il est placé sous antibiotiques. A aucun moment il ne signale son voyage au Nigeria. Les tests biologiques révèlent d'importantes modifications de la fonction hépatique ; à ce stade, Azikiwe présente les symptômes d'une fièvre de Lassa. Il est hospitalisé. Il est examiné par le Dr Robert Chase qui interroge aussi son épouse. Celle-ci lui révèle que sa maladie fait suite à un voyage au Nigeria. Le Dr Chase téléphone alors au CDC et entre en contact avec Joe McCormick. Il résume le tableau clinique de son malade et son voyage au Nigeria, et demande à Joe : « Y a-t-il une maladie en Afrique qui puisse correspondre à ce que je viens de vous décrire ? » La réponse de Joe est immédiate : « Absolument, c'est la fièvre de Lassa. [17] »

Que faire ? le malade est à un stade avancé, un traitement à la ribavirine a peu de chance d'être efficace. Joe contacte toutefois la firme californienne qui produit le médicament pour obtenir des échantillons. Il propose au médecin de poursuivre le traitement entrepris et lui donne une série de recommandations pour éviter la transmission du virus au personnel hospitalier. Le malade décédera deux jours après, il n'aura pas le temps de recevoir la ribavirine.

Le virus Lassa est isolé au CDC. L'enquête dans l'hôpital ne révèle aucune transmission du virus parmi le personnel hospitalier. L'arrivée du sida a transformé les pratiques hospitalières, le port de gants et de masques est devenu une pratique courante. Les précautions prises suite à l'information de Joe auront permis d'éviter la manipulation des échantillons biologiques. L'expérience africaine est parfaitement transposable dans les hôpitaux modernes ! Les mesures de protection adaptées aux maladies infectieuses sont également efficaces vis-à-vis des redoutables virus des fièvres hémorragiques [18].

L'origine du virus Lassa

Lorsqu'en 1969 les chercheurs découvrent le virus Lassa, ils sont confrontés à un mystère. D'où vient ce virus ? En termes virologiques, il s'agit d'un virus nouveau ; cette appellation ne traduit pas une apparition spontanée d'un virus mystérieux. Pour les scientifiques il s'agit d'un virus qui peut être différencié des virus connus par un ensemble de tests biologiques. De toute évidence, il est nouvellement décrit. Mais est-il d'apparition récente ? A cette époque on ne peut pas répondre à cette question, mais on va s'intéresser à la maladie qu'il induit. On retrouve notamment des publications d'un Français, le Dr Paul Le Gac qui, en 1946, publie dans le *Bulletin de Société de Pathologie exotique* ses travaux sur le typhus des savanes [19]. Cette maladie épidémique sévit en République centrafricaine et en Côte-d'Ivoire. Le mode de transmission par contact probable avec les rongeurs cadre de façon remarquable avec la fièvre de Lassa. Lors de la saison sèche, les indigènes allument des feux de brousse et ils se livrent à la chasse aux rongeurs dont ils sont très friands : la savane dénudée leur permet d'accéder au terrier. Le contact homme-rongeur favorise alors la contamination ; la saison sèche est favorable à la création d'aérosols à partir des déjections des rongeurs. Mais des différences cliniques existent avec la fièvre de Lassa. Le débat sera tranché en 1980, lorsque nous démontrerons, en collaboration avec Jean-Paul Gonzalez, qu'en République centrafricaine il n'existe pas de virus Lassa, mais que circule un nouvel arénavirus que nous baptiserons Mobala [20]. Ce virus ne semble pas pathogène pour l'homme, il a été proposé comme candidat vaccin pour lutter contre la fièvre de Lassa. La piste du typhus des savanes doit être abandonnée. On ne saura jamais à quoi correspond l'agent infectieux responsable de la maladie décrite par Le Gac.

Si les données cliniques ne permettent pas de dater une apparition antérieure à 1969 de la fièvre de Lassa en Afrique, la biologie moléculaire va apporter des éléments sur l'évolution de son virus. L'analyse de la séquence du génome des arénavirus permet de montrer que ces virus sont très anciens et qu'ils ont coévolué, depuis des millénaires, avec les rongeurs qui les abritent. Les virus qui circulent sur les deux continents présentent peu de relations antigéniques entre eux, ce qui suggère qu'ils ont évolué séparément. On observe également une spécificité d'hôtes très étroite. Dans le Nouveau Monde, les rongeurs qui abritent les arénavirus appartiennent à la famille des *Cricetidae* ; dans l'Ancien Monde, les rongeurs appartiennent à la famille des *Muridae.* Ces particularités ont permis d'évoquer l'hypothèse suivante : le premier rongeur, le Siminys, est apparu sur le continent euro-asiatique il y a une centaine de millions d'années. Il y a environ trente millions d'années, deux groupes de rongeurs, les cricétidés et muridés vont évoluer à partir du rongeur ancestral. Les cricétidés vont quitter le continent eurasien et migrer par le détroit de Behring pour coloniser le Nouveau Monde. Les muridés effectuent une migration similaire sur le continent africain. Si l'on admet que le rongeur ancestral était porteur d'un arénavirus, on peut aisément comprendre la distribution actuelle des virus entre le Nouveau Monde et l'Ancien. Les rongeurs et les virus ont coévolué sur les deux continents, pour aboutir à leur distribution actuelle. La diversité antigénique entre les virus du Nouveau Monde et ceux de l'Ancien Monde résulte de cette lente évolution. Quant au virus de la chorio-méningite lymphocytaire, sa distribution est cosmopolite, à l'instar de son réservoir, la souris *Mus musculus* [21].

Le bilan des études de ces trente dernières années sur le virus Lassa est remarquable pour comprendre les termes de maladie nouvelle ou de virus nouveau. Au départ, une maladie nouvelle, observée à partir d'un cas initial chez des missionnaires dans un petit village du nord du Nigeria, se révèle en fait une des maladies infectieuses les plus répandues en Afrique de l'Ouest. Un virus nouveau est un virus adapté depuis des millénaires à son réservoir, en l'occurrence le rongeur, chez lequel il induit une infection chronique inapparente. La découverte de cette nouvelle maladie et de son agent résultent de la curiosité des scientifiques qui, en mettant en place une surveillance des sujets expatriés, ont pu détecter une maladie qui était jusqu'alors passée inaperçue ; elle résulte aussi d'une infrastructure hospitalière mal adaptée qui a permis l'amplification du virus et sa transmission nosocomiale. Ces conditions peuvent apparaître exceptionnelles, elles ont toutefois été retrouvées avec le virus Ebola. On considère qu'environ six cents arbovirus sont connus à ce jour, dont 25 % pourraient être à l'origine de maladies humaines ; ils constituent le creuset des maladies virales qui deviendront nouvelles lorsque les conditions de leur amplification seront réunies.

7

EBOLA

Ce chapitre est dédié à la mémoire du Pr Pierre Sureau qui fut le premier à se rendre au Zaïre pour étudier « la maladie de Yambuku ». Différents ouvrages ont été publiés sur le thème du virus Ebola ; le nom de Sureau est généralement cité, mais son rôle n'a jamais été mis en évidence comme il l'aurait mérité. Lorsqu'en 1976 je rejoignis l'Institut Pasteur, c'est sous son parrainage que je mis en place à l'Institut Pasteur de Bangui, en 1977, un programme de recherche sur le virus Ebola et les autres fièvres hémorragiques. Pendant de nombreuses années, les programmes sur ces virus reçurent un permanent soutien de P. Sureau. En 1985, l'Institut Pasteur créait sous son initiative un laboratoire à haute sécurité à Paris. En 1989 je rejoignis ce laboratoire ; et j'eus souvent de longues discussions avec P. Sureau sur ces virus tropicaux. Pierre rédigeait un ouvrage sur l'épidémie de Yambuku et, à intervalles réguliers, il me fournissait un chapitre pour commentaire. Après son décès, en 1992, j'ai essayé de faire éditer cet extraordinaire document avec le support enthousiaste du Dr Charles Mérieux. Mais ce projet n'a pas abouti. C'est donc à partir de ce document original que j'ai essayé de reconstituer le rôle de la mission internationale amenée à étudier cette première épidémie à virus Ebola en 1976.

YAMBUKU (ZAÏRE), NZARA, MARIDI (SOUDAN), 1976

Le lundi 11 octobre 1976, Pierre Sureau, chef de laboratoire des arbovirus à l'Institut Pasteur de Paris, reçoit un message du Pr Louis Chambon, directeur des Instituts Pasteur d'outre-mer, lui demandant de se rendre le plus rapidement possible à l'aéroport de Roissy où l'attend un colis en provenance du Zaïre. A l'aéroport, aucune trace du colis. Il sera finalement retrouvé au domicile du commandant de bord de la compagnie UTA. Celui-ci précise à Sureau qu'il s'agit d'un paquet considéré comme « dangereux » et qui lui a été remis par le service de santé des armées françaises à Kinshasa.

De retour dans son laboratoire, Pierre Sureau reçoit une communication téléphonique du Dr Paul Brès, chef du service des maladies à virus de l'OMS à Genève — Paul Brès a longtemps travaillé à l'Institut Pasteur de Dakar, il est devenu un expert mondialement connu des arbovirus, et notamment de la fièvre jaune :

« Pierre, tu vas recevoir du Zaïre des prélèvements suspects.

— C'est fait, Paul, je les ai réceptionnés ce matin.

— Il s'agit de prélèvements pouvant être hautement infectieux qui ne peuvent être étudiés que dans un laboratoire de sécurité maximale [laboratoire de classe 4]. Le colis doit être réexpédié au Center for Disease Control à Atlanta aux Etats-Unis.

— Trop tard, c'est déjà fait.

— En aucun cas tu ne dois manipuler ces échantillons. Remballe les tubes soigneusement et envoie-les à Atlanta.

— D'accord, Paul, mais de quoi s'agit-il ? »

L'OMS vient d'être informée par les autorités zaïroises de la survenue d'une importante épidémie d'une maladie fébrile et hémorragique très contagieuse associée à un taux de mortalité élevé. L'épidémie semble limitée au nord-est du Zaïre ; l'étiologie demeure inconnue.

Vingt-quatre heures plus tard, Sureau se retrouve à Kinshasa où il prend connaissance d'un rapport rédigé par les Dr G. Raffier et J. F. Ruppol, des missions militaires française et belge.

Le 5 septembre 1976, un homme est hospitalisé à l'hôpital

de la mission médicale de Yambuku, petit village situé au nord-est du Zaïre. Il s'agit d'un enseignant qui travaille à la mission. Il revient d'un voyage effectué dans la région. Il présente une fièvre persistante, de violentes céphalées et des arthralgies, accompagnées d'un syndrome hémorragique. Trois jours après son hospitalisation, le patient décède. Dans la semaine qui suit, treize autres cas sont observés dans l'hôpital. Il n'y aura aucune guérison ; l'épidémie s'étend dans la maternité où l'on observe plusieurs cas de femmes qui accouchent prématurément ou avortent et meurent quelques temps après. Des cas sont également rapportés dans les villages avoisinants. Une première mission médicale venant de Kinshasa confirme l'ampleur de l'épidémie. Sœur Myriam, une malade de la mission, est évacuée dans la capitale, accompagnée de sœur Edmonda et du père Augustin Claes. Sœur Myriam sera hospitalisée à Kinshasa.

A Yambuku, l'épidémie se poursuit au sein même de la mission. Sœur Romana et le père Germain Lootens, curé de la mission, succombent tous les deux. La panique s'installe dans la mission, de nombreux malades hospitalisés ont fui l'hôpital, propageant ainsi la maladie dans les villages de la région. Le bilan mentionné dans le rapport de cette première mission révèle le caractère explosif de l'épidémie, centrée autour de l'hôpital de Yambuku qui a joué un rôle déterminant dans l'amplification de la maladie.

A ce stade, aucune précision n'est donnée sur l'étiologie de cette maladie. On évoque la fièvre typhoïde, la fièvre jaune, la fièvre de Lassa. A la clinique Ngaliéma, où la sœur Myriam a été hospitalisée, un traitement aux antibiotiques a été immédiatement administré, accompagné de transfusion sanguine. Malgré des soins intensifs, elle décédera quelques jours après son admission. Puis c'est au tour de sœur Edmonda d'être hospitalisée, suivie d'une jeune infirmière prénommée Mayinga qui avait soigné sœur Edmonda. Toutes les deux décéderont quelques jours plus tard, des prélèvements effectués permettront d'isoler le virus. La souche Mayinga deviendra la souche de référence du virus Ebola Zaïre.

A ce stade, les premiers renseignements des laboratoires

sont transmis à l'OMS. Des échantillons avaient été adressés par les médecins de la mission militaire française à l'Institut Pasteur, mais d'autres échantillons avaient été envoyés au Pr Stefan Pattyn, de l'Institut de médecine tropicale Prince-Léopold à Anvers, par les militaires belges. Pattyn avait été informé par Paul Brès du danger que représentaient ces échantillons et de la nécessité de les transférer à Porton Down en Grande-Bretagne, où le Dr Ernie Bowen dirigeait un laboratoire de haute sécurité similaire à celui du CDC. Les échantillons avaient été effectivement transmis, mais seulement en partie. La tentation avait été trop forte pour l'équipe d'Anvers. Des essais d'isolement du virus seront entrepris par inoculation aux souriceaux et aux cellules. Or le laboratoire n'était pas équipé pour manipuler des virus dangereux et le Pr Pattyn et son équipe prendront des risques inconsidérés. Qu'on en juge : outre Pattyn, le laboratoire de virologie comptait trois chercheurs, Peter Piot, un jeune étudiant qui venait de terminer son doctorat, Guido Van der Groen, un biochimiste, et un médecin bolivien, René Delgadillo. Dès réception du colis en provenance du Zaïre, Piot l'ouvre ; il contient de la carboglace (pour assurer le maintien d'une basse température) et deux tubes, dont l'un est cassé. Piot extrait le tube intact qui contient le sang d'un malade prélevé durant la phase aiguë de la maladie. Il sépare les hématies du sérum. Toutes ces manipulations sont réalisées sans précautions particulières. Les opérateurs ne portent pas de masque, il n'existe pas d'isolateur dans le laboratoire.

A ce stade de l'épidémie, on suspecte la fièvre ou la typhoïde, les tests réalisés à Anvers seront négatifs.

L'équipe de virologie entreprend alors d'inoculer les souriceaux et des cellules Vero. Les cellules sont déposées sur une petite lamelle de verre et mises dans un tube qui contient un milieu de croissance. Les échantillons de culture cellulaire sont placés dans une étuve à 37 °C ; ils seront examinés tous les jours pour observer une destruction de la nappe cellulaire qui signe la présence d'un virus. Quelques jours après l'inoculation du prélèvement du Zaïre, Pattyn retire les tubes de l'étuve ; par malchance, des tubes tombent au sol et se cassent, le liquide se répand non seulement dans le laboratoire mais sur les chaussures de Van der Groen et Delgadillo. Pattyn, paniqué, exige que l'on désinfecte le sol et les chaussures avec de l'eau de Javel et que les chercheurs quittent le laboratoire ; ils le feront les chaussures à la main [1]. Les souriceaux meurent quelques jours après avoir été inoculés. La manipulation d'animaux est une des principales causes de contamination des opérateurs dans les laboratoires. Par précaution, Pattyn préfère arrêter les investigations et transférer les cerveaux des animaux paralysés ou morts en Angleterre. Mais sur les cellules, dès que la présence d'un virus est soupçonnée, Piot fait pratiquer un examen en microscopie électronique : il révèle la présence de particules virales proches du virus Marburg. Ces informations seront immédiatement transmises à l'OMS. Paul Brès, furieux d'apprendre que ces échantillons avaient été finalement testés dans un laboratoire qui ne possédait pas les conditions requises pour leur manipulation, exigea que l'équipe d'Anvers arrête toute investigation. Ce qui finalement fut fait. Ces résultats furent confirmés par Porton Down et le CDC d'Atlanta. La maladie de Yambuku serait due au virus Marburg.

MARBURG, 1967

Entre les mois d'août et septembre 1967, plusieurs cas d'une maladie mystérieuse étaient rapportés à Marburg, Francfort et Belgrade ; cette maladie intéressait des techniciens de laboratoire qui avaient manipulé des singes appartenant à l'espèce *Cercopithecus aethiops* ou singe vert, provenant d'Ouganda. Au total 30 cas, dont 7 mortels, avaient été observés. La majorité d'entre eux (22 cas) provenait de Marburg où la société pharmaceutique Behring importait massivement des singes pour préparer le vaccin poliomyélite. Le virus de la polio se multiplie sur les cellules de rein de singe ; cette technique est très répandue, elle consiste à prélever les reins de singes, à dissocier les cellules par un traitement avec une enzyme, la trypsine, et à les mettre en culture sur un support adéquat. C'est au cours de ces manipulations que des techniciens furent contaminés. Il s'agissait principalement du personnel animalier et des opérateurs qui avaient prélevé les organes, mais on rapporta également des cas secondaires en milieu hospitalier. Le scénario était identique à Francfort (quatre cas dont un mortel) et à Belgrade où un seul cas d'évolution favorable avait été observé. Tous les malades avaient présenté une fièvre associée à un syndrome hémorragique ; le virus isolé à cette occasion fut reconnu nouveau et dénommé Marburg [2]. S'il ne fait aucun doute que la transmission résultait d'un contact étroit avec les singes, il fut établi que ceux-ci étaient très sensibles à ce virus et ne pouvaient donc constituer le réservoir naturel de ce nouveau virus. L'incubation chez les singes est très courte — en général cinq à huit jours. Le parcours des singes depuis l'Ouganda jusqu'aux laboratoires européens fut reconstitué en détail. Les animaux, après leur capture, n'avaient été maintenus que deux à trois jours en captivité en Ouganda, ils avaient été adressés en cargo, via l'aéroport de Londres où ils étaient restés de neuf à trente-six heures après leur livraison, puis ils avaient été immédiatement utilisés pour la préparation des vaccins. Par conséquent, certains de ces animaux venaient juste d'être contaminés lorsqu'ils furent capturés et adressés en moins de sept jours en Europe. Pendant leur captivité et leur transport, ils étaient en incubation ; on peut alors envisager que la transmission ait été rendue possible durant cette période. A l'époque, il n'existait aucune mesure de quarantaine, en quelques jours des singes pouvaient passer d'une vie sauvage à celle d'animaux de laboratoire.

Lors de l'enquête réalisée par des experts de l'OMS au Kenya en 1967, il ne fut relevé aucune anomalie pouvant expliquer l'exportation des singes malades. Pourtant, dix-sept ans après, au cours d'une enquête minutieuse rapportée dans l'ouvrage *Hot Zone*, le journaliste Richard Preston devait révéler des pratiques particulières sur le commerce des singes provenant du Kenya. En interrogeant le vétérinaire inspecteur, un Anglais retraité qui avait été en charge du contrôle des singes exportés en Allemagne en 1967, il découvrit la possible origine de la mystérieuse maladie. Les singes étaient capturés dans différentes régions du Kenya, puis regroupés à Entebbe. Si des singes étaient malades, ils étaient, selon la procédure officielle, isolés et abattus. En fait, les singes malades étaient remis en liberté dans une île située dans le lac Victoria. Il est probable que cette concentration d'animaux malades a constitué une source de circulation d'agents infectieux, et peut-être du virus Marburg. Lors d'une expédition pour compléter le nombre de singes, les chasseurs s'approvisionnaient dans cette île. Par conséquent, au dernier moment, des singes malades ou en incubation ont pu être incorporés à l'expédition.

Evidemment, la leçon fut tirée de cette dramatique expérience. L'OMS allait proposer des mesures de quarantaine très strictes (six à douze semaines). Ces dernières se révéleront d'un grand intérêt lorsqu'un incident similaire sera rapporté quelques années plus tard aux Etats-Unis.

Le virus Marburg réapparut en Afrique du Sud. Un jeune touriste australien qui avait fait un périple en Rhodésie (actuel Zimbabwe) fut admis à l'hôpital de Johannesburg le 15 février 1975. Il se plaignait de myalgies, de céphalées et de nausées, associées à une fièvre persistante. Il était traité pour une crise de paludisme, et son état devait rapidement se dégrader. Le 17 février, il présentait un syndrome hémorragique ; il décédait le 18. Sa compagne fut hospitalisée le 22 février avec une forte fièvre. Les médecins évoquent alors une fièvre de Lassa et lui administrent du plasma de convalescent, sans réelle amélioration. Toutefois, quelques jours plus tard, son état général s'améliore, et elle quittera l'hôpital après une hospitalisation de quinze jours. L'infirmière qui avait traité les deux patients est tombée malade le 28 février. Son état fut qualifié de critique jusqu'au 6 mars, la fièvre cessa et la malade se rétablit rapidement. Des échantillons prélevés chez ces trois patients permirent d'isoler le virus Marburg [3].

Pour Sureau et son équipe, la découverte de l'étiologie de la maladie de Yambuku était un élément important, mais pas rassurant. Il n'existait aucune connaissance sur le mécanisme d'infection par le virus Marburg. Mais un espoir est apparu.

Du sérum de convalescent avait été prélevé en Afrique du Sud ; Sureau prit contact avec les autorités médicales zaïroises pour effectuer une demande de ce précieux plasma. Mais une difficulté surgit : il n'existait pas de relations diplomatiques entre les deux pays en raison de la politique d'apartheid. Il faudra l'intervention du président Mobutu pour débloquer la situation. Deux jours après, Margareth Isaacson, médecin en Afrique du Sud, expert en virologie, arrive à l'aéroport de Kinshasa avec le plasma de convalescent. Il sera administré à Mayinga, la jeune infirmière récemment contaminée, sans succès. Entre-temps, le CDC a découvert que le sérum de convalescent de la maladie de Marburg ne réagit pas avec le virus zaïrois. Le virus récemment isolé possède bien la morphologie du virus Marburg, mais il est différent de par ces propriétés antigéniques. C'est un nouveau virus.

La présence de Margareth Isaacson ne sera pas inutile. Elle possède une expérience de la prise en charge des malades suspects de fièvre hémorragique. Elle va organiser le pavillon d'isolement à l'hôpital où séjourne Mayinga. En Afrique, lorsqu'un malade est hospitalisé, sa famille le suit pour lui apporter une aide matérielle permanente. Les médicaments et la nourriture sont à la charge du malade. Très rapidement, la famille s'installe au chevet du malade. Les contacts sont permanents, créant ainsi les conditions favorables à la transmission d'agents infectieux. Margareth Isaacson va opérer une véritable révolution en exigeant l'isolement du malade et en limitant le contact avec ses proches. En outre, elle obtient que les visiteurs portent des gants et un masque. A force de persuasion, elle obtient le respect des règles de sécurité. C'est un succès ; il n'y aura pas de cas secondaire à Kinshasa.

Sureau et Isaacson reçoivent de l'aide. Le CDC envoie Karl Johnson, le directeur du laboratoire à haute sécurité ; il sera le responsable de la commission internationale de lutte contre la maladie de Yambuku. Il est accompagné de Joël Breman, un épidémiologiste. Joe McCormick, également du CDC en poste en Sierra Leone, où il étudie la fièvre de Lassa, complétera l'équipe du CDC quelque temps après. L'Institut de médecine tropicale d'Anvers a envoyé le Pr Pattyn, Guido Van der

Groen et Peter Piot (qui deviendra plus tard le patron de ONUSIDA). L'Institut Pasteur de Bangui a dépêché son entomologiste médical, Max Germain. La première étape pour la commission médicale internationale fut de baptiser le nouveau virus. A priori, le virus Yambuku répondait aux critères habituels des virologues : associer le nom du virus à la ville où l'agent infectieux a été décrit pour la première fois. Mais Karl Johnson souhaitait donner un nom de fleuve. Par le passé, il avait décrit un autre virus responsable de la fièvre hémorragique de Bolivie, et il l'avait dénommé Machupo, en référence à un fleuve qui coule dans la région de San Joachin où la maladie avait été décrite pour la première fois. Quelques années plus tard, il donnera le nom du virus Hantaan, en référence à la rivière qui sépare les deux Corée. Finalement, le nom de la rivière Ebola fut retenu [4].

L'équipe ainsi en place va se répartir les tâches. Sureau et Breman se rendent à Yambuku. A leur arrivée ils sont surpris : l'hôpital est désert, il a été fermé quelques jours auparavant. Ils retrouvent les missionnaires isolés dans des chambres d'hôtes situées à l'extérieur de la mission. Il leur avait été conseillé de créer un cordon sanitaire. Quelle ne fut pas la surprise de Sureau et Breman lorsqu'ils constatèrent que, pour assurer leur isolement, ils avaient entouré leur camp retranché avec des bandes à pansements blanches ! Un grand panneau précisait : « Ne pas entrer, pour appeler les sœurs sonnez la clochette. » Le premier contact est délicat, les sœurs sont persuadées d'être contaminées, elles n'osent pas parler aux nouveaux arrivants. Puis l'ambiance se détend, sœur Marcella présente un premier bilan. La mission catholique de Yambuku a dû déplorer, en moins d'un mois, 38 décès sur les 300 personnes : religieux, personnel soignant, enseignants, dont un des trois pères missionnaires belges et trois des six sœurs missionnaires belges. L'hôpital a été fermé le 14 octobre 1976.

A Kinshasa, le reste de l'équipe s'organise afin d'apporter un support logistique à ceux qui partiront travailler en brousse. La sécurité du personnel de la mission internationale est essentielle. Il est décidé que, en cas de suspicion d'infection ou à la suite d'une fièvre persistant plus de quarante-huit heures, le malade sera évacué sur l'hôpital de Buba où se trouve un aéroport. L'évacuation se fera au moyen d'un hélicoptère des forces armées zaïroises. A Buba, le malade sera transféré dans un brancard d'isolement et évacué dans un Fokker pour être ramené à Kinshasa puis transporté à Johannesburg dans un DC8 affrété spécialement. A Johannesburg, il sera placé dans une unité d'isolement à pression négative et pris en charge par un personnel soignant spécialisé.

Si plusieurs cas devaient se présenter, la NASA a mis à disposition un module « self container » pouvant accepter plusieurs malades. Celui-ci a été transporté de Houston à Francfort par avion Galaxy C131, il pourra être livré à tout moment.

Il ne se passera rien. La seule alerte viendra de P. Sureau. Un soir, fatigué, il va se coucher. La nuit, il est pris de vomissements et de diarrhées ; son voisin, Max Germain, très inquiet, lui propose de s'isoler, et il donnera l'alerte. Sureau le rassure, c'est tout simplement qu'il a bu un peu trop de whisky en soirée ! Dans la journée, Karl Johnson avait fait parvenir quelques bouteilles pour maintenir le moral des troupes. Le lendemain Sureau sera rétabli.

L'accident aura lieu non pas en Afrique mais au laboratoire de Porton Down en Angleterre. Le 5 novembre 1976, Geoff Platt s'apprête à inoculer des cobayes avec le virus Ebola. Geoff possède une très longue expérience, il pratique cette opération depuis de nombreuses années sans aucun problème. Au moment de réaliser l'injection, l'aiguille glisse et pénètre le gant. Il ne présente pas de lésion, il signale l'incident mais il ne pense pas être contaminé. Pourtant, quelques jours après, il est fébrile. Il est hospitalisé à Coppets Wood dans la banlieue londonienne. Les mesures seront draconiennes, les cent soixante patients de l'hôpital seront évacués. Geoff sera isolé dans une tente Texler, sorte de cube en plastique, maintenue en pression négative. Le traitement consistera dans l'inoculation d'interféron, une substance antivirale, et dans l'administration de sérum de convalescent provenant de malades zaïrois. Le traitement sera efficace, il ne présentera aucun syndrome hémorragique. Le virus Ebola sera isolé à plusieurs reprises du sang, des urines, des fèces, et même du sperme qui fut prélevé deux mois après son infection.

Au Zaïre, l'enquête épidémiologique se concentra sur l'hôpital de Yambuku et dans une cinquantaine de petits villages où des cas, généralement isolés, furent recensés.

Au total, 318 cas de maladie à virus Ebola dont 280 décès (88 %) furent notifiés.

L'épicentre de l'épidémie fut l'hôpital — 13 des 17 employés contractèrent la maladie, et 11 d'entre eux décédèrent. Au total, 85 cas résultaient d'infection nosocomiale consécutive à l'emploi de seringues utilisées à plusieurs reprises et mal décontaminées. Dans la majorité des cas, il s'agissait de patients qui consultaient le service de médecine externe. La rumeur du rôle de l'hôpital dans la transmission de la maladie se répandit rapidement dans la région. Les malades, quand ils le pouvaient, quittaient l'hôpital pour revenir dans les villages. La fermeture de l'hôpital fut suivie d'une nette diminution des cas. La transmission du virus dans les familles se révéla relativement faible. Il y eut des cas secondaires qui résultaient d'un étroit contact avec le malade pendant son hospitalisation. De même les obsèques, en raison de rites particuliers qui amenaient les parents et les amis en contact direct avec le cadavre, furent une source de transmission du virus. Mais il n'y eut pas de transmission interhumaine dans les villages. Ce fut la surprise, la contagiosité de ce virus dans des conditions naturelles, c'est-à-dire en dehors de l'injection du virus, était exceptionnelle. La transmission de personne à personne en particulier fut rare.

Mais d'où venait ce nouveau virus ? Probablement du Soudan...

En effet, dans le sud de ce pays, des cas similaires avaient été rapportés dans la ville de Nzara, dès le mois de juin 1976. Ce foyer d'Ebola était situé à la frontière entre le Soudan et le Zaïre à quelque 800 kilomètres à vol d'avion de Yambuku, mais à plus de quatre jours par la route ! Nzara est une petite ville de 20 000 habitants à vocation agricole, dont la seule activité industrielle était limitée à une fabrique de coton qui employait 450 ouvriers. C'est de celle-ci que seront rapportés les premiers cas de maladie Ebola. En juin 1976, un employé de l'usine, Yusia, se plaint d'un syndrome fébrile associé à de sévères maux de tête. Il est hospitalisé, son état se dégrade rapidement, il présente des vomissements, une diarrhée, des douleurs abdominales, puis un syndrome hémorragique. Il décède quatre jours après son hospitalisation. En juillet, un deuxième cas, Yasona, qui travaille également dans l'usine de coton, présente un tableau clinique identique à celui de Yusia et meurt en quelques jours, suivi par Bullen, une ouvrière qui travaillait à côté de Yusia. L'épidémie va prendre une tournure dramatique quand un quatrième ouvrier, Paul, est hospitalisé. Paul est jeune, grand séducteur, il possède de nombreuses petites amies. Elles le paieront très cher. A peine hospitalisé, les visites sont fréquentes, plusieurs d'entre elles seront contaminées à la suite de rapports sexuels, dont sa fiancée Hawa, ses trois sœurs et la future belle-mère ! Au total 48 personnes dont 27 décès résulteront de contacts avec Paul ou avec les personnes qu'il avait contaminées [5].

En août, l'épidémie va se déplacer. Samir, un habitant de Nzara, tombe malade ; son frère décide de le faire transférer à Maridi, à environ cent kilomètres au sud. L'hôpital de Maridi est moderne et bien équipé. Dès son arrivée, Samir est admis dans une chambre où séjournent trois autres malades. Ils seront tous contaminés par le virus Ebola. Rapidement l'épidémie se propage dans l'hôpital. Le transfert de Samir aura eu deux conséquences : créer un nouveau foyer et porter à l'attention de la communauté internationale l'émergence de cette maladie. Sous l'impulsion de Paul Brès, une mission est envoyée au Soudan. Elle comporte, outre Brès, le Pr David Simpson — un virologue de réputation mondiale grand spécialiste des virus tropicaux, et notamment des agents responsables des fièvres hémorragiques — et Don Francis, un épidémiologiste du CDC. Ils seront aidés par les représentants de l'OMS en poste à Khartoum. Lorsque l'équipe rejoint Maridi, l'hôpital est vide. Deux médecins soudanais rapportent un premier bilan. L'arrivée de Samir a été suivie par une rapide diffusion du virus parmi le personnel soignant. 50 % du personnel hospitalier est mort, dont le seul médecin, 5 des 6 médecins assistants ; 53 infirmières ont été infectées dont 26 sont décédées. Les malades et le personnel hospitalier restant ont fui l'hôpital. La maladie s'est répandue dans les villages [6].

Les investigations conduites par la commission médicale internationale vont révéler l'ampleur de l'épidémie : au total, 284 cas dont 67 à Nzara, 213 à Maridi, et 5 cas dans les villages avoisinants. La mortalité sera de 53 %. Les mêmes conclusions qu'à Yambuku furent tirées de cette dramatique épidémie. L'hôpital a joué un rôle essentiel dans la transmission du virus. Les cas secondaires ont été rares et rattachés à un étroit contact avec le malade.

Quel fut le lien entre l'épidémie zaïroise et celles du Soudan ?

C'est à Joe McCormick qu'il fut demandé de répondre à cette question. Dans son ouvrage *Level 4. Virus hunters of the CDC*, il révèle l'extraordinaire aventure qu'a constituée son voyage du Zaïre au Soudan. Après avoir miraculeusement échappé à un accident avec sa Land Rover, il devait, après plusieurs jours de piste en très mauvais état, rejoindre Maridi et Nzara. A son retour, après 2 600 kilomètres, il affirmait, vu les conditions des routes, qu'il serait très surprenant que les deux épidémies aient un lien quelconque. Il avait raison. Quelque temps après, l'analyse moléculaire des souches de virus Ebola Zaïre et Ebola Soudan démontrait qu'elles étaient différentes. Une extraordinaire coïncidence avait été à l'origine de deux épidémies, dues à un virus nouveau, sans aucune relation entre elles. Les données recueillies au cours de ces deux épidémies seront publiées au cours d'un congrès international en 1977 [7].

Un cas isolé fut signalé à Tandala dans le nord du Zaïre, en 1977, à la frontière avec la République centrafricaine.

Le virus Ebola réapparut à Nzara en 1979 ; comme pour la première épidémie, les premières victimes travaillaient dans la fabrique de coton. Il y eut 34 cas et 53 % de mortalité.

La recherche du réservoir des virus Ebola et Marburg

Pendant près de vingt ans on n'entendit plus parler du virus Ebola. La recherche du réservoir du virus devait compléter ces données recueillies durant les épidémies. En 1977, avec l'aide des « vétérans de Yambuku », Sureau et Germain, et l'appui de Karl Johnson du CDC, je mettais en place avec Jean-Paul Gonzalez un programme de recherche des virus Ebola et Marburg à l'Institut Pasteur de Bangui. Rapidement, nous obtenions des résultats. Près de 3 % des habitants du sud-est de la Centrafrique possédaient des anticorps pour le virus Ebola. Plus surprenant : deux personnes avaient des anticorps pour le virus Marburg en dehors de toute manifestation épidémique. Toutes les investigations réalisées en Ouganda dès 1967, en particulier chez les chasseurs de singes, n'avaient révélé aucune évidence de contamination par le virus Marburg [8]. De même, l'origine de la contamination au Zimbabwe ne fut pas découverte [9]. Par la suite, les recherches en République centrafricaine allaient s'intensifier grâce à une collaboration avec Gene Johnson de l'USAMRIID. Les travaux publiés, conjointement avec l'Institut Pasteur, ont permis de cartographier la prévalence en anticorps vis-à-vis des virus Ebola et Marburg et de révéler l'importance du secteur forestier dans la circulation de ces deux virus [10].

Au cours d'études similaires au Sénégal, j'observai que 12 % des personnes testées, vivant en Casamance, à proximité d'un grand club international de vacances, possédaient des anticorps vis-à-vis du virus Ebola. Ces résultats ne furent jamais publiés. D'autres études réalisées au Zaïre, au Cameroun, ainsi qu'au Gabon confirmaient la circulation du virus Ebola ou d'un virus apparenté en dehors de toute épidémie. Quant au réservoir de ces deux virus, aucun progrès significatif ne fut obtenu. Lors du cas de Tandala, en 1977, il avait été observé que la famille du malade possédait trois cobayes dont deux présentaient des anticorps Ebola. A l'Institut Pasteur de Bangui, je confirmais ce résultat parmi les cobayes de l'animalerie. Un suivi pendant près d'un an révélait que 14 % de ces animaux herbivores avaient présenté une séroconversion qui traduisait un contact avec un virus apparenté au virus Ebola. J'adressais au laboratoire du CDC tous les échantillons, ainsi que de nombreux insectes (moustiques, araignées, etc.) capturés dans l'animalerie. Aucun isolement viral ne fut obtenu.

Les chercheurs de l'USAMRIID, dirigés par Gene Johnson, allaient réaliser une extraordinaire mission au Kenya à la recherche du virus Marburg [11]. Avec des moyens exceptionnels, ils allaient orienter leur recherche dans la grotte de Kitum, dans le mont Elgon au Kenya. En 1987, Gene avait reçu des échantillons provenant d'un jeune Danois dont la famille séjournait au Kenya. Celui-ci avait présenté un syndrome hémorragique d'évolution fatale. Gene avait isolé du sang le virus Marburg [12]. Les informations recueillies auprès de la famille révélaient que le jeune Danois avait effectué quelques jours avant son hospitalisation une visite touristique dans la grotte de Kitum. C'est également après un périple similaire qu'un ingénieur français avait contracté la maladie à virus Marburg au Kenya, en 1980. Paul Monet, âgé de soixante-six ans, vivait au Kenya depuis plusieurs années, il travaillait dans une sucrerie dans l'ouest du pays. Pour les fêtes de fin d'année, il se rend en visite touristique, avec sa compagne, dans la région du mont Elgon. Le 1er janvier, il passe la journée dans la grotte de Kitum. Il s'agit d'une immense cavité où la faune et la flore sont particulièrement riches. La nuit, des dizaines d'éléphants viennent s'y approvisionner en sel. Le spectacle est grandiose. Une semaine après cette visite, Paul Monet est malade, il présente un syndrome fébrile ; après une courte visite à l'hôpital provincial, il est évacué sur Nairobi. Il est pris en charge par un jeune médecin kenyan, le Dr Shem Musoke. Hospitalisé dans le service de soins intensifs, Paul Monet décédera quelques jours après. Shem Musoke sera la deuxième victime, contaminée lors de l'auscultation de Monet. Après une longue convalescence, il se rétablira. Il n'y aura pas d'autres cas dans l'hôpital. Les échantillons adressés au CDC révéleront la présence du virus Marburg.

L'enquête réalisée par Gene Johnson en 1988 consistait à

capturer le maximum d'animaux (chauve-souris, rongeurs, oiseaux) et d'insectes et de mettre en place un suivi sérologique chez des singes sentinelles placés à l'intérieur de la grotte de Kitum. Les conditions maximales de sécurité avaient été prises pour travailler dans ce qui pouvait être considéré comme un foyer de virus Marburg. Equipés de scaphandres et d'une panoplie digne d'un séjour lunaire, Gene et son équipe allaient travailler plusieurs semaines dans la grotte. Des milliers d'échantillons seront ramenés aux Etats-Unis et testés dans le laboratoire à haute sécurité de Fort Detrick : il n'en sortira rien. Aucun isolement du virus Marburg ne sera obtenu. Aucune évidence de circulation du virus ne sera détectée parmi les animaux sentinelles.

Vingt ans de recherche sans aucune conclusion, le réservoir des virus Ebola et Marburg reste à découvrir.

Mais quelle est la signification de la présence d'anticorps parmi les populations humaines d'Afrique centrale ou de l'Ouest, et ceci en l'absence de cas cliniques ?

Deux interprétations pouvant être complémentaires ont été proposées : l'existence de virus Ebola et Marburg faiblement pathogènes pour l'homme — ces virus restent à découvrir. Pour l'instant, toutes les épidémies ont été associées à des souches virales hautement virulentes : la mortalité atteint plus de 50 % des cas. Une deuxième possibilité réside dans l'existence de réaction sérologique croisée avec d'autres virus. Les virus Ebola et Marburg sont nouveaux, ils possèdent une morphologie différente de tous les virus connus, ils ont été classés dans une nouvelle famille spécialement créée pour abriter ces deux espèces virales : la famille des *Filoviridae*. Cette situation est unique dans l'histoire de la virologie. Tous les nouveaux virus décrits ces dernières années ont été incorporés dans une famille préexistante. Le virus Lassa est un virus nouveau, il appartient à la famille des *Arenaviridae* décrite antérieurement à sa découverte. Il en est de même du virus VIH, incorporé dans le genre lentivirus. Dans le cas des *Filoviridae*, on peut penser qu'il existe d'autres espèces qui pourraient appartenir à cette famille et dont le pouvoir pathogène diffère des virus Marburg et Ebola. Ces virus pourraient induire des anticorps qui réagiraient avec les virus Ebola ou Marburg. Cette situation est bien connue avec les virus de la famille des *Flaviviridae* à laquelle appartiennent les virus de la fièvre jaune, de la dengue, West Nile et bien d'autres. Les infections répétées avec plusieurs virus de cette famille aboutissent à une réponse immunitaire qui se traduit par des anticorps réagissant avec les différents virus de la famille. En d'autres termes, on peut avoir été infecté avec les virus de la dengue et posséder des anticorps fièvre jaune — on parle de réaction croisée ou de réponse hétérologue pour qualifier ces réponses immunitaires non spécifiques. On conçoit dans ces conditions la difficulté que l'on peut avoir à interpréter les tests sérologiques. L'existence de différents filovirus pourrait aboutir à une réponse immunitaire identique à celle des flavivirus. Ce qui est actuellement détecté par les enquêtes sérologiques serait le résultat d'une infection inapparente due à des virus non connus appartenant à la famille des *Filoviridae*.

Le virus Ebola, vedette médiatique

L'année 1989 allait être décisive dans l'histoire du virus Ebola. Deux événements majeurs allaient faire de ce virus, jusqu'alors totalement inconnu, sinon de quelques spécialistes, une vedette médiatique qui deviendra le thème du film *Alerte !* (titre original *Outbreak*) de Wolfgang Petersen, avec Dustin Hoffman, paru en 1994.

En mars 1989 se tenait un meeting scientifique à Washington, regroupant une poignée de prix Nobel de médecine sous la direction du célèbre microbiologiste Joshua Lederberg. De cette réunion discrète allait naître le concept de maladies émergentes. Lors de l'apparition du sida, au début des années 1980, le corps médical fut très surpris de découvrir une maladie nouvelle associée à un virus nouveau. Totalement désarmés pour lutter contre ce syndrome d'évolution fatale, les médecins redécouvraient les peurs des siècles précédents. On parlait même de nouvelle peste et par conséquent de pestiférés. Nous étions loin des déclarations optimistes du secrétaire d'Etat à la santé américain qui, en 1969, affirmait que les maladies infectieuses étaient maîtrisées et que les progrès permanents de la médecine permettaient d'envisager leur disparition. Au cours de ce meeting, trois questions essentielles étaient débattues : Aurions-nous pu prévoir l'apparition du sida ? D'autres maladies virales nouvelles peuvent-elles survenir ? Et si oui, comment se préparer ?

Rapidement, il est apparu que les experts de virologie tropicale possédaient une grande expérience des virus nouveaux. Ces dernières années, ils avaient découvert les virus Lassa, Marburg et Ebola. Tous ces virus étaient nouveaux. Mais ces découvertes n'avaient pas suscité un grand intérêt dans la communauté scientifique, et encore moins chez les responsables des politiques sanitaires. Mais l'arrivée du sida posait de nombreuses questions. Si ce virus et son syndrome avaient été découverts dans son foyer initial, en Afrique, ils auraient été classés dans le groupe des maladies virales tropicales à l'instar des virus préalablement cités, et ils n'auraient suscité qu'un intérêt limité. Il devenait évident que ce type de classification géographique risquait de faire sous-estimer l'importance de certaines maladies tropicales. Les moyens de transport actuels pouvaient favoriser, à tout moment, la diffusion des agents infectieux. Mais les experts de virologie tropicale n'avaient pas suffisamment attiré l'attention des autorités de santé sur ce risque. Les spécialistes préféraient se réunir annuellement au cours du congrès de la société américaine de médecine tropicale et rapporter leur observation de terrain. Il était temps d'avoir une vision nouvelle sur ces virus. Au lieu d'intensifier leurs recherches dans l'inventaire de nouveaux virus, il était demandé à ces experts de les réorienter afin de répondre à la question suivante : quels sont les facteurs qui permettent l'émergence des virus ?

Il est alors apparu que l'homme, par les modifications qu'il apporte à la nature, constitue la principale cause d'émergence des maladies en milieu tropical. La construction de barrages avait permis l'apparition d'épidémies dues au virus de la fièvre de la vallée du Rift, la déforestation avait entraîné la survenue d'épidémies à virus Machupo ou Oropouche, les hôpitaux mal équipés ont révélé les virus Lassa et Ebola. La dengue, maladie ancienne, relativement bénigne, était devenue une redoutable fièvre hémorragique, conséquence d'un développement urbain anarchique favorable à la pullulation du vecteur *Aedes aegypti*. Toutes ces maladies sévissaient à quelques heures d'avion des grandes métropoles de l'hémisphère nord qui se croyaient définitivement protégées au travers d'un système médical hypersophistiqué. Présentées sous cet angle, les maladies virales tropicales méritaient un tout autre intérêt.

Le concept de maladie émergente était né de ces réflexions en somme banales mais bien tardives. Aux Etats-Unis, quand on possède un concept original, le marketing prend le relais. Les crédits affluèrent, des organismes divers furent constitués, la littérature abondait sur le thème, les anciens arbovirologistes (experts des virus transmis par les insectes) se reconvertirent rapidement en spécialistes des maladies émergentes. Le succès de cette entreprise fut aidé par... le virus Ebola.

HAZELTON (ETATS-UNIS), 1989 [13] [14]

La dramatique épidémie de Marburg, en 1967, n'avait pas limité l'utilisation des singes comme animal d'expérience. Aux Etats-Unis, plusieurs milliers de singes sont importés, chaque année, pour les laboratoires. Depuis 1967, une période de quarantaine est exigée avant leur utilisation. En octobre 1989, une centaine de singes de l'espèce macaque *cynomolgus* sont réceptionnés par le centre de primatologie de Reston à Hazelton, dans la proche banlieue de Washington. Ils proviennent des Philippines ; ils seront mis en quarantaine dans la pièce F de ce centre. Au bout de quelques jours, le vétérinaire Dan Dalgard observe une mortalité anormalement élevée parmi ces singes récemment reçus. Il suspecte une épizootie due au virus de la fièvre hémorragique des singes (*Simian Haemorrhagic Virus* ou SHV). Ce virus a été découvert en 1964 par Alexis Shelokov et Nick Tauraso, au cours d'une épizootie qui avait détruit 223 singes sur les 1 050 que possédait l'Institut national de la santé à Bethesda. Ce virus n'est pas pathogène pour l'homme. Dan Dalgrad prend contact avec Peter Jahrling pour lui demander une collaboration en vue d'identifier l'agent infectieux qui semble se propager parmi les animaux de la pièce F.

Peter est un grand spécialiste des fièvres hémorragiques, et en particulier du virus Lassa. Sa passion pour ce virus est telle que sa voiture est immatriculée LASSA. Peter travaille depuis de nombreuses années à l'USAMRIID (United States Army Medical Research Institute of Infectious Diseases) à Fort Detrick, situé dans la ville de Frederick, à 80 kilomètres au nord de Washington. Ce centre a été pendant de nombreuses années le laboratoire secret de l'armée américaine dans le domaine de la guerre biologique (cf. chapitre 1, « La variole »). En 1972, à la suite des accords ratifiés par les Etats-Unis relatifs à la non-prolifération des armes biologiques, les activités de ce centre ont été reconverties dans la recherche sur la prévention du risque de guerre biologique. Fort Detrick a été à maintes reprises soupçonné de continuer à produire des armes de guerre biologique ; en 1987 le KGB soviétique faisait circuler le bruit que le virus du sida était une création de ce centre et avait malencontreusement échappé au contrôle des chercheurs ! Suite à l'attaque avec l'anthrax à la fin de l'année 2001, aux Etats-Unis, cet institut est de nouveau au centre d'une polémique. L'auteur de l'envoi des lettres contenant le bacille pourrait provenir de ce centre, ou tout au moins avoir obtenu le produit à Fort Detrick ! L'enquête se poursuit.

Pour y avoir séjourné pendant deux ans, de 1987 à 1989, je peux témoigner que les activités de Fort Detrick étaient limitées aux recherches défensives. Plus d'une centaine de spécialistes s'intéressaient en particulier aux virus, en vue d'étudier leur structure et de mettre au point des vaccins et des médicaments afin de se préparer à une agression militaire utilisant des agents infectieux. Parmi les virus les plus étudiés figuraient les plus pathogènes : Ebola, Marburg, Lassa, virus de la fièvre de la vallée du Rift, ou encore le virus de la fièvre hémorragique de Crimée-Congo (CCHF). J'avais été invité dans ce laboratoire en raison de l'expérience acquise à l'Institut Pasteur de Dakar sur le virus CCHF. Ce virus est présent en Russie et dans certaines parties d'Afrique. Les services secrets américains, la fameuse CIA, avaient obtenu des renseignements sur les recherches effectuées en Union soviétique sur ce virus. Pour ma part, j'avais rapporté les premiers cas de fièvres hémorragiques dues au virus CCHF en Afrique de l'Ouest, étudié un important foyer de circulation du virus dans le sud de la Mauritanie et mis au point une batterie de tests rapides de diagnostic.

Le virus CCHF est transmis par les tiques, il infecte habituellement les animaux domestiques. En Mauritanie, les dromadaires jouent un rôle essentiel dans le maintien de ce virus. L'homme est contaminé accidentellement par piqûre de tiques. Ce virus est responsable d'une fièvre hémorragique, mais surtout il présente la particularité d'être transmis par les aérosols, diverses épidémies en milieu hospitalier témoignent de ce mode de contamination. Une arme idéale pour la guerre bactériologique. C'est probablement un des virus les plus dangereux, il ne peut être manipulé que dans des laboratoires à haute sécurité.

Durant mon séjour, je n'ai observé aucune activité dans ce centre qui pouvait évoquer la production d'armes biologiques. Une telle production nécessite des structures industrielles, et en particulier des biofermenteurs de grande capacité qui n'existaient pas à Fort Detrick. Les activités étaient centrées sur le thème de la protection des soldats et des populations civiles en cas d'attaque extérieure. Ce que craignent le plus les militaires, c'est un acte de guerre bactériologique déclenché par un groupe de terroristes (cf. chapitre 1, « La variole »). Des scénarios étaient régulièrement étudiés. Par exemple, la propagation du virus de la variole dans les gaines de ventilation de l'aéroport J. F.-Kennedy à New York, à des heures choisies de la journée, aboutirait à la dissémination du virus dans l'ensemble des Etats-Unis. Dans le domaine de la protection, l'équipe de Fort Detrick avait obtenu quelques succès notables. Elle avait développé un vaccin contre la fièvre hémorragique d'Argentine due au virus Junin, et possédait également un candidat vaccin pour la fièvre de la vallée du Rift. Ils avaient acquis une grande expérience dans le traitement des maladies virales au moyen de la ribavirine, mais incontestablement le grand succès des chercheurs avait été de mettre au point une batterie de tests rapides pour le diagnostic des maladies virales.

Dans les laboratoires de Fort Detrick, de nombreuses expériences étaient conduites sur des singes ; Peter Jahrling avait été amené à s'intéresser au virus de la fièvre hémorragique simienne, source d'inquiétude permanente pour les laboratoires de recherche. Au début de l'année 1989, une épizootie s'était produite dans un centre à New Mexico, entraînant la mort de cinq cents macaques *cynomolgus*. Peter avait été à l'origine de l'isolement du virus. La vigilance était de règle à Fort Detrick, de telles épizooties peuvent ruiner plusieurs années de recherche. Les informations fournies par Dan Delgrad correspondaient parfaitement à la description de cas de SHF. Peter demande au vétérinaire de lui adresser des échantillons pour confirmer les suspicions. Le diagnostic est rapidement établi. Le virus SHF n'étant pas pathogène pour l'homme, sa manipulation ne nécessite pas de travailler dans les laboratoires à haute sécurité de classe 4. Peter inocule les cellules simiennes et, en quelques jours, détecte la présence du virus SHF. Mais l'épizootie se poursuit dans la pièce F à Hazelton ; Dan Delgrad constate des particularités cliniques dans le profil de la maladie qui lui font suspecter la présence d'un autre germe. Il adresse quatre nouveaux échantillons à Peter. Trois d'entre eux contiennent le virus SHF, mais pas le quatrième. En examinant les cultures de cellules, Peter constate, dans ce dernier échantillon, que le tapis cellulaire est totalement détruit, beaucoup de cellules sont en suspension dans le milieu de culture qui apparaît trouble. Il pense immédiatement à une contamination bactérienne. Pour les virologues, les contaminations par des bactéries des échantillons à tester constituent une inquiétude permanente. Les bactéries peuvent avoir été apportées par l'échantillon ou introduites lors de la culture par l'opérateur. En bactériologiste avisé, Peter ouvre le flacon pour renifler une odeur éventuelle. Il s'agit là d'une pratique très courante, les bactéries, en raison de leur métabolisme, peuvent être à l'origine d'odeurs caractéristiques (pas toujours agréables) qui permettent d'orienter le diagnostic. Dans le cas présent, aucune anomalie n'est observée ; Peter décide d'envoyer quelques cellules de ce flacon à Tom Geisbert, le spécialiste de la microscopie électronique à Fort Detrick. Dès l'observation des premières images, c'est la stupeur : l'échantillon que vient d'adresser Peter contient des filovirus [15] [16]. Des informations épidémiologiques sont demandées à Dan Delgrad. Les singes proviennent des Philippines où il n'existe aucun filovirus connu. Peter teste alors les cellules infectées pour préciser la nature du virus : Ebola ou Marburg. C'est Ebola ! Peter possède une batterie d'anticorps monoclonaux très spécifiques qui permettent de distinguer Ebola souche Zaïre et Ebola souche Soudan. La réponse est équivoque. Il apparaît qu'il s'agit d'une souche différente des deux virus Ebola connus à ce jour.

La situation est complexe, un virus responsable d'un syndrome hémorragique, proche du virus Ebola, a été détecté chez des singes en provenance d'Asie où la maladie humaine est inconnue. On parle de virus Ebola-*like*, mais quel est son pouvoir pathogène pour l'homme ? S'agit-il d'une souche atténuée ou bien est-elle encore plus pathogène que celles d'origine africaine ? Plusieurs techniciens ont été exposés lors des manipulations des singes et pour la réalisation d'autopsies. Le centre de Reston se trouve à quelques kilomètres de la Maison-Blanche !

Sous la direction de Clarence J. Peters, le directeur de la division d'épidémiologie de Fort Detrick, une cellule de crise est mise en place. Le général Phil Russel, un grand spécialiste des virus, et en particulier de celui de la dengue, est alerté, il en informera Dick Cheney, le secrétaire à la Défense. Peter Jarhling rapporte à C.J. Peters l'incident au cours duquel il a reniflé le flacon de culture contenant le virus Ebola. Que faire ? Il existe à Fort Detrick un hôpital de classe 4 où peut être isolé un malade. Mais est-ce bien utile ? L'expérience africaine montre que la transmission par les aérosols est rare, voire inexistante, de plus l'équipe de C.J. Peters a besoin de

Jarhling pour travailler au laboratoire. C.J. Peters propose à Jarhling de surveiller deux fois par jour sa température : s'il présente de la fièvre, il sera isolé. Au laboratoire, on répète les tests, tous confirment l'isolement d'un virus Ebola. C.J. Peters demande un complément d'analyse, il souhaite vérifier la présence du virus dans les organes des animaux morts. Un rendez-vous est pris avec l'équipe de Reston dans une station à essence, à mi-chemin entre Frederick et Hazelton. C.J. Peters est accompagné de Nancy Jaax, une pathologiste spécialiste du virus Ebola. Un technicien de Reston amène les échantillons. Il ouvre le coffre de sa voiture : il contient les cadavres congelés de quatre singes. C.J. Peters et Nancy Jaax sont effrayés par l'opération qu'ils vont devoir réaliser, transférer les animaux dans la Toyota Corolla de C.J. Peters et les ramener à Fort Detrick sans aucune précaution. Il n'y aura pas d'incident pendant le retour. Nancy confirmera rapidement le diagnostic.

A Hazelton, la situation empire, non seulement les animaux de la pièce F sont contaminés, mais une deuxième pièce H est également atteinte, plusieurs singes sont morts. C.J. Peters se rend à Reston ; dès la visite du centre, son inquiétude grandit. Les différentes pièces sont alimentées par un système de ventilation unique, l'air re-circule en permanence, il n'est pas traité. Il est probable que la contamination des singes dans la pièce H soit le résultat d'une transmission par les aérosols. C.J. Peters pense immédiatement à son ami Jarhling : si le virus se transmet par aérosols, il est possible que Peter ait été contaminé. L'incident s'est produit il y a une semaine, il n'y a plus rien à faire sinon attendre. Peter ne sera pas contaminé. Mais un technicien de l'animalerie présente une fièvre élevée, il a été exposé à de nombreuses reprises aux animaux malades. La prise en charge d'éventuelles contaminations humaines dépend du CDC. Joe McCormick, le directeur du laboratoire à haute sécurité d'Atlanta, propose d'hospitaliser le malade à l'hôpital de Fairfax. Joe se veut rassurant : l'expérience qu'il a acquise en Afrique montre que la contagiosité du virus Ebola est très faible. Les bonnes pratiques hospitalières mises en place depuis l'apparition du sida sont jugées suffisantes pour éviter la transmission du virus. Le malade restera en fait restera quarante-huit heures à l'hôpital ; il n'est pas atteint par Ebola. Il a présenté une fièvre passagère d'origine inconnue.

Il faut maintenant s'attaquer au foyer épidémique de Reston. C.J. Peters désigne Gene Johnson pour mettre en place une équipe en vue d'euthanasier et détruire la totalité des 450 singes de l'animalerie. Gene est le seul spécialiste au monde à avoir mené une opération similaire. Lors de sa mission au Kenya dans la grotte de Kitum, il avait utilisé un matériel spécial pour travailler plusieurs jours à la recherche du virus Marburg. Il possède non seulement l'expérience, mais encore le matériel. Avec une équipe de techniciens et de vétérinaires équipés de scaphandres en surpression, il va réaliser le difficile travail d'éliminer en quelques jours la totalité des singes maintenus à Reston. Le laboratoire sera décontaminé par un traitement aux vapeurs de formol. Mais deux mois plus tard, de nouveaux singes provenant des Philippines seront reconnus infectés par le virus Ebola. Un technicien de Reston, en effectuant un prélèvement, s'était blessé ; il avait été contaminé par le virus Ebola souche Reston, mais il ne présentera aucun signe de maladie ; de même, des anticorps seront détectés chez trois autres techniciens qui avaient été en étroit contact avec les singes. Le virus Ebola souche Reston apparaissait non pathogène pour l'homme. Aucune explication ne fut fournie pour expliquer que deux virus, Ebola Zaïre et Ebola Reston, extrêmement virulents pour les singes, soient aussi différents quant à leur pouvoir pathogène pour l'homme.

L'enquête aux Philippines révéla que 20 à 40 % des singes sauvages récemment capturés possédaient des anticorps pour le virus Ebola souche Reston.

Entre 1990 et 1992, trois autres épizooties ont été détectées aux Etats-Unis parmi des singes importés des Philippines. Le virus a également été isolé à partir de singes destinés aux laboratoires Chiron, à Sienne en Italie, en 1992. Dans tous les cas, le système de quarantaine mis en place après la dramatique épidémie de Marburg a évité l'utilisation des animaux dans les laboratoires de recherche. Dans le cas de l'épizootie

Ebola Reston, la détection du virus résulte d'un concours de circonstances tout à fait exceptionnel. La proximité du centre de primatologie avec le laboratoire de l'USAMRIID, lié à la curiosité des chercheurs, a permis d'identifier l'épizootie à virus Ebola, alors que le diagnostic aurait pu être limité à celui de la fièvre hémorragique simienne. Après l'incident de Reston, le CDC avait amélioré la procédure : outre le délai de trente et un jours de quarantaine, tous les singes importés devaient faire l'objet de contrôles pour les filovirus en cas de suspicion, c'est-à-dire en présence d'animaux malades ou morts durant la période de surveillance. Cette mesure allait se révéler efficace lors d'une poussée épizootique, en 1996, chez des singes provenant des Philippines et importés au Texas. Un premier animal, qui était probablement en incubation pendant le transport, est malade six jours après sa mise en quarantaine ; il meurt trois jours après. Un deuxième singe est infecté dix-neuf jours après son arrivée ; il a probablement été contaminé, pendant la période d'observation, par le premier animal. Le CDC est immédiatement alerté et le virus Ebola Reston détecté.

Ces mesures revues par le CDC avaient été complétées par l'instauration d'une quarantaine dans les pays exportateurs. C'est ainsi qu'aux Philippines, depuis 1994, une quarantaine de quarante-cinq jours devait être respectée. Cette dernière mesure n'avait vraisemblablement pas été appliquée. C'est ce que constatera l'équipe du CDC lors d'une mission aux Philippines [17]. Ce pays fournit près de cinq mille singes, principalement des macaques, aux laboratoires de recherche des Etats-Unis, d'Europe ou du Japon. Cinq exportateurs sont agréés par les organismes internationaux. Les singes sont capturés dans différentes îles, puis ils sont regroupés dans les centres, dont le plus important maintient près de sept mille singes en captivité. L'enquête révélera qu'un de ces centres ne répond pas aux normes requises. Les conditions d'hygiène sont déplorables, des injections sont répétées sans changer de seringue, les cages délabrées permettent aux animaux de se regrouper. La transmission du virus Ebola dans ce centre est importante : près de 13 % des singes meurent d'infection par ce virus. Par contre, la prévalence en anticorps chez le personnel animalier est très faible. Sur les 250 personnes testées, une seule présentait des anticorps. Ces résultats confirment les investigations précédentes, à savoir une intense circulation du virus Ebola Reston chez les singes en captivité et la quasi-absence de transmission à l'homme.

En 1997, les autorités philippines décidaient enfin de fermer ce centre défectueux.

Côte-d'Ivoire, 1994

Depuis 1979, une équipe de chercheurs suisse étudie une colonie de chimpanzés dans le parc national de la forêt Taï en Côte-d'Ivoire. Il s'agit d'un reliquat de forêt primaire localisée dans l'ouest du pays. En novembre 1994, les chercheurs remarquent un nombre important de chimpanzés morts, dont certains présentent des signes hémorragiques. L'état de décomposition des animaux ne permet pas d'effectuer des prélèvements. Toutefois, un animal mort depuis moins de douze heures est repéré par l'équipe suisse. Des prélèvements sont effectués par trois chercheurs dont Brigitte, responsable de l'équipe. Huit jours après, Brigitte présente un syndrome fébrile ; elle est initialement traitée pour paludisme puis aux antibiotiques. Son état empire, elle présente une diarrhée et une éruption cutanée lorsqu'elle est hospitalisée à Abidjan. Elle sera alors évacuée par avion sanitaire en Suisse. Le personnel médical qui assurera le transfert est parfaitement équipé, il appliquera les procédures du CDC relatives au transport de sujets suspects de fièvres hémorragiques virales.

L'inefficacité des traitements et la localisation de la zone d'étude, à la frontière du Liberia, font évoquer la fièvre de Lassa. A l'hôpital universitaire de Bâle, la malade est isolée dans des conditions strictes, le personnel est spécialisé. Vers le neuvième jour, la fièvre disparaît, au quinzième Brigitte quitte l'hôpital pour une longue convalescence. Différents prélèvements ont été réalisés aussi bien à Abidjan qu'à Bâle. Ils seront transmis à l'Institut Pasteur de Paris et testés dans le laboratoire des fièvres hémorragiques, dirigé par Bernard Le Guenno. Ce laboratoire avait été créé en 1985 par Pierre Sureau et Pierre Rollin ; il ne correspond pas aux structures P4 telles qu'elles existent aux Etats-Unis. Il s'agit d'un laboratoire comportant une pièce à dépression à l'intérieur de laquelle est disposé un isolateur Vickers, sorte de boîte à gants en plastique, maintenue en dépression. Par un astucieux système, il est possible d'introduire des échantillons dans l'enceinte sans casser la dépression. Les tests sont alors réalisés dans l'isolateur ; le matériel est détruit après usage dans une autoclave. Cette structure relativement simple permet d'effectuer des diagnostics virologiques dans d'excellentes conditions.

Lorsque Le Guenno reçoit les échantillons, il les teste pour isolement du virus et pour étudier la présence d'anticorps contre les virus responsables de fièvres hémorragiques et certains arbovirus qui circulent en Afrique. La difficulté dans le cas présent réside dans les conditions de conservation des prélèvements effectués pendant la période fébrile, c'est-à-dire pendant l'hospitalisation de Brigitte à Abidjan. Les virus sont très sensibles à la température ; pour les conserver, il faut les maintenir congelés à très basse température (— 70 °C). A Abidjan, les échantillons ont été maintenus à la température ambiante plusieurs jours. Les chances d'isoler un virus sont très faibles. Bernard inocule les cellules Vero E6 et les observe quotidiennement. Après douze jours, il ne se passe rien ; il récupère le surnageant des cellules et l'inocule à d'autres cellules. Cette pratique est très courante, elle a pour but d'amplifier la quantité de virus. Au bout de quelques jours, Bernard observe que les cellules sont détruites, suggérant la présence d'un virus. Il teste les cellules avec les réactifs dont il dispose, mais tous les tests sont négatifs. Il adresse alors des cellules inactivées au laboratoire de microscopie électronique de l'Institut Pasteur. C'est la surprise : le virus que vient d'isoler Bernard ressemble à un filovirus. Le test suivant consiste à vérifier que le sérum de Brigitte prélevé pendant la période de convalescence possède des anticorps contre le virus récemment isolé. Le test est positif. Bernard fait appel aux collègues du CDC qui lui fournissent un complément de réactif, lui permettant d'identifier le virus Ebola [18]. La découverte est majeure, c'est la première fois que le virus Ebola est isolé d'un singe en Afrique. Car la souche en question n'a rien à voir avec le virus Ebola Reston provenant des Philippines et détecté à plusieurs reprises chez des singes macaques. Dans le cas présent, il s'agit d'une souche de virus Ebola d'origine africaine et proche des virus responsables des épidémies du Zaïre et du Soudan en 1976.

Des études épidémiologiques vont alors être réalisées, sous la direction de Pierre Formenty, un vétérinaire français, parmi les singes de la forêt Taï en Côte-d'ivoire [19]. Une étude rétrospective sur des échantillons prélevés depuis 1979 permettra d'établir que deux épizooties dues au virus Ebola se sont produites en novembre 1992 et en novembre 1994. Au cours de cette dernière, 25 % des singes seraient morts en quelques semaines. Le diagnostic de certitude a été porté sur le singe qui avait été autopsié par Brigitte ; la présence du virus Ebola a été détectée dans les organes. Ces découvertes permettent d'étendre la zone géographique de distribution du virus Ebola à l'Afrique de l'Ouest et de confirmer que les singes, en raison de leur grande sensibilité, ne constituent pas le réservoir du virus Ebola.

Kilwit (Zaïre), 1995 [20]

Près de vingt ans après, le virus Ebola réapparut au Zaïre, devenu la République démocratique du Congo, dans la ville de Kilwit, au sud du pays. De nombreux points sont communs entre cette nouvelle épidémie et celle de 1976, à Yambuku. L'alerte fut donnée lorsque la maladie s'amplifia dans l'hôpital général de Kilwit. Le personnel médical et des sœurs italiennes furent parmi les premières victimes. Les échantillons qui allaient permettre d'établir le diagnostic suivirent un chemin identique à celui de 1976. Ils furent d'abord adressés à l'Institut de médecine tropicale à Anvers. Mais cette fois le Pr Guido Van der Groen ne put rien faire. Son laboratoire avait cessé toute activité dans le domaine des fièvres hémorragiques virales, préférant, comme beaucoup d'autres, se consacrer à la recherche sur le sida, grande pourvoyeuse de crédits. Guido se résigna à expédier ces échantillons, avec un peu d'amertume, au CDC d'Atlanta.

Les techniques de diagnostic avaient beaucoup évolué depuis 1976. A cette époque, le seul moyen d'établir une identification d'un virus était de l'isoler par inoculation aux animaux de laboratoire ou sur des cellules. Ces méthodes sont longues, délicates, et représentent un risque de contamination non négligeable pour le personnel technicien. Depuis de nombreuses années, les chercheurs travaillaient à mettre au point des tests rapides (quelques heures) et sans risque. Dans les années 1980, avaient été développées des techniques d'immunocapture des antigènes par ELISA. Le spécialiste incontesté de ce type de test appliqué aux virus des fièvres hémorragiques était Tom Kziazek, du CDC [21]. Dans ce laboratoire avaient été également mis au point des tests d'amplification génique, PCR, permettant rapidement d'identifier avec précision la nature de l'agent infectieux et de réaliser sa carte d'identité par l'analyse de la séquence virale [22]. Dès réception des échantillons provenant de Kilwit, l'équipe du CDC confirma immédiatement les suspicions cliniques d'une infection à virus Ebola. De façon surprenante, la séquence de la souche de 1995 apparaissait quasi identique à celle de 1976.

L'OMS envoya alors une commission internationale pour lutter contre cette épidémie. Elle était composée d'experts provenant des mêmes instituts que ceux qui avaient été sollicités en 1976, mais c'était une nouvelle génération de chercheurs. L'Institut Pasteur dépêcha Bernard Le Guenno ; le CDC possédait l'équipe la plus nombreuse, comportant Pierre Rollin, ancien assistant de Pierre Sureau à Paris, qui avait rejoint le CDC en 1991, Philippe Calain et Ali S. Khan. Ils seront les premiers à arriver à Kilwit le 14 mai. D'autres suivront ; l'Afrique du Sud avait envoyé le grand spécialiste des fièvres hémorragiques, Bob Swanapoel, des experts belges puis suédois feront également partie de la commission internationale. A la grande différence de Yambuku, les médias étaient venus en force. Le film *Alerte* avait rendu le virus

Ebola très populaire. Une occasion rêvée pour les journalistes d'assister en direct à une épidémie due au plus redoutable virus connu. CNN avait envoyé la plus importante équipe ; Laurie Garrett, auteur célèbre du monumental *The Coming Plagues*, dédié aux virus des fièvres hémorragiques, ne pouvait pas être absente ; elle sera très active et écrira un nouvel ouvrage sur ce sujet.

Le cas initial était un fabricant de charbon de bois, Gaspard Manga, qui tomba malade le 6 janvier 1995 et décéda d'une infection fébrile associée à un syndrome hémorragique le 13 janvier à l'hôpital général de Kilwit. Il contamina trois membres de sa famille, probablement lors de la cérémonie funéraire ; la pratique traditionnelle veut que l'on touche le cadavre pour un dernier adieu. Cette pratique avait déjà représenté une des principales causes de transmission du virus en 1976. Par la suite, dix cas secondaires seront rapportés. Il n'y eut aucun survivant de ces quatorze premières infections. Une enquête rétrospective révéla que d'autres cas s'étaient produits dans les villages ; ils avaient été diagnostiqués « diarrhée rouge ». Une épidémie nosocomiale se produisit à l'hôpital obstétrique de Kilwit où au moins neuf employés furent contaminés. De façon surprenante, tous ces cas associés à une forte mortalité n'attirèrent pas l'attention des autorités sanitaires. L'alerte ne fut déclenchée qu'en mai 1995, soit cinq mois après le premier cas, lorsque l'épidémie se répandit dans l'hôpital de Kilwit.

Le premier cas, un jeune dénommé Kimfumu, était technicien de laboratoire dans un hôpital de Kilwit. Quand il est hospitalisé, le médecin suspecte une fièvre typhoïde, il sera traité aux antibiotiques. Mais son état se détériore rapidement, il présente de violentes douleurs à l'abdomen, il est transféré à l'hôpital principal de Kilwit. Les médecins pensent à une perforation intestinale et décident de l'opérer. Kimfumu décédera deux jours après l'intervention. Plusieurs membres de l'équipe chirurgicale seront contaminés par le virus Ebola. Ce fut le cas de l'anesthésiste, d'un infirmier et de sœur Floralba, d'origine italienne, qui sera transférée à l'hôpital de Mosango. Malgré des soins intensifs, sœur Floralba décédera le 25 avril ;

une de ses compatriotes sera contaminée à son contact. Le corps de sœur Floralba sera traité au formol (puissant décontaminant) avant d'être transféré à Kilwit pour les obsèques au cours desquelles plusieurs centaines de personnes toucheront une dernière fois le cadavre. Il n'y aura aucune transmission du virus. Le transfert de sœur Floralba sera à l'origine d'un nouveau foyer épidémique à l'hôpital de Mosango. Au total, entre les mois d'avril et de mai, on recensera vingt-trois cas d'infection à virus Ebola dont dix-huit décès (78 %).

Devant l'ampleur de l'épidémie, une réunion est organisée le 1er mai en présence du Dr J.-J. Muyembe-Tamfun. Celui-ci avait participé à l'épidémie Ebola de 1976 ; il évoque une étiologie identique pour expliquer les nombreux cas de dysenterie observés ces dernières semaines dans la région de Kilwit. Il assurera lui-même l'envoi des échantillons à l'Institut de médecine tropicale d'Anvers.

L'épidémie se poursuivra à Kilwit jusqu'à la fin juin 1995. Les moyens de lutte pour enrayer les contaminations en milieu hospitalier seront identiques à ceux qui avaient fait leurs preuves en 1976 : port de gants, masques, bottines, cagoules pour le personnel soignant, interdiction de contact étroit avec le malade ou le cadavre pour les familles. Une importante différence est à noter avec l'épidémie de Yambuku : il y eut très peu de contamination par les seringues, le matériel jetable était utilisé depuis plusieurs années pour lutter contre la transmission du sida.

Pour l'ensemble de la région, le bilan sera de 316 cas dont 244 décès (81 %) ; pour la seule ville de Kilwit, on recensera 262 cas [23].

Le plus surprenant au cours de cette épidémie aura été le délai de plusieurs semaines entre les premiers cas et l'alerte donnée par les autorités de santé. Comme pour l'épidémie de 1976, le personnel hospitalier paya un lourd tribut à la maladie jusqu'à ce que les précautions d'usage soient appliquées. L'hôpital joua un rôle déterminant dans l'amplification de la maladie, bien que la transmission par seringues soit inexistante. Le virus Ebola ne semble pas se transmettre directement d'homme à homme par aérosols, seuls des contacts étroits avec le malade ou le cadavre sont des sources de contamination. Toutes ces informations confirmèrent les données recueillies en 1976.

GABON, 1994-1996

Au cours de cette période, trois épidémies dues au virus Ebola se propagèrent au Gabon [24]. La première se produisit en décembre 1994, dans la province de l'Ogoué-Invido, dans deux campements de chercheurs d'or et dans un village au cœur de la forêt tropicale. Le diagnostic fut confus : on l'attribua initialement au virus de la fièvre jaune, mais on établit ultérieurement la circulation concomitante des virus de la fièvre jaune et Ebola. Au total, 49 malades furent admis à l'hôpital régional de Makokou, suspects de fièvre hémorragique ; 27 d'entre eux décédèrent (taux de mortalité 59 %). Une deuxième épidémie débuta en février 1996 : 18 personnes qui avaient dépecé un chimpanzé pour s'approvisionner en nourriture furent contaminées et rejoignirent l'hôpital de Makokou où 4 d'entre elles décédèrent ; leurs corps furent rapatriés par le fleuve, en pirogue, jusqu'à leur village. Les cérémonies funéraires se déroulèrent sans précaution particulière et furent la source de contamination secondaire. Entre juillet et août 1996, des cas isolés furent rapportés chez des chasseurs de singes du campement de Booué, associés à une mortalité élevée chez les chimpanzés vivant dans la région. Des cas secondaires furent alors rapportés. Au total, 37 cas dont 21 décès furent officiellement déclarés en novembre 1996. Un médecin gabonais qui avait réalisé une endoscopie dans une clinique privée de la capitale, Libreville, à un malade provenant de Booué fut contaminé. Devant l'évolution de la maladie, il se rendit en Afrique du Sud, à Johannesburg, pour traitement. Une infirmière qui l'avait soigné fut contaminée par le virus Ebola et décéda.

Une deuxième poussée épidémique fut observée dans trois villages autour de Booué entre novembre 1996 et mars 1997, au total 59 cas dont 45 décès furent recensés lors de cette dernière épidémie. Le virus Ebola fut isolé par C. Georges-

Courbot du Centre international de recherches médicales installé à Franceville [25]. La séquence du virus s'avéra très proche de celle des souches zaïroises ; le pouvoir pathogène de cette souche de virus Ebola Gabon était voisine des autres souches africaines, au total 147 cas dont 104 mortels (70 %) furent rapportés au cours de ces épidémies.

RÉPUBLIQUE DÉMOCRATIQUE DU CONGO, 1998 ET OUGANDA, 2000

Entre les mois de novembre 1998 et le début de l'année 1999, une épidémie due au virus Marburg a été rapportée chez des travailleurs d'une mine de diamant près de la ville de Durba dans le nord-ouest de la République démocratique du Congo. Au total, 88 cas dont 73 décès ont été recensés. L'état de guerre n'a pas permis de réaliser une enquête épidémiologique satisfaisante qui aurait peut-être abouti à la découverte du réservoir du virus. Dans la grotte dans laquelle ont été contaminés les ouvriers, on observa une forte densité de chauve-souris qui pourraient être un maillon important du cycle du virus Marburg. Il s'agit de la première épidémie importante attribuée à ce virus en Afrique après les cas sporadiques d'Afrique du Sud et du Kenya.

Une nouvelle épidémie de grande ampleur, due au virus Ebola, a été observée en Ouganda. Le premier cas a été détecté le 30 août 2000 et le dernier le 9 janvier 2001. Il y eut 425 cas présumés de fièvres hémorragiques, dont 224 décès (taux de létalité = 53 %). Il s'agit de la plus importante épidémie à virus Ebola connue à ce jour. Non seulement le nombre de cas est important, mais ceux-ci ont été rapportés dans différentes régions du pays. La maladie a été déclarée en octobre à la suite d'une flambée d'infection fébrile, accompagnée de gastro-entérites, de céphalées et parfois de signes hémorragiques. Le virus Ebola a été isolé à l'Institut national de virologie en Afrique du Sud. Il s'est révélé très proche des souches africaines précédentes, et notamment de celles de 1976. Comme pour les autres épidémies, la contamination a eu lieu en milieu hospitalier parmi le personnel soignant et les contacts familiaux. Parmi les victimes, le Dr Matthew Lukwiya, directeur de l'hôpital de Gulu (épicentre de l'épidémie), qui fut contaminé en portant aide à un malade. Son histoire a fait l'objet d'un émouvant article dans *The New York Times Magazine* daté du 18 février 2001. Au total 29 personnels soignants contractèrent la maladie, dont 17 décédèrent. La contamination eut lieu par des contacts étroits avec les malades. Les épidémiologistes du CDC révélèrent que les tenues de protection qui consistaient en le port de matériel jetable (blouse, masques, gants, lunettes, cagoule) étaient inconfortables pour le personnel hospitalier. Dans les conditions de température et d'humidité tropicale, les lunettes étaient régulièrement envahies de buée. Pour y remédier, les infirmiers, qui étaient en contact avec les malades, s'essuyaient souvent le visage et les yeux pour éliminer les gouttes de transpiration. Ce fut la cause de plusieurs cas de contamination. La substitution des lunettes par une visière constitua la solution (Pierre Rollin, communication personnelle). En dehors de l'hôpital, la propagation de la maladie s'est produite lors des obsèques par les contacts rituels avec les défunts. La transmission dans la communauté s'est interrompue lorsqu'on a décelé la flambée et mis en place des mesures de dépistage et d'isolement des malades. L'éducation des familles pour éviter les contacts avec les personnes symptomatiques ou mortes de fièvre hémorragique ainsi qu'une sensibilisation du personnel soignant ont permis de limiter la diffusion du virus.

GABON-CONGO, 2001 : « VOTEZ EBOLA »

Le virus Ebola est réapparu dans le nord du Gabon, et dans la région frontalière au Congo, en novembre 2001. Les cas initiaux se sont produits dans une famille dans le village de Mékambo. Six personnes seront infectées par le virus et décéderont à l'hôpital de Makokou, où une infirmière qui avait soigné les premiers cas sera à son tour contaminée. L'origine de l'épidémie au Congo semble double. Le virus a été introduit par des malades provenant du Gabon, mais d'autres cas sont rapportés chez des chasseurs qui ont été en contact avec un gorille. L'épidémie va se poursuivre dans cette région pendant plusieurs semaines ; on recensera plus de soixante cas avec une mortalité supérieure à 80 %. Au début du mois de décembre, une mission internationale est envoyée par l'Organisation mondiale de la santé afin d'organiser la lutte contre la maladie. Dès leur arrivée, les experts font face à une certaine hostilité de la part de la population locale. Les élections législatives du second tour prévu pour le 23 décembre ont été annulées. La population ne comprend pas cette mesure. La rumeur se répand que le virus Ebola n'existe pas, qu'il s'agit d'une invention des étrangers. La veille des élections, le slogan « votez Ebola » fait le tour de la ville. D'étranges pancartes sont installées : « Village Ebola : entrée prohibée aux personnes saines. » « Plantation Ebola : laissez vivre les habitants avec Ebola. »

C'est dans cette ambiance tendue que la mission OMS va devoir organiser la lutte. Comme pour toutes les épidémies précédentes, il faut désinfecter les locaux où ont séjourné les malades et créer un centre d'isolement. Cela n'ira pas sans difficulté : la nécessité de réquisitionner des bâtiments, l'absence de latrines, d'eau courante, d'incinérateur, d'électricité, et la présence d'une nappe phréatique affleurant la surface du sol sont autant de problèmes que dut résoudre la mission. Une fois installé, le centre sera de faible utilité ; les malades continuent à exiger d'être accueillis au sein de l'hôpital. D'autres ont fui l'hôpital, ils disperseront la maladie en créant des foyers secondaires dans les villages environnants. L'épidémie, qui semblait être sous contrôle à la fin décembre, repartira de plus belle au début de l'année 2002 (Hervé Zeller, communication personnelle).

Conclusion

Après vingt-cinq ans d'intenses recherches, on ne connaît toujours pas le réservoir des virus Ebola et Marburg. Des dizaines de milliers d'insectes (moustiques, tiques, punaises) et des milliers d'animaux (chauve-souris, rongeurs, oiseaux, serpents, mammifères divers) ont été capturés au cours des épidémies : aucune trace des filovirus n'a été détectée. Comme le souligne Tom P. Monath [26], les chauves-souris pourraient constituer le réservoir le plus probable, mais non encore démontré.

8

HANTAAN

Lorsque, le 27 mai 1993, le journal local *Albuquerque Journal* rapporte à la une la description d'une maladie nouvelle qui a déjà fait six morts chez les Indiens navajos dans la région des « Four Corners », limite d'Etat entre l'Utah, l'Arizona, le Colorado et le Nouveau Mexique aux Etats-Unis, les responsables de la santé s'attendent à une nouvelle « affaire ». Une maladie particulièrement grave qui ne toucherait que les Indiens. En quelques jours, le CDC trouvera la solution. Il s'agit d'une maladie nouvelle due à un virus appartenant au genre hantavirus — groupe de virus considéré, à cette époque, outre-Atlantique, comme exotique.

Cet extraordinaire succès du CDC, les autorités le devront avant tout à Saddam Hussein et à son arsenal de guerre bactériologique découvert durant la guerre du Golfe en 1990.

Sous la présidence de Ronald Reagan, les crédits militaires affluent ; il s'agit de faire fléchir les Soviétiques. L'équipe de l'USAMRIID à Fort Detrick reçoit des crédits quasi illimités pour poursuivre les recherches sur la prévention des armes de guerre biologique. Dans ce centre se forment de remarquables équipes de chercheurs, à la fois civils et militaires, qui vont s'intéresser tout particulièrement aux virus hautement pathogènes : Lassa, Ebola, Marburg (cf. chapitre 7, « Ebola »). Parmi ceux-ci, Connie Schmaljhon va devenir une référence mondiale dans l'étude du virus Hantaan, découvert quelques années au préalable en Corée. La structure moléculaire, les propriétés biologiques, le pouvoir pathogène de ce virus seront étudiés dans ce centre. Sous l'impulsion de Clarence Peters, une équipe d'épidémiologistes va se constituer ; leur objectif sera de mettre au point des tests rapides de diagnostic. Ce sera le travail de Tom Kziazek. En peu de temps, Fort Detrick devient le centre de référence pour la recherche des virus responsables des fièvres hémorragiques. Plus de cent chercheurs travaillent sur ce sujet dans des laboratoires à haute sécurité de niveau 4.

Mais à la fin de la guerre du Golfe, le Pentagone doit constater que les armes de guerre bactériologique de Saddam Hussein sont loin des préoccupations des chercheurs de Fort Detrick. Les Irakiens n'ont produit qu'un matériel peu sophistiqué et bien connu. Il s'agit principalement des toxines bactériennes (anthrax, botulinisme), qui n'ont rien à voir avec le redoutable virus Ebola. Les crédits sont revus très fortement à la baisse et on demande aux chercheurs une réorientation de leurs travaux. C'est le début de la « diaspora » : plusieurs chercheurs quittent Fort Detrick, certains rejoignent l'OMS, d'autres l'industrie, enfin, C. J. Peters, Tom Kziazek et Pierre Rollin (un ancien virologue de l'Institut Pasteur) rejoignent le CDC. Ils emmènent avec eux les réactifs qu'ils ont préparés pendant plusieurs années. Ils permettront le diagnostic du virus Hantaan.

La maladie des Indiens navajos, 1993 [1] [2]

Michael et sa compagne Rosina, âgés respectivement de dix-neuf et vingt et un ans, vivent dans la réserve des Indiens navajos localisée dans la région des « Four Corners ». Michael est un grand sportif, il a participé à plusieurs marathons. Le 4 mai, Rosina est malade, elle présente des symptômes qui évoquent la grippe. Mais son état se détériore rapidement ; elle est hospitalisée à Crown Point, et meurt quelques heures après son arrivée. Michael tombe malade le 12 mai ; il se rend à la clinique où un diagnostic de grippe est porté par le médecin. Il refuse d'être hospitalisé. Il participe aux funérailles de sa compagne. Son état empire, il présente des difficultés respiratoires, accompagnées de violentes douleurs thoraciques ; il sera finalement admis au service des urgences à l'hôpital de Gallup. Malgré des soins intensifs, Michael décède quelques heures après son hospitalisation. Le Dr Bruce Tempest qui l'a examiné a fait pratiquer, lors de son admission, une radio pulmonaire ; il observe d'importants épanchements : ses poumons sont inondés. Il se rappelle un cas similaire qui s'était produit un mois plus tôt chez une femme navajo âgée de trente ans. Il revoit alors en détail les dossiers médicaux de ces derniers mois et contacte différents confrères. En quelques heures, il recense cinq cas d'une mystérieuse maladie mortelle qui touche de jeunes adultes vivant dans la réserve navajo. Il n'a aucune idée sur la nature de la maladie, sinon que l'évolution dans tous les cas a été rapide et que, malgré des soins intensifs, tous les malades sont décédés quelques heures après leur hospitalisation.

Une autopsie et différents prélèvements ont été réalisés après les décès de Rosina et de Michael. La possibilité d'une maladie contagieuse est évoquée. On recherche d'abord *Yersinia pestis,* l'agent de la peste, maladie présente dans cette région de l'ouest des Etats-Unis, ainsi que d'autres bactéries. Les résultats sont négatifs. L'analyse des coupes de tissus n'apporte aucune évidence de la présence d'un germe.

Quelques jours après, un nouveau cas est rapporté à l'hôpital universitaire d'Albuquerque ; il s'agit de Frank, le beau-frère de Michael, qui a assisté à l'enterrement de sa sœur. Les radios pulmonaires présentent des images similaires aux cas précédents. Mais son état général est meilleur ; il est hospitalisé, les médecins prennent des précautions extrêmes lors des visites. Au bout de quelques jours, son état s'améliore, il quitte l'hôpital. C'est au tour de son épouse Dolores d'être malade. Elle présente de la fièvre, les clichés de radio pulmonaire montrent des images similaires à une tempête de neige, les poumons sont infiltrés de liquide. La maladie évolue de façon spectaculaire, d'heure en heure son état se dégrade. Elle respire de plus en plus difficilement. L'analogie avec la maladie de Rosina et Michael est évident. Les médecins observent aussi d'importantes anomalies dans la formule sanguine.

Dolores est admise au service des soins intensifs, son état continue de se dégrader rapidement. En quelques jours sont rapportés six autres cas de la mystérieuse maladie dans ce département de l'hôpital. Une cellule de crise est mise en place. La transmission d'un agent infectieux par aérosols est évoquée, la peur gagne l'hôpital. Trois infirmières qui ont eu à s'occuper de Dolores présentent un syndrome fébrile d'origine inconnue. Les journalistes se saisissent de l'affaire, on parle d'une mystérieuse maladie des Indiens navajos. Dans la région, un vent de panique souffle ; un bus transportant des enfants navajos en Californie est refoulé à la frontière d'Etat, des touristes traversent les réserves munis de masques. Les Indiens navajos sont regardés avec suspicion, de nombreux exemples de discrimination sont rapportés aux autorités. Les Navajos émettent l'hypothèse de l'introduction d'une maladie nouvelle dans la réserve par des touristes.

Les réunions se succèdent à l'hôpital, on parle de grippe en référence à l'épidémie de 1918. Il est décidé d'adresser les échantillons au CDC d'Atlanta. Des prélèvements seront fournis aux différents départements. La solution viendra du Special Pathogen Branch. Il s'agit du laboratoire à haute sécurité (P4) du CDC, à l'origine de nombreuses découvertes dans le domaine des fièvres hémorragiques. Ce laboratoire a été dirigé successivement par les grands noms de la virologie, Karl Johnson, Joe McCormick et, depuis peu, Clarence J. Peters. Le sérum de six sujets décédés de la nouvelle maladie, ainsi que les prélèvements effectués au stade convalescent chez Frank et Dolores — qui finalement se remettra de son infection — vont être testés dans le service de Pierre Rollin. Celui-ci possède une batterie d'antigènes contre les différents virus responsables de fièvres hémorragiques : Lassa, Ebola, Marburg, Rift Valley Fever, Congo-Crimean Hemorrhagic Fever et Hantaan. Il pratique un test sérologique ELISA. En cas de réaction positive, une coloration apparaît dans les cupules. En quelques heures, le diagnostic peut ainsi être réalisé. Au moment de la lecture, c'est la surprise : les sérums testés réagissent avec le virus Hantaan, mais la réaction n'est pas franche. Le résultat est douteux. Pierre répète le test, le même résultat est observé. Il analyse ces données avec l'équipe du CDC. Cette faible réaction n'est pas sans rappeler une observation similaire réalisée précédemment par Tom Kziazek.

Après avoir mis au point le test diagnostic dans le laboratoire de l'armée américaine à Fort Detrick, Tom avait expérimenté cette technique sur le terrain parmi les militaires américains présents en Corée où le virus Hantaan est endémique. Les résultats de ce test confirmèrent l'intérêt d'une méthode rapide pour le diagnostic de sujets atteints de fièvre hémorragique de Corée due au virus Hantaan. En 1989, Tom s'était rendu à Sarajevo pour réaliser des recherches similaires chez les militaires engagés dans le conflit des Balkans. Dans cette région circulent deux hantavirus : un virus proche du virus Hantaan, responsable d'une fièvre hémorragique, et le virus Puumala, responsable d'un syndrome d'insuffisance rénale aiguë. Les tests réalisés par Tom vont révéler que les sérums des sujets infectés avec le virus Hantaan réagissent faiblement avec le virus Puumala, et vice versa. En d'autres termes, il est nécessaire de posséder au moins deux virus pour effectuer un diagnostic d'une infection due à un hantavirus dans cette région. Cette observation va permettre de guider l'équipe du CDC pour le diagnostic de la maladie des Indiens navajos.

Il est décidé de tester les sérums avec les différents hantavirus connus. Les réactions demeurent faiblement positives. L'équipe du CDC évoque alors la présence d'un virus nouveau apparenté aux hantavirus. Le diagnostic de certitude nécessite l'isolement du virus. Mais cette étape est longue, il faut plusieurs semaines, et le résultat est incertain. A ce stade, la plus grande prudence est exigée. Communiquer le résultat aurait pour conséquence de désorganiser les recherches actuelles et, en cas d'erreur, de porter un discrédit au CDC.

Il est décidé de faire appel au techniques modernes d'amplification génique pour rechercher un hantavirus dans les prélèvements effectués pendant la phase aiguë de la maladie. Ce travail est confié à Stuart Nichol, un spécialiste de cette technologie de pointe qui vient de rejoindre le CDC. Cette technique que nous avons décrite au chapitre 4 au sujet de la grippe, est largement utilisée pour établir des diagnostics virologiques. Mais une difficulté survient : le virus que l'on recherche est inconnu. Nichol consulte les bases de données concernant la séquence des hantavirus. Il identifie une région conservée dans le génome de ce groupe de virus. Il synthétise une amorce correspondant à cette région. Puis il réalise le test d'amplification : si la chance lui sourit, l'amorce va reconnaître la région et la réaction va se dérouler. Le résultat est positif, il obtient une fraction de l'information génétique du virus. La suite est beaucoup plus simple, il suffit de préparer de nouvelles amorces à partir de la région déjà découverte et progressivement d'obtenir l'information génétique correspondant au virus. L'examen de la carte d'identité du virus ne fait aucun doute, il s'agit bien d'un hantavirus, mais différent de tous ceux connus à ce jour. C'est un extraordinaire succès des méthodes modernes de diagnostic. Lorsque les résultats seront publiés, l'éditeur de la revue *Science* soulignera, sous le titre « Virologie sans virus », que la séquence de ce nouveau virus a été obtenue avant que le virus soit isolé [3].

En moins d'un mois, le mystère de la maladie des Indiens navajos était résolu. Il fallut beaucoup plus de temps pour que le CDC et l'USAMRIID isolent ce nouveau virus. Il restait à le baptiser. « Four Corners virus » fut la première proposition, elle fut immédiatement rejetée par les autorités navajos : dans la région, le « Four Corners Monument » est une attraction touristique très connue. On proposa alors « Muerto Canyon virus », d'après une rivière à proximité du lieu où furent rapportés les premiers cas. Cette dénomination fut également rejetée ; après plusieurs propositions infructueuses, C.J. Peters proposa « Sin Nombre virus », le « virus sans nom » ; évidemment, l'unanimité se fit sur ce choix. Cette anecdote n'est pas sans rappeler le virus Semliki Forest. Le nom provient du district de Semliki en Ouganda, qui fut découvert et décrit par le grand explorateur anglais Livingston. Séduit par ce magnifique site, il demanda à un membre de son équipe quel était le nom de ce lieu. Celui-ci répondit en langage vernaculaire : « Sem liki » — je ne sais pas !

Quant à la maladie induite par ce nouveau virus, elle fut

logiquement appelée le syndrome pulmonaire dû à un hantavirus, ou *Hanta Pulmonary Syndrom* (HPS).

L'appartenance de ce virus au groupe des hantavirus amena les épidémiologistes à rechercher le réservoir parmi les rongeurs. Plus d'un millier de spécimens furent capturés dans la région épidémique. Rapidement il fut établi que la souris (*Peromyscus maniculatus*) était le réservoir du virus Sin Nombre ; près de 30 % des souris capturées présentaient des anticorps contre ce virus [4]. La parfaite identité de la séquence du virus chez l'homme et la souris fut démontrée. La biologie moléculaire appliquée au diagnostic faisait des merveilles. Toutefois, une surprise attendait Nichol. Alors qu'il examinait la séquence d'un virus isolé chez un patient décédé à Snowflake en Arizona, il observa que celle-ci différait des souches virales connues d'Arizona. En fait, l'homme vivait à Hesperus dans le Colorado. Lorsque la séquence des souches virales des souris capturées à Hesperus fut connue, elle se révéla totalement identique à celle du malade. Cette technique eut même une application légale. Une personne qui travaillait à Gallup fut contaminée par le virus Sin Nombre, et envisagea d'attaquer en justice son employeur. La séquence du virus obtenue chez cette patiente se révéla différente des souches de Gallup, et était également différente des virus découverts dans la localité de la patiente. Au domicile de celle-ci se trouvait une voiture abandonnée ; une souris y fut capturée, qui abritait un virus Sin Nombre identique à celui détecté chez la malade [5].

La soudaine survenue d'une épidémie due à un nouveau virus posait la question des facteurs qui pouvaient expliquer une telle émergence. Les années 1992 et 1993 avaient été particulièrement pluvieuses, l'herbe était relativement abondante dans cette région désertique. La densité de rongeurs, et en particulier de *Peromyscus maniculatus*, avait été multipliée par trente, créant ainsi les conditions favorables à l'amplification du virus et à sa transmission à l'homme. Cette découverte était essentielle, il devenait possible d'anticiper la circulation du virus en relation avec la pluviométrie. Mais comment expliquer ce brutal changement du climat ?

Le phénomène El Niño pourrait en être la source. Tous les trois à sept ans se produit un important réchauffement de la surface de l'eau dans l'océan Pacifique. Cette modification entraîne d'intenses pluies sur la côte ouest du continent américain. Le nom El Niño (l'Enfant-Jésus) vient du fait que ce phénomène apparaît à Noël ; il s'était produit deux années consécutives, entre 1991 et 1992, et avait provoqué de fortes pluies dans la région des Four Corners. L'épidémie avait débuté l'année suivante. Entre 1993 et 1994, cinquante-deux cas de syndrome pulmonaire à hantavirus ont été rapportés dans cette région. Par la suite, dans les trois années qui ont suivi, seulement quatorze cas ont été recensés. Puis la survenue d'un nouvel effet El Niño, en 1997, s'est traduit par une nouvelle flambée épidémique entre 1997 et 1998 [6].

A la recherche d'un virus de rongeurs

La trace de la probable existence d'une maladie liée aux hantavirus a été retrouvée dans un ouvrage de médecine chinoise daté de 960. En Eurasie, on a signalé dès le début du XXe siècle diverses fièvres hémorragiques avec des syndromes analogues : la fièvre de Sogo en Chine, la fièvre hémorragique avec syndrome rénal en Union soviétique, la fièvre hémorragique épidémique au Japon, la néphropathie épidémique en Scandinavie, la fièvre hémorragique de Corée. Toutes ces dénominations se rapportent à un syndrome bien défini, mais aucun agent infectieux n'avait été associé à ces différentes maladies.

C'est lors de la guerre de Corée en 1951 que fut portée à la connaissance des médecins occidentaux une maladie rare, connue localement sous le terme de fièvre hémorragique de Corée. Plus de trois mille soldats des troupes de l'ONU engagés dans le conflit furent atteints d'une infection associant un syndrome hémorragique sévère et une insuffisance rénale aiguë, accompagnée d'une mortalité de 15 %. Le Dr Carleton Gajdusek publia un rapport sur l'existence des fièvres hémorragiques connues en Union soviétique [7]. Ces différentes fièvres hémorragiques touchaient à la fois l'Extrême-Orient, l'Asie centrale et la partie européenne de l'Union soviétique ; elles étaient connues sous différentes appellations : fièvre hémorragique avec syndrome rénal en Asie, fièvre hémorragique de Crimée, fièvre hémorragique d'Omsk, fièvre hémorragique d'Uzbekistan, fièvre hémorragique de Bukovine. L'étiologie de ces différentes maladies n'était pas connue à cette époque, bien que le rôle des virus fût soupçonné. Gajdusek attirait également l'attention sur les similitudes entre la fièvre hémorragique avec syndrome rénal d'Extrême-Orient et la néphropathie épidémique décrite en Scandinavie, cette dernière pouvant être considérée comme une forme atténuée de la maladie asiatique.

Aucun progrès ne fut réalisé dans la détermination de l'agent causal de la fièvre hémorragique de Corée dans les vingt-cinq années qui suivirent la guerre. Mais au cours de cette période, différentes fièvres hémorragiques étaient décrites dans le monde, et les virus responsables caractérisés. En Amérique du Sud étaient découvertes la fièvre hémorragique d'Argentine et la fièvre hémorragique de Bolivie, toutes les deux dues à des arénavirus et associées aux rongeurs. En Union soviétique, les chercheurs établissaient que la fièvre hémorragique de Crimée était due à un arbovirus transmis par les tiques. Ce virus appartenait à la famille des *Bunyaviridae*. La fièvre hémorragique d'Omsk était également transmise par piqûre de tiques, et le virus était un flavivirus. En Afrique, le virus Lassa était isolé et le cycle de transmission établi. A la fin des années 1960, sous l'impulsion de Karl Johnson, se créait un groupe de spécialistes qui focalisaient leur recherche sur les fièvres hémorragiques d'origine virale. Les données acquises à cette date montraient qu'à travers un syndrome bien défini existaient de nombreux virus qui appartenaient à des familles très variées et dont les cycles de transmission étaient différents.

Nous devons au Dr Ho Wang Lee d'être à l'origine de la découverte du virus Hantaan. Après avoir obtenu son diplôme de médecin, Ho Wang Lee avait étudié les arbovirus à l'université du Minnesota aux Etats-Unis. Après son retour en

Corée, il poursuivit ses recherches sur ce groupe de virus, et il lui avait été demandé d'étudier tout particulièrement le virus de l'encéphalite japonaise, maladie endémique en Corée. Son travail avait pour but de préciser le rôle des serpents dans le maintien du virus de l'encéphalite japonaise. Lee détestait les serpents, autant dire que les deux années de recherche sur ce sujet ne furent pas très productives. Il décida alors de réorienter ses travaux sur la fièvre hémorragique de Corée. Une collaboration s'établit avec Johnson qui travaillait au Middle America Research Unit (MARU) à Panama, à la recherche des fièvres hémorragiques d'Amérique du Sud. Johnson avait effectué un séjour en Union soviétique avec un groupe de scientifiques américains, dont le fameux spécialiste des arbovirus, Jordi Casals. A cette occasion, ils avaient pris contact avec leurs homologues russes et analysé les données disponibles sur les fièvres hémorragiques d'Union soviétique [8]. Johnson avait conclu que la fièvre hémorragique d'Extrême-Orient était certainement due à un virus transmis par les rongeurs. Le syndrome hémorragique semblait lié à une réponse du système immunitaire, la présence d'anticorps neutralisants pendant l'apparition du syndrome hémorragique pouvait expliquer l'impossibilité d'isoler le virus à partir du sang des malades, et ce malgré les nombreuses tentatives effectuées par les chercheurs russes.

Johnson pensait que pour détecter le virus il fallait se focaliser sur le rongeur ; celui-ci présentait probablement une infection chronique persistante, et il semblait possible de détecter la présence du virus dans les tissus. Ho Wang Lee partageait cette hypothèse. Deux approches techniques furent donc envisagées pour rechercher le virus responsable de la fièvre hémorragique de Corée : la première consistait à cultiver les cellules d'organes de rongeurs avec des cellules Vero utilisées dans les laboratoires de recherche ; cette technique est appelée coculture. La seconde consistait à détecter la présence du virus dans les organes des rongeurs au moyen de sérums de sujets convalescents, par une méthode dite d'immunofluorescence. A l'époque, cette technique était très utilisée ; elle consiste à préparer de fines coupes de tissus d'organes de rongeur et de les fixer sur une lame de verre, puis d'ajouter le sérum du malade. La réaction antigène-anticorps est révélée au moyen d'un composé chimique fluorescent. L'observation est effectuée avec un microscope spécial.

Les travaux s'orientèrent d'abord sur la première approche. Après deux ans de recherche, Ho Wang Lee isola deux virus de rongeurs qui n'avaient rien à voir avec l'agent de la fièvre hémorragique de Corée. La déception était grande. Il fut alors décidé de s'orienter vers la seconde approche. Ho Wang Lee s'attaqua à découper les organes de rongeurs ; au bout de plusieurs mois, il détecta la présence du virus dans les poumons de la souris *Apodemus agrarius*. Le chercheur affirmait que cette réaction était spécifique et qu'il était en mesure d'établir à coup sûr un diagnostic chez les malades. Johnson lui fit parvenir une série de sérums codés qui avaient été rapportés, par Casals, lors de leur séjour d'Union soviétique. Lorsque Ho Wang Lee les testa sur les coupes de tissus pulmonaires de rongeurs, il apparut que tous les sérums prélevés chez les sujets atteints de fièvre hémorragique avec syndrome rénal étaient positifs par sa méthode. Par contre, les sérums négatifs ne réagissaient pas ; et, surtout, des sérums prélevés chez des sujets atteints d'autres fièvres hémorragiques étaient également négatifs. La technique de Ho Wang Lee était spécifique. Il restait à isoler le virus. Ho Wang Lee eut une idée géniale. Après de nombreux échecs pour isoler le virus par inoculation à la souris de laboratoire, il proposa d'essayer l'isolement par inoculation à l'espèce *Apodemus*. Mais il n'existait pas de colonie de ce rongeur utilisable en laboratoire. Lee se rendit dans l'île de Jeju où la maladie n'avait jamais été décrite, il y captura de nombreuses souris de l'espèce *Apodemus*. Après avoir vérifié l'absence d'infection chez ces rongeurs, il inocula les échantillons provenant d'autres souris du genre *Apodemus* où la présence du virus avait été établie, ou encore des prélèvements réalisés chez les malades. Lee fut alors en mesure de détecter la présence du virus dans les poumons des rongeurs. Le virus responsable de la fièvre hémorragique de Corée venait d'être découvert et cultivé *in vivo*[9]. Il fut dénommé Hantaan, en référence à une rivière qui coule à la frontière des deux Corée [10].

Par la suite, les chercheurs du CDC et de l'USAMRIID, aux Etats-Unis, adaptèrent ce virus à la croissance sur les cellules Vero.

A quelle famille appartenait ce nouveau virus ?

La biologie moléculaire allait apporter la solution. L'examen en microscopie électronique révélait la présence de particules sphériques, enveloppées, proches des virus de la famille des *Bunyaviridae.* Il existe plus de deux cents virus appartenant à cette famille, répartis en quatre genres : bunyavirus, nairovirus, phlébovirus et uukuvirus. L'analyse de la séquence de l'extrémité 3' du génome révèle qu'elle est spécifique à chaque genre, et, pour un genre donné, tous les virus ont la même séquence. Par exemple, la séquence en acides nucléiques de l'extrémité 3' des nairovirus est la suivante : AGAGAUUCU ; celle des phlébovirus UGUGUUUC. La séquence du virus Hantaan : AUCAUCAUCU, se révéla différente de tous les virus connus ; elle définissait un nouveau genre qui fut appelé hantavirus [11]. L'appartenance du virus Hantaan à la famille des *Bunyaviridae* constituait une surprise pour les virologues. Jusqu'à présent, tous les virus de cette famille étaient transmis par les insectes ; pour la première fois, un virus associé aux rongeurs était décrit dans cette famille.

L'adaptation de la culture du virus aux cellules Vero E6 permettait de posséder un outil de diagnostic rapide. Il fut établi que les sérums de sujets atteints de néphropathie en Scandinavie réagissaient avec le virus Hantaan. Un nouveau virus fut isolé du campagnol *Clethrionomys glareolus* et dénommé virus Puumala. Cette affection se révéla très largement répandue en Europe. En France, la néphropathie due au virus Puumala a été rapportée dès 1982. En 1990, à l'Institut de Paris, j'isolai la première souche de ce virus à partir du sérum d'un jeune militaire qui avait fait des manœuvres dans les Ardennes. Rapidement, en collaboration avec le Dr J.-N. Ottavioli, nous établissions que cette infection était relativement fréquente. A l'hôpital de Charleville-Mézières, un tiers des insuffisances rénales aiguës étaient dues au virus Puumala [12]. Ces observations furent par la suite confirmées. En 1999, 118 cas ont été rapportés ; 40 % d'entre eux provenaient de la région Champagne-Ardennes. Les épidémies se succèdent en France selon un cycle d'environ trois ans : 1993 (157 cas), 1996 (211 cas). La maladie ne touche qu'une frange de la population, il s'agit des forestiers, des chasseurs, des ramasseurs de champignons, des promeneurs en forêt, etc. La contamination se fait par les aérosols provenant des déjections des rongeurs. La maladie est toujours d'évolution favorable.

En quelques années, de remarquables travaux ont été réalisés pour préciser le rôle des hantavirus. Il existe au moins deux formes de la maladie : une forme bénigne que l'on trouve en Europe de l'Ouest sous le terme de néphropathie épidémique due au virus Puumala, et une forme grave localisée principalement en Extrême-Orient, connue sous la dénomination de fièvre hémorragique due au virus Hantaan. L'OMS donna le nom de fièvre hémorragique avec syndrome rénal (FHSR) proposé par S. Chumakov en 1954 (voir plus loin) pour décrire ces différentes infections. Telle était la situation dans les années 1980. Par la suite, d'autres virus ont été isolés : il s'agit notamment du virus Séoul transmis par le rat *Rattus rattus*. La maladie qui en résulte appartient au groupe des fièvres hémorragiques. De même, dans les Balkans a été décrit le virus Dobrova, responsable d'une forme sévère voisine de la maladie d'Extrême-Orient. Aux Etats-Unis, les chercheurs avaient isolé, en 1982, un hantavirus à partir de rongeurs capturés dans la propriété de C. Gajdusek, dans le Maryland (à quelques kilomètres de Camp David). Ce virus fut appelé Prospect Hill ; il avait été isolé de la souris *Microtus pennsylvanicus*, mais aucune maladie n'était associée à ce nouveau virus. C'est une des raisons du désintérêt des autorités sanitaires américaines pour ce groupe de virus. On peut imaginer leur surprise lorsque, en 1993, apparut le syndrome pulmonaire à hantavirus.

En Afrique, aucun hantavirus n'a jamais été isolé. Des preuves sérologiques d'une éventuelle présence d'un hantavirus ont été rapportées en République centrafricaine et à

Madagascar. Au Sénégal, en Casamance, au cours d'études séro-épidémiologiques, j'avais rapporté que 16,5 % de la population possédaient des anticorps contre le virus Hantaan. Il s'agit de la plus forte prévalence, pour ce groupe de virus, observée à ce jour parmi les populations humaines [13]. Ces observations préliminaires ont été obtenues en dehors de toute épidémie. Elles incitent à essayer de rattacher la présence d'un hantavirus à un syndrome différent de ceux connus à ce jour.

LES HANTAVIRUS, DES VIRUS ANCIENS À LARGE DISTRIBUTION

A l'exception de l'Afrique et de l'Australie, les hantavirus ont une répartition cosmopolite ; ils occasionnent différents syndromes, leur incidence est très variable.

Russie

En Russie, 97 % des cas sont rapportés dans la partie européenne ; ils sont dus au virus Puumala. La Russie septentrionale ne recense que 3 % des cas, mais il s'agit de la forme sévère due au virus Hantaan. Il existe d'autres hantavirus en Russie, notamment les virus Séoul et Dobrava, ainsi que des virus récemment isolés, Tula, Khabarvsk, ou encore Topografov. La fièvre hémorragique avec syndrome rénal est connue depuis 1930 en Sibérie. Dans la région de Moscou, la fièvre de Tula, décrite également dans les années 1930, s'est révélée due à un hantavirus. Pendant près de cinquante ans, cette maladie était considérée comme un problème de santé publique non négligeable. Elle était connue dans différentes provinces du sud de la Russie sous des noms divers. En 1954, le grand virologue M. Chumakov proposa d'unifier sous le terme de fièvre hémorragique avec syndrome rénal (FHSR) — que reprendra l'OMS plus tard — l'ensemble des infections décrites en russie.

Entre 1978 et 1997, au total 112 524 cas de FHSR ont été rapportés en Russie, principalement en milieu rural. Bien que largement réparti sur l'ensemble du territoire, le principal foyer se trouve dans l'Oural et dans le bassin de la Volga, et notamment dans la région de Bashkiria où l'incidence annuelle atteint 58,3 cas pour 100 000 habitants [14].

La Chine

En Chine, la FHSR a été décrite dès les années 1930, mais son aire de distribution est restée limitée aux provinces du Nord-Est jusqu'en 1950. Puis, progressivement, la maladie s'est déplacée vers le centre du pays. Le réservoir est *Apodemus agrarius* qui abrite le virus Hantaan, une situation similaire à la Corée. De sévères épidémies de FHSR avec des taux de mortalité supérieure à 10 % ont été rapportées dans ces régions situées au-dessus du 25e parallèle nord. Puis, à partir de 1981, la maladie est apparue dans les provinces du Sud, associée non plus au virus Hantaan mais au virus Séoul, avec pour réservoir le rat *Rattus norvegicus*. Il aura donc fallu près de cinquante ans pour que la plus grande partie de la Chine soit touchée par les hantavirus.

La FHSR est principalement décrite en milieu rural. Dans les années 1980, les paysans ont été autorisés à produire pour leur propre compte ; progressivement les récoltes ont été stockées dans les maisons individuelles et non plus dans les coopératives d'Etat. Cette modification des pratiques agricoles a favorisé la pullulation des rongeurs et l'amplification du virus Hantaan. Entre 1980 et 1986, on a recensé dix fois plus de cas de FHSR. A partir de 1987, l'incidence de la maladie s'est stabilisée. En zone endémique, l'incidence annuelle est d'environ 5 cas pour 100 000 habitants. La lutte contre les rongeurs au moyen de pièges empoisonnés s'est révélée efficace et a réduit de façon significative leur densité [15].

Europe occidentale

En Europe de l'Ouest, seul est présent le virus Puumala, responsable de la forme bénigne de FHSR. La maladie avait été décrite pour la première fois, en 1934, dans le nord de la Suède. Les techniques modernes de diagnostic ont permis de constater qu'un grand nombre d'infections dues au virus Puumala sont asymptomatiques. En Suède, l'incidence annuelle est de 20-30 cas pour 100 000 habitants. La situation est beaucoup plus complexe dans les Balkans où au moins deux virus circulent : Puumala et Dobrova. Ce dernier virus associé aux rongeurs, *Apodemus flavicollis*, est responsable d'une forme sévère de FHSR comparable à la maladie induite par le virus Hantaan en Extrême-Orient. La mortalité consécutive aux infections avec le virus Dobrova peut atteindre 15 %. Toutefois, le nombre de cas est faible, généralement une centaine par an. Durant le conflit des Balkans, plusieurs épidémies de FHSR ont été rapportées dans cette région.

Continent américain

L'isolement du virus Prospect Hill en 1982 avait été une curiosité biologique sans conséquence en termes de santé publique. La découverte du virus Sin Nombre et du syndrome pulmonaire qui lui est associé allait être à l'origine d'intenses recherches pour préciser l'importance de la maladie. Le rongeur réservoir de ce virus, *Peromyscus maniculatus,* a une aire de distribution qui englobe la quasi-totalité de l'Amérique du Nord, à l'exception de la côte est des Etats-Unis et du Mexique. Dans les régions où le rongeur est absent, la maladie a toutefois été décrite. C'est le cas du nord-est des Etats-Unis où des cas de syndrome pulmonaire à hantavirus ont été rapportés ; ils sont dus au virus New York dont le réservoir est la souris *Peromyscus leucopus*. En outre, des cas d'une maladie légèrement différente ont été rapportés en dehors de l'aire de distribution des *Peromyscus*, attribués aux virus Black Creek Canal et Bayou. Ces deux virus provoquent un syndrome respiratoire classique plus un syndrome rénal. Depuis la description des premiers cas, un total de plus de trois cents cas de Syndromes Pulmonaires à Hantavirus (SPH) ont été rapportés aux Etats-Unis, avec deux pics d'activité en 1993-1994 et en 1998.

En Amérique du Sud, le SPH a été décrit pour la première fois chez un jeune de la région de Esquel dans les Andes.

Quelque temps plus tard, un deuxième cas était rapporté à Castro (Chili). Un nouvel hantavirus dénommé Andes fut décrit à cette occasion, dont le réservoir pourrait être le rat nain à longue queue, *Oligoryzomys longicaudatus*. A ce jour, plus de quatre cents cas de syndromes pulmonaires à hantavirus dus au virus Andes ont été rapportés dans différents pays d'Amérique du Sud, et notamment en Argentine, au Chili et en Uruguay. D'autres hantavirus ont été récemment découverts et associés à des syndromes similaires.

LA DIVERSITÉ DES HANTAVIRUS

Plus de vingt hantavirus ont été caractérisés ces dernières années. Chaque nouveau virus est associé à une espèce particulière de rongeur. Cette situation est particulièrement marquée en Amérique du Sud. Le virus Andes est associé avec le rongeur *Oligoryzomys longicaudatus,* le virus Rio Mamore à *Oligoryzomys microtis,* le virus Lechiguanas à *Oligoryzomys flavescens,* le virus Laguna Negra à *Calomys laucha,* le virus Maciel à *Bolomys obscurus.* Pour expliquer cette étroite relation entre un virus et une espèce de rongeur, on doit évoquer l'hypothèse d'une coévolution rongeur-virus, comme nous l'avons présentée pour les arénavirus. Un rongeur ancestral de la famille des *Muridae* a pu être infecté par un hantavirus, puis, lors de la spéciation des rongeurs, il y a plus de trente millions d'années, en sous-familles *Murinae*, *Arvicolinae* et *Sigmodontinae*, le couple rongeur-virus a évolué pour aboutir à la diversité actuelle [16].

En se référant à la classification non plus au niveau des espèces mais des sous-familles, on remarque une association entre les virus et les maladies qu'ils provoquent chez l'homme. La sous-famille des *Murinae* héberge les virus Hantaan, Séoul et Dobrova, agents responsables de la forme sévère de la fièvre hémorragique avec syndrome rénal. La sous-famille *Arvicolinae* comporte différents virus proches du virus Puumala et associés à la forme bénigne de FHSR. Enfin, la sous-famille *Sigmodontinae* contient différents virus responsables du syndrome pulmonaire à hantavirus sur le continent américain.

Il est remarquable de constater que tous ces virus vivent en parfait équilibre avec les rongeurs qui les abritent. Après plusieurs millions d'années d'évolution, l'équilibre est maintenu ; plus surprenant encore, quel que soit le virus concerné, il se révèle non pathogène pour les différentes espèces de rongeurs. Le mécanisme par lequel ces virus, qui comportent seulement une demi-douzaine de gènes, se sont adaptés au système immunitaire des rongeurs, pour induire une infection chronique et à l'opposé provoquer chez l'homme des syndromes sévères souvent d'évolution fatale reste un mystère. L'infection des rongeurs se fait par contacts entre animaux infectés et animaux sains (transmission horizontale). Il n'existe pas de transmission du virus par voie verticale (d'adulte à nouveau-né). Les jeunes acquièrent le virus par contacts avec les autres rongeurs ou leurs déjections. Le virus Sin Nombre semble être transmis par aérosols.

A quoi correspond cette diversité des virus du genre hantavirus ? Autrement dit, comment définit-on une espèce virale ?

L'incorporation d'un virus nouveau dans une famille est la première étape. L'examen en microscopie électronique permet facilement de différencier les familles. Par exemple les *Filoviridae* (virus Ebola) se présentent sous forme d'un long filament, alors que les *Flaviviridae* (virus de la fièvre jaune) ressemblent à une petite sphère. Au sein d'une famille, tous les virus sont semblables en termes de morphologie. Pour les différencier, les virologues font appel à des techniques sérologiques. Les relations du virus à caractériser avec les virus existants sont établies au moyen d'une réaction antigène-anticorps. L'identification définitive s'effectue par un test de neutralisation qui peut être effectué *in vitro* (dans un tube) ou *in vivo* (chez l'animal). Lorsqu'on mélange un sérum préparé avec un virus A et le virus à identifier, si ce dernier est similaire au virus A, il sera neutralisé par les anticorps. Le mélange virus-anticorps inoculé à des cellules ou à des animaux de laboratoire aboutira à une infection abortive. S'il s'agit des cellules, on n'observera aucune destruction, s'il s'agit d'animaux, ceux-ci seront protégés. Ces méthodes sont d'une grande spécificité, c'est ainsi que la découverte des trois sérotypes de virus polio a été initialement obtenue par inoculation aux singes. L'animal reçoit le virus polio type 1 : s'il présente une infection bénigne, il sera immun contre ce sérotype. Par contre lorsqu'il reçoit, ultérieurement, un virus polio type 2, il n'est pas protégé, et il pourra présenter la maladie. Ces techniques de neutralisation permettront de conclure à l'identité de deux virus.

Dans le cas des hantavirus, en particulier ceux découverts sur le continent américain, leur identification a généralement été obtenue par des méthodes de biologie moléculaire. Les chercheurs ont déterminé la séquence du génome du virus. A partir d'un certain niveau de divergences, ils ont considéré qu'ils décrivaient de nouvelles espèces virales. L'existence d'un grand nombre d'hantavirus pose un énorme problème lorsqu'il s'agit de préparer un vaccin. Par exemple, il existe au moins dix hantavirus associés au syndrome pulmonaire, combien d'entre eux sont-ils nécessaires pour préparer un vaccin ? A l'heure actuelle, nous n'avons aucune expérience permettant d'établir une relation entre la diversité génétique et la protection par des vaccins.

L'examen de la structure du génome des virus de la fièvre jaune originaire d'Afrique ou d'Amérique du Sud montre des divergences, pourtant le vaccin de Max Theiler créé dans les années 1930 est efficace contre les différents virus de la fièvre jaune. La variole a été éradiquée grâce à la vaccine qui était un vaccin hétérologue ; il provenait du cowpox. A l'opposé, des variations mineures des virus de la grippe nécessitent chaque année la préparation de nouveaux vaccins. Dans le cas des hantavirus, il est actuellement impossible de déterminer les conséquences de la diversité des virus en termes de vaccin, l'absence de modèle animal ne permet pas d'évaluer les candidats vaccins.

La réponse immunitaire, chez l'homme, face à une infection virale est complexe. Les vaccins ont pour but d'empêcher la survenue de la maladie, mais pas nécessairement l'infection. Les sujets vaccinés avec le vaccin polio inactivé de Jonas

Salk sont protégés contre la maladie, mais le virus se multiplie dans le tractus digestif. Or les tests réalisés dans les laboratoires pour apprécier la neutralisation des virus ont pour but de démontrer l'absence de réplication virale. Un échec de ce test *in vitro* n'indique pas forcément que l'individu vacciné n'est pas protégé contre la maladie. D'autre part, la protection chez l'homme ne résulte pas seulement de la présence, dans le sang, d'anticorps aptes à neutraliser le virus. L'homme se défend contre les infections également au moyen des cellules : c'est l'immunité cellulaire. Les études actuelles de la structure des hantavirus révèlent que, si les antigènes de surface sont très variables — 20 à 25 % de différences entre les hantavirus d'Amérique —, les antigènes internes sont relativement conservés, et ils jouent un rôle prépondérant dans l'immunité cellulaire qui pourrait être déterminante dans la protection contre la maladie.

En l'absence de modèle animal, les scientifiques sont limités à la dissection en détail de la structure antigénique des hantavirus en vue de développer des vaccins suffisamment universels pour assurer la protection la plus large possible.

Dans l'immédiat, des vaccins ont été mis au point en faisant appel aux techniques conventionnelles. En Corée, Ho Wang Lee a préparé un vaccin contre le virus Hantaan par inoculation du virus par voie intracérébrale aux souriceaux [17]. Le virus se multiplie abondamment dans le cerveau ; il pourra en être extrait et inactivé par le formol, suivant un procédé identique à celui utilisé pour préparer le vaccin contre la polio. Ce vaccin, qui nécessite deux doses, plus un rappel, donne un taux de séroconversion de 90,6 %. En Chine, un vaccin bivalent (Hantaan et Séoul) a été préparé sur des cellules rénales de hamster et inactivé. Plus de trente millions de doses ont été utilisées [18]. Selon les auteurs chinois, ce vaccin assure une protection supérieure à 90 %.

Ces vaccins de première génération, préparés selon des méthodes classiques, ouvrent des perspectives pour la mise au point de vaccins modernes. D'autres vaccins, notamment contre Puumala, sont attendus.

L'importance de la FHSR en Asie justifie la mise au point

de vaccins contre les hantavirus. Mais en Amérique du Nord, le virus Sin Nombre ne représente pas un problème majeur de santé publique. Il est peu probable qu'un vaccin pourra modifier l'épidémiologie de cette virose. Avec trois cents cas rapportés en dix ans, il serait impossible d'évaluer un candidat vaccin en raison de la faible incidence de la maladie. D'autre part, il est difficile d'identifier les populations cibles qui pourraient bénéficier de cette vaccination.

CONCLUSION

« Il y aura donc des maladies nouvelles. C'est un fait fatal. Un autre fait aussi fatal est que nous ne saurons jamais les dépister dès leur origine. Lorsque nous aurons des notions de ces maladies, elles seront déjà toutes formées, adultes pourrait-on dire. »

Ces quelques lignes prophétiques ont été écrites par le prix Nobel de médecine, Charles Nicolle, en 1933. Elles ont un corollaire : face à ces nouvelles maladies, il y aura de nouveaux chasseurs de virus. Qui seront-ils ? Probablement, comme dans le passé, ils se diviseront en deux groupes : les hommes de terrain, les « cow-boys » de la virologie, comme les appelle la journaliste Laurie Garrett. Ils seront chargés d'aller traquer les virus jusqu'au fin fond des forêts tropicales. A court terme, ils ont à résoudre le mystère du réservoir du virus Ebola qui, après vingt-cinq années de recherche, n'est toujours pas élucidé. Le deuxième groupe comprend les chercheurs des laboratoires qui, grâce à l'amélioration permanente des techniques virologiques, pourront établir l'étiologie virale de certains cancers, ou celle de certaines maladies neurodégénératives. Des résultats spectaculaires sont attendus dans les années futures. Les traitements à l'aide d'antiviraux et les vaccins constitueront une part très active des recherches à venir. Les remarquables progrès dans le traitement du sida ou des hépatites ouvrent d'extraordinaires possibilités qui étaient totalement inimaginables il y a une trentaine d'années, lorsque les manuels de virologie indiquaient : « Il n'existe aucun traitement antiviral. »

Face aux scientifiques, il y a les virus, les seuls prédateurs de l'homme.

Nous avons à plusieurs reprises cité l'exemple des arbovirus ; six cents ont été décrits, et nous ne connaissons le pouvoir pathogène que de 10 % d'entre eux. Pour la plupart, ils sont présents dans les zones tropicales, mais les facteurs de leur émergence sont progressivement réunis, le transport aérien les rapproche des pays de l'hémisphère Nord. L'exemple du virus West-Nile est significatif : inconnu du corps médical jusqu'à ces dernières années, il a été introduit depuis peu en Israël, en Roumanie, en Russie et aux Etats-Unis où il persiste. Combien d'autres virus suivront ce même parcours ? Comme l'indique Joshua Lederberg, « le monde est un petit village. Toute négligence dans l'étude des maladies en quelque part de notre planète est à notre propre péril. » La collaboration entre les « cow-boys » de la virologie et les biologistes moléculaires offre une exceptionnelle opportunité pour combattre les virus dès leur apparition. Les techniques mises au point dans les laboratoires de l'hémisphère Nord doivent bénéficier aux chercheurs des pays tropicaux ; seule une étroite collaboration Nord-Sud peut permettre de dépister les nouveaux virus dès leur apparition. L'histoire du sida doit être retenue.

NOTES

CHAPITRE 1

LA VARIOLE

1. Thomas H., *Conquest : Montezuma, Cortes, and the Fall of the Old Mexico*, New York, 1993.

2. McNeil W.H., *Plagues and Peoples*, Anchor Press, Garden City/ Doubleday, 1976.

3. Diamond J., *Guns, Germs and Steel*, W.W. Norton and Company. New York, 1999, pp.1-480.

4. Voir note 2.

5. Chastel C., « L'éradication de la variole », in *Histoire des virus*, Boubée Ed., 1992, pp.134-155.

6. *Ibid.*

7. Timoni E., *An Account or History of the Procuring of the Smallpox by Incision or Inoculation : As Has for Some Time Been Practiced at Constantinople*, Phil Trans Royal Society, 1714.

8. Pylarini J., *Nova et tuta variolas excitandi per transplatationem methodus nuper inventa et in usum tracta*, Gabriel Hertz, Venise, 1715.

9. Fenner. F. et coll., « Early efforts at control : variolisation, vaccination, and isolation and quarantine », in *Smallpox and its Eradication*, WHO. Genève, 1998, pp. 245-276.

10. *Ibid.*

11. Tucker J.B., *Scourge. The Once and Future Threat of Smallpox*, Atlantic Monthly Press, New York, 2001, pp. 1-291.

12. Voir note 5.

13. Jenner F., *An Enquiry into the Causes and Effects of the Variolae Vaccinae, a Disease Discovered in some of the Western Countries of England particularly Gloucestershire, and Known by the Name of Cowpox,* Londres, 1798.

14. Jenner. E., *Further Observations on the Variolae Vaccinae*, Sampson Low, Londres, 1799.

15. Voir note 9.

16. Fenner F., Henderson D.A., Arita L., Jezek Z., Ladnyi I.D., *Smallpox and its Eradication*, World Health Organisation, Genève, 1998, pp. 1-1460.

17. Mukinda V.B.K., « Re-emergence of human monkeypox in Zaire in 1996 », *Lancet*, 349, 1997, pp. 1449-1450.

18. Mangolf T., Golberg J., *Plague Wars. The Terrifing Reality of Biological Warfare*, St Martin's Griffin, New York, 1999, pp. 1-477.

19. Alibek K., *La Guerre des germes*, Presses de la Cité, 2000, pp. 1-441.

20. Mangolf T., Golberg J., *ibid.*

21. Alibek K., *ibid.*

CHAPITRE 2
LA FIÈVRE JAUNE

1. Maurois A., *Histoire des Etats-Unis 1492-1946*, Albin Michel, 1947, pp. 1-565.

2. Oldstone M.B.A., « Yellow fever », in *Viruses, Plagues and History*, Oxford University Press, 1998, pp. 45-72.

3. Desowitz R., « Yellow Jack and the Cuban crisis : 1885 to 1900 », in *Tropical Diseases from 50 000 BC to 2 500 AD*, HarperCollins Publishers, 1997, pp. 1-256.

4. Humphreys M., *Yellow Fever in the South*, Rutgers University Press, 1992, pp. 1-226.

5. Voir note 3.

6. Voir note 2.

7. Finlay C., « El mosquito hipoteticamente considerado como agente de transmición de la fiebre amarilla », *Anal Real Acad Ciencias Med Fisicas Naturales,* **18** : 147-169, 1881.

8. Reed W., Carroll T., Agramonte A., Lazear J.W., « The etiology of yellow fever — a preliminary note ». *Proc 28th Ann Meet Am Pub Health Assoc*, Indianapolis, octobre, 1900.

9. De Kruif P., « Walter Reed. In the interest of science and for humanity », in *Microbe Hunters. Harcourt Brace and Company*, New York, 1996, pp. 303-325.

10. Guiteras J., « Experimental yellow fever at the inoculation station of the sanitary department of Havana, with a view to producing immunization », *Amer Med*, 28, 809-817, 1901.

11. Delaporte F., *Histoire de la fièvre jaune. Médecine et sociétés*, Payot, 1989, pp. 1-178.

12. *Ibid.*

13. Soper F.L., « Jungle yellow fever. A new epidemiological entity in South America », *Rev Hyg Saude Pub*, **10** : 1-39, 1936.

14. Germain et coll., « La fièvre jaune selvatique en Afrique : données récentes et conceptions actuelles », *Med Trop*, **41** : 31-43, 1981.

15. Aitken T.H.G., Tesh R.B., Beaty B.J., Rosen L., « Transovarial transmission of yellow fever by mosquitoes (*Aedes aegypti*) », *Am J Trop Med Hyg*, **28** :119-121, 1979.

16. Stokes A., Bauer J.H., Hudson N.P., « Transmisssion of yellow fever to *Macacus rhesus*, preliminary note », *J Amer Med Ass*, **90** : 252-254, 1928.

17. Theiler M., Sellards A.W., « The immunological relationship of yellow fever as its occurs in West Africa and in South America », *Am Trop Med Parasitol*, **22** : 449-460, 1928.

18. Theiler M., « Susceptibility of white mice to yellow fever virus », *Science* **71** : 367, 1930.

19. Theiler M., « Neutralization tests with immune yellow fever sera and strain of yellow fever virus adapted to mice », *Ann Trop Med*, **25** : 69, 1931.

20. Sellards A.W., Laigret J., « Vaccination de l'homme contre la fièvre jaune », *C R Acad Sci*, **194** : 1609-1611, 1932.

21. Mathis C., Laigret J., Durieux C., « Trois mille vaccinations contre la fièvre jaune en Afrique occidentale française au moyen du virus vivant de souris, atténué par vieillissement », *C R Acad Sci*, **199** : 742-744, 1934.

22. Peltier M., « Yellow fever vaccination simple or associated with vaccination against smallpox, of the population of French West Africa by the method of the Pasteur Institute of Dakar », *Am J Pub Health*, **37** : 1026-1032, 1947.

23. Theiler M., Smith H.H., « The use of yellow fever virus modified by *in vitro* cultivation for human immunization », *J Exp Med*, **65** : 787-800, 1937.

24. Sawyer W.A., Meyer K.F., Eaton M.D., Bauer J.H., Putnam P., Schuentker F.F., « Jaundice in Army personnel in the western region of the United States and its relation to vaccination against yellow fever », *Am J Hyg*, **39** : 337-430, 1944.

25. Harris R.J.C., Dougherty R.M., Biggs P.M. et coll., « Contaminant viruses in two live virus vaccines », *J Hyg (Cambr)*, **64** : 1-7, 1966.

26. Draper C.C., « A yellow fever vaccine free from avian leukosis viruses », *J Hyg (Cambr)*, **65** : 505-513, 1967.

27. Barme M., Bronnert C., « Thermostabilisation du vaccin antiamaril 17D lyophilisé. 1. Essai des substances protectrices », *J Biol Stand*, **12** : 435-442, 1984.

28. Rice C.M., Lenches E.M., Eddy S.R., « Nucleotide sequence of yellow fever virus : implications for flavivirus gene expression and evolution », *Science*, **229** : 726-733, 1985.

29. Hahn C.S., Dalrymple J.M., Strauss J.H., Rice C., « Comparison of the virulent Asibi strain of yellow fever virus with the 17D strain derived from it », *Proc Natl Acad Sci USA*, **84** :2019-2023, 1987.

30. Chambers T.J., Netorowicz A., Mason P.W., Eckels K.H., Rice C.M., « Yellow fever/Japanese encephalitis chimeric viruses : construction and biological properties », *J Virol*, **73** :3095-3101, 1999.

CHAPITRE 3

LA POLIOMYÉLITE

1. Medin O., « Über eine Epidemie von spinaler Kinkerlähmung », *Verh X internat med Kongr*, **2** : 37-47, 1891.

2. Cordier S., « Relation d'une épidémie de paralysie atrophique de l'enfance », *Lyon méd*, **57** : 5-12, 1888.

3. Flexner S., Lewis P.A., « Experimental epidemic poliomyelitis in monkeys », *J Exp Med*, **12** : 227, 1910.

4. Landsteiner K., Popper E., « Mikroskopische Präparate von einem Menschlichen und zwei Affenrückenmarken », *Wien. Klin. Wischr*, 21, 1908.

5. Voir note 3.

6. Landsteiner K., Levaditi C., Pastia, « Etude expérimentale de la poliomyélite aiguë (maladie de Heine-Medin) », *Ann Inst Past*, **25** : 805, 1911.

7. Burnet F.M., Macnamara J., « Immunological differences between strains of poliomyelitis », *The Brit J Exp Pathology*, **12** : 277-284, 1931.

8. Paul J.R., *A history of poliomyelitis*, Yale University Press, New Haven, 1971, pp. 1-486.

9. Sabin A.B., Olitsky P.K., « Cultivation of poliomyelitis virus *in vitro* in human embryonic nervous tissue », *Proc Soc Exp Biol*, **34** : 357-359, 1936.

10. Enders J.F., Weller T.H., Robbins F.C., « Cultivation of the Lansing strain of poliomyelitis virus in culture of various human embryonic tissues », *Science*, **109** : 85-87, 1949.

11. Brodie M., Park W.H., « Active immunization against poliomyelitis », *J Amer Med Ass*, **105** :10, 1935.

12. Leake J.P., « Poliomyelitis following vaccination against this disease », *J Amer Med Ass*, **105** : 2152, 1935.

13. Voir note 8.

14. Armstrong C., « The experimental transmission of poliomyelitis to the eastern cotton rat », *Sigmodon hispidus. Publ Hlth Rep (Wash)*, **54** : 1719-1721, 1939.

15. Koprowski H., Jervis G.A., Norton T.W., « Immune responses in human volunteers upon oral administration of a rodent strain of poliomyelitis virus », *Amer J Hyg*, **55** : 108-126, 1952.

16. Koprowski H., Oldstone M.B.A., *Microbe hunters then and now*, Medi-Ed Press, Bloomington, Illinois, 1996, pp. 1-454.

17. Dulbecco R., *Aventurier du vivant*, Plon, 1990, pp. 1-283.

18. Sabin A.B., « Properties and behavior of orally administered attenuated poliovirus », *J Amer med Ass*, **164** : 1216-1223, 1957.

19. Dane D.S., Dick G.W.A. et coll., « Vaccination against poliomyeli-

tis with live virus vaccine. 1. A trial of TN type II vaccine », *Brit Med J*, 1 : **59**-64, 1957.

20. Sabin A.B., « Oral poliovirus. History of its development and prospects for eradication of poliomyelitis », *J Amer Med Ass*, **194** : 130-134, 1965.

21. Hellman H., « Sabin versus Salk. The polio vaccine »; in *Great feunds in Medecine*, John Wiley and Son, Inc., New York, pp. 125-141, 2001.

22. *Ibid.*

23. Curtis T., « The origins of AIDS : " a starting theory attempts to answer the question was in fact an act of God or an act of man ? " », *Rolling Stones*, **626** : 54-60, 1992.

24. Hooper E., *The river. A Journey Back to the Source of HIV and AIDS*, Allen Lane The Peguin Press, Harmondsworth Middlesex, pp 1-1070, 1999.

25. Christen Y., *Alexis Carrel. L'ouverture de l'homme*, Editions du Félin, 1986, pp. 1-205.

26. Hayflick L., Moorhead P.S., « The serial cultivation of human diploid cell strains », *Exp Cell Res*, **25** : 585-621, 1961.

27. Hayflick L., « The coming of age of WI-38 », *Advances in cell Culture*, **3** : 303-316, 1984.

28. Friedman M., Friedland G.W., « Ross Harrisson and tissue culture », in *Medecine's 10 greatest discoveries*, Nota Bene Book, Yale, pp. 133-152.

29. Montagnon B., Fanget B., Nicolas A.J., « The large-scale cultivation of Vero cells in microcarrier culture for virus vaccine production. Preliminary results for killed poliovirus vaccine », *Developments in Biological Standardization*, **47** : 55-64, 1981.

CHAPITRE 4
LA GRIPPE

1. Oldstone M.B.A., « Influenza virus, the plague that may return », in *Viruses, Plagues and History*, Oxford University Press, Oxford, 1998, pp. 172-186.

2. Koen JS., « A pratical method for field diagnosis of swine disease », *Am J Vet Med*, **14** : 468, 1919.

3. Shope R.E., « Swine influenza. III. Filtration experiments and etiology », *J Exp Med*, **54** : 373-380, 1931.

4. Voir note 1.

5. Smith. W., Andrews C.H., Laidlaw P.P., « A virus obtained from influenza patients » *Lancet* **1** : 66-68, 1933.

6. Burnet F.M. « Growth of Influenza virus in the allantoic cavity of the chick embryo », *Aust J Exp Med Sci*, **19** : 291-295, 1941.

7. Voir note 1.

8. Hirst G.K., « The hemagglutination of red blood cells by allantoic fluid of chick embryos infected with influenza virus », *Science*, **94** : 22, 1942.

9. Shortridge K.F., « Is China an Influenza epicenter ? », *Chinese Medical Journal*, **110**. 637-641, 1992.

10. Hampson A.W., « Surveillance for pandemic influenza »,. *J Inf Dis*, **176** : 8-13, 1997.

11. Neustad R.E., Fineberg H.V., *The swine affair*, US Department of Health, Education and Welfare, 1978.

12. *Ibid.*

13. Webster R.G., Bean W.J., Chambers T.M., Kawaoka Y., « Evolution and ecology of influenza A viruses », *Mic. Rev*, **56** : 152-179, 1992.

14. Davies P., *The Devil's Flu*, Owl Book, Henry Holt, 2000, New York, pp. 1-306.

15. Kolata G., *Flu*, MacMillan, Londres, pp. 1-330.

16. *Ibid.*

17. Crosby A.W., *Epidemic and peace 1918*, Greenwood Press, 1976, Wesport, Connecticut, pp. 1-337.

18. Taubenberger J.K., Reid A.H., Krafft A.E., Bijwaard K.E., Fanning T.G., « Initial genetic characterization of the 1918 " Spanish Influenza virus " », *Science*, **275** : 1793-1796, 1997.

19. Hatta M., Gao P., Halfmann P., Kawaoka Y., « Molecular basis for high virulence of Hong Kong H5N1 influenza A viruses », *Science*, **293** : 1840-1842, 2001.

20. Wood J.M., « Developing vaccines against potential pandemic influenza viruses », in *Emergence and control of zoonotic Ortho and Paramyxovirus diseases*, B. Dodet, M. Vicari. Eds., 2001, John Libbey, Eurotext, Paris, pp. 129-136.

21. Hannoun. C., « Le vaccin antigrippal d'aujourd'hui et de demain », *Virologie*, **1** : 121-131,1997.

22. Voir note 10.

CHAPITRE 5
LE SIDA

1. Rous P., « A sarcoma of the fowl transmissible by an agent separable from the tumor cells », *J Exp Med*, **13** : 397-411, 1911.

2. Gross L., « Spontaneous leukemia developing in C3H mice following inoculation in infancy with AK-leukemia extracts or AK-embryos », *Proc Soc Exp Biol Med*, **78** : 27-32, 1951.

3. Jarret W., « Experimental studies on feline and bovine leukemia », *Proc Roy Soc Med*, **59** : 661-662, 1966.

4. Essex M., « Feline leukemia a naturally occuring cancer of infectious origin », *Epidemiol Rev*, **4** : 189-203, 1982.

5. Dulbecco. R., *Aventurier du vivant*, Plon, 1990, pp. 1-283.

6. Huebner R.J., Torado C.J., « Oncogenes of RNA tumor viruses as determinants of cancer », *Proc Nat Acad Sci, USA*, **50** : 1087-194, 1969.

7. Kelves D.J., « Pursuing the unpopular: a history of courages, viruses, and cancer », in *Hidden Histories of Science*, RB. Silvers, New York Review Book, 1995, New York, pp. 69-112.

8. Temin H.M., Mizutani S., « RNA-dependent DNA polymerase in virions of Rous sarcoma virus », *Nature*, **226** : 1211-1213, 1970.

9. Baltimore D., « RNA-dependent DNA polymerase in virions of RNA tumor viruses », *Nature*, **226** : 1209-1211, 1970.

10. Gallo R., *Chasseur de virus. Cancer, sida et rétrovirus humains*, Robert Laffont, 1991, pp. 1-443.

11. Morgan D.A., Ruscetti F.W., Gallo R.C., « Selective *in vitro* growth of T-Lymphocytes from normal human bone marrow », *Science*, **193** : 1007-1008, 1976.

12. Poiesz B.J. et coll., « Detection and isolation of type C retrovirus particles from fresh and cultured lymphocytes of a patient with cutaneous T-cell lymphoma », *Proc Natl Acad Sci USA*, **77** : 7415-7419, 1980.

13. Hinuma Y., Nagata K. et coll., « Adult T-cell leukemia in an CTL cell line and detection of antibodies to the antigen in human sera », *Proc Nat Acad Sci USA*, **78** : 6476-6480, 1981.

14. Montagnier L., *Des virus et des hommes*, Editions Odile Jacob, 1994, pp. 1-315.

15. *Ibid.*

16. Barré-Sinoussi F., Chermann J.C. et coll., « Isolation of a T-Lymphotropic Retrovirus from patient at risk for acquired immune deficiency syndrome (AIDS) », *Science*, **220** : 868-871, 1983.

17. Gelmann E., Blayney D. et coll., « Proviral DNA of a retrovirus, Human T-Cell Leukemia in two patients with AIDS », *Science*, **220** : 860-865, 1983.

18. Essex M., McLane M.F. et coll., « Antibodies to cell membrane antigens associated with Human T-Cell Leukemia virus in patients with AIDS », *Science*, **220** : 859-862, 1983.

19. Voir note 14.

20. Wain-Hobson et coll., « Nucleotide sequence of the AIDS virus, LAV », *Cell*, **40** : 9-17, 1985.

21. Wong-Staal et coll., « Genomic diversity of human T-lymphotropic virus type III (HTLV-III) », *Science*, **277** : 759-762. 1985.

22. Goudsmit J., *Viral sex*, Oxford University Press, 1997, pp. 1-260.

23. Voir note 10.

24. Oldstone M.B.A., « Human immunodeficiency virus-AIDS, the current plague », in *Viruses, Plagues and History*, Oxford University Press, 1998, Oxford, pp. 140-157.

25. Clavel F. et coll., « Isolation of a new human retrovirus from West African patients with AIDS », *Science*, **233** : 343-346, 1986.

26. Kanki P.J. et coll., « Slower heterosexual spread of HIV-2 than HIV-1 », *Lancet*, **343** : 943-946, 1994.

27. Shilts R., *And the Band Played On*, St Martin's Press, 1987, New York, pp. 1-630.

28. Grmek M.D., *Histoire du sida. Début et origine d'une pandémie actuelle*, Médecine et société, Payot, 1989, pp. 1-392.

29. Gao F. et coll., « Origin of HIV-1 in the chimpanzee *Pan troglodytes troglodytes* », *Nature*, **397** : 436-441, 1999.

30. Santiago M.L. et coll., « SIVcpz in wild chimpanzees », *Science*, **295** : 465, 2002.

31. Thomas P., *Big shot*, PublicAffairs, 2001, pp. 1-516.

CHAPITRE 6
LA FIÈVRE DE LASSA

1. Georges A.J., Saluzzo J.F., Gonzalez J.P., Dussarat G.V., « Arboviroses en Centrafrique : incidence et aspects diagnostiques chez l'homme », *Med Trop*, **40** : 561-568, 1980.

2. Kanesa-Thasan N. et coll., « Dengue serotypes 2 and 3 in US forces in Somalia », *Lancet*, **343** : 678, 1994.

3. Fuller J.G., *Fever. The Hunt for a New Killer Virus*, Reader's digest press, 1974, New York, pp. 1-297.

4. Buckley S.M., Casals J., Downs W.G., « Isolation and antigenic characterization of Lassa virus », *Nature*, **227** : 174, 1970.

5. Leiffer E., Gocke D.J., Bourne H., « Lassa fever, a new virus disease of man from West Africa II. Report of a laboratory-acquired infection treated with plasma from a person recently recovered from the disease », *Amer J Trop Med Hyg*, **19** : 677, 1970.

6. Frame J.D. et coll., « Lassa fever, a new virus disease of man from West Africa. I. Clinical description and pathological findings », *Amer J Trop Med Hyg*, **19** : 670-676, 1970.

7. Carey D.E. et coll., « Lassa fever. Epidemiological aspects of the 1970 epidemic, Jos, Nigeria », *Trans Roy Soc Med Trop Hyg*, **66** : 402-408, 1972.

8. Monath et coll., « An hospital epidemic of Lassa fever in Zozor, Liberia, march-april 1972 », *Amer J Trop Med Hyg*, **22** : 773-779, 1973.

9. Monath T.P. et coll., « Lassa fever in the Eastern province of Sierra Leone. 1970-1972. II. Clinical observations and virological studies on selected hospital case », *Amer J Trop Med Hyg*, **23** : 1140-1149, 1974.

10. Monath T.P. et coll., « Lassa virus isolation from *Mastomys natalensis* rodents during an epidemic in Sierra Leone », *Science*, **185** : 263-265, 1974.

11. Smith E.A., « A review of Lassa fever outbreaks in Nigeria », *Nig Med J*, **4** : 216-219, 1974.

12. McCormick, J.B., « Lassa fever », in *Factors in the Emergence and Control of Rodent-Borne Viral Diseases (Hantaviral and Arenal diseases)*, J.F. Saluzzo, B. Dodet eds, 1999, Elsevier, pp. 177-195.

13. Bausch D.G., Rollin P.E., « La fièvre de Lassa », *Ann. Inst. Pasteur*, **8**(3) : 223-231, 1997.

14. Saluzzo J.F., Adam F., McCormick J.B., Digoutte J.P., « Lassa fever virus in Senegal », *J Infect Dis,* **157** : 605, 1988.

15. McCormick J.B. et coll., « A prospective study of the epidemiolegy and ecology of Lassa fever », *J Infect Dis*, **155** : 437-444, 1987.

16. McCormick J.B. et coll., « Effective therapy with ribavirin », *N Eng J Med*, **314** : 20-26, 1986.

17. McCormick J.B., Fisher-Hoch S., *Level 4. Virus Hunter of the CDC*, TurnerPublishing Inc., 1996, Atlanta pp. 1-379.

18. Holmes G.P. et coll., « Lassa fever in the United States. Investigation of a case and new guidelines for management », *N Eng J Med*, **323** : 1120-1123, 1990.

19. Le Gac P., « Recherche sur le typhus des savanes de l'Oubangui-Chari. La maladies des Bougbous », *Bull Soc Pathol Trop*, **39** : 97-103, 1946.

20. Gonzalez J.P. et coll., « An arenavirus isolated from wild-caught rodents (Praomys species) in the Central African Republic », *Intervirology*, **19** : 105-112, 1983.

21. Gonzalez J.P., Duplantier J.M., « The arenavirus and rodent coevolution process : a global view of a theory », in *Factors in the Emergence and Control of Rodent-Borne Viral Diseases (Hantaviral and Arenal diseases)*, J.F. Saluzzo, B. Dodet eds, Elsevier, 1999, pp.39-42.

CHAPITRE 7
EBOLA

1. Garret L., *The Coming Plague*, Penguin Books, 1994, Etats-Unis, pp. 1-750.

2. Martini G.A., Siegert R., Eds, *Marburg virus disease*, 1971, Berlin : Springer-Verlag 1-230.

3. Gear J.S.S., Cassel S.A. et coll., « Outbreak of Marburg virus disease in Johannesburg », *Br Med J* **4** : 489-493, 1975.

4. Johnson K.M., Webb P.A., Lange J.V., Murphy F.A., « Isolation and characterization of a new virus (Ebola virus) causing acute hemorrhagic fever in Zaire », *Lancet*, 1 : 569-571, 1977.

5. Ryan F., *Virus X. Tracking the New Killer Plagues*, Back Bay, Books, 1997, pp. 1-430.

6. *Ibid.*

7. Pattyn S.R. Ed., *Ebola virus haemorrhagic fever*, Amsterdam, 1978, Elsevier/North-Holland Biomedical Press, pp. 1-436.

8. Voir note 2.

9. Conrad J.L., Isaacson M. et *al.*, « Epidemilogic investigation of Marburg virus disease, southern Africa, 1975 », *Am J Trop Med Hyg*, **27** : 1210-1215, 1978.

10. Johnson E.D., Gonzalez J.P., Georges A.J., « Haemorrhagic fever virus activity in equatorial Africa : distribution and prevalence of filovirus reactive antibody in the Central African Republic », *Trans R Soc Trop Med Hyg*, **87** : 530-535, 1993.

11. Preston R., *The Hot Zone*, Random House, 1994, New York, pp. 1-300.

12. Johnson E.D., Johnson B.K. et coll., « Characterization of a new Marburg virus isolated from 1987 fatal case in Kenya », *Arch Virol*, Suppl **11** :101-105, 1996.

13. Voir note 11.

14. Peters C.J., *Virus Hunter. Thirty Years of Battling Hot Viruses Around the World*, Anchor Book, 1997, New York, pp. 1-323.

15. Jahrling P.B., Geisbert T.W. et coll., « Preliminary report : isolation of Ebola virus from monkeys imported to USA », *Lancet*, **335** : 502-505, 1990.

16. Dalgrad D.W., Hardy R.J. et coll., « Combined simian hemorrhagic fever and Ebola virus infection in cynomolgus monkeys », *Lab Animal Sci*, **42** :152-157, 1992.

17. Miranda M.E., Kziazek T.G. et coll., « Epidemiology of Ebola (subtype Reston) virus in the Philippines ». *J Infect Dis*, **179** (suppl 1) : S115-119, 1999.

18. Le Guenno B., Formenty P., Boesch C., « Ebola virus outbreak in the Ivory Cost and Liberia », in *Marburg and Ebola viruses*, Klenk H-D, 1999, Spriger : 77-84.

19. Formenty P., Boesch C. et coll., « Ebola virus outbreak among wild chimpanzees living in a rain forest of Côte-d'Ivoire », *J Infect Dis*, **179** (suppl 1) : S120-126, 1999.

20. Ed Regis, *Virus Ground Zero*, Pocket Books, 1996, New York, pp. 1-244.

21. Kziazek T.G., Rollin P.E. et coll., « Enzyme immunosorbent assay for Ebola virus antigens in tissues of infected primates », *J Clin Microbiol*, **30** : 947-950, 1992.

22. Sanchez A., Feldmann H., « Detection of Marburg and Ebola virus infections by polymerase chain reaction assays » in Darai G., Becker Y. eds, *PCR Protocols for Diagnosis of Human and Animal Virus Diseases*, Berlin Springer-Verlag, 1995, 411-419.

23. Khan A.S., et coll., « The reemergence of Ebola hemorrhagic fever, Democratic Republic of the Congo,1995 », *J Infect Dis*, **179** (suppl 1) : S76-86, 1999.

24. Georges A.J., Leroy E.M. et coll., « Ebola hemorrhagic fever outbreaks in Gabon in 1994 », *J Infect Dis*, **179** (suppl 1) : S65-75, 1999.

25. Georges-Courbot M.C., Sanchez A. et coll., « Isolation and phylo-

genetic characterization of Ebola viruses causing different outbreaks in Gabon », *Emerg Infect Dis*, **3** : 59-62, 1997.

26. Monath T.P., « Ecology of Marburg and Ebola viruses : speculations and directions for future research », *J Infect Dis*, **179** (suppl 1) : 127-138, 1999.

CHAPITRE 8
HANTAAN

1. Ryan F., *Virus X : Tracking the New Killer Plagues*, Back Bay Books, 1997, Boston, pp. 1-430.

2. Peters C.J., *Virus Hunter*, Anchor Books, 1997, New York, pp. 1-323.

3. Nichol S.T., Spiropoulou C.F. et coll., « Genetic identification of a hantavirus associated with an outbreak of acute respiratory illness », *Science*, **262** : 914-917, 1993.

4. Childs J.E., Kziazek T.G. et coll., « Serologic and genetic identification of *Peromyscus maniculatus* as the primary rodent reservoir for a new hantavirus in the southwestern United States », *J Inf Dis*, **169** : 1271-1280, 1994.

5. Voir note 1.

6. Hjelle B., « Hantaviruses and Hantavirus cardiopulmonary syndrome in the Americas », in *Factors in the Emergence and Control of Rodent-Borne Viral Diseases*, J.F. Saluzzo, B. Dodet Eds., 1999, Elsevier, pp. 55-62.

7. Gajdusek D.C., *Acute Infectious Hemorrhagic Fevers and Mycotoxicoses in the Union of the Soviet Socialist Republics*, Walter Reed Army Medical Center, 1953, Washington DC.

8. Casals J., Henderson B.E. et coll., « A review of Soviet viral hemorrhagic fevers », *J Inf Dis*, **122** : 437-453, 1970.

9. K. Johnson K.M., « Important factors in the emergence of arenaviruses and hantaviruses », in *Emergence and Control of Rodent-Borne Viral Diseases (Hantaviral and Arenal Diseases)*, Saluzzo J.F., Dodet B. eds., 1999, Elsevier, Amsterdam, pp.15-22.

10. Lee H.W., Lee P.W., Johnson K.M., « Isolation of the etiologic agent of Korean hemorrhagic fever », *J Inf Dis*, **137** : 298-308, 1978.

11. Schmaljohn C.S., Dalrymple J.M., « Analysis of Hantaan virus RNA : evidence for a new genus of *Bunyaviridae* », *Virology*, **131** : 482-491, 1983.

12. Ottavioli J.-N. et coll., « Recrudescence de la fièvre hémorragique avec syndrome rénal dans les Ardennes », *Bulletin épidémiologique hebdomadaire*, **35** : 149-150, 1990.

13. Saluzzo J.F. et coll., « Serological evidence of Hantaan-related virus infection in rodents and humans in Senegal », *Trans Roy Soc Med Hyg*, **79** : 874-875, 1985.

14. Tkachenko E. et coll., « Hemorrhagic fever with renal syndrom in Russia », in *Factors in the Emergence and Control of Rodent-Borne Viral Diseases*, J.F. Saluzzo, B. Dodet eds, 1999, Elsevier, pp. 63-72.

15. Xu Z.-Y., Ruan Y., Liu W., « Epidemiology of hemorrhagic fever with renal sydrom in China : emergence and evolution », in *Factors in the Emergence and Control of Rodent-Borne Viral Diseases*, J.F. Saluzzo, B. Dodet eds, 1999, Elsevier, pp. 73-80.

16. Nichol S.T., « Genetic analysis of hantaviruses and their host relationships », in *Factors in the Emergence and Control of Rodent-Borne Viral Diseases*, J.F. Saluzzo, B. Dodet eds, 1999, Elsevier, pp. 99-109.

17. Lee H.W. et coll., « Vaccines against hemorrhagic fever with renal syndrom », in *Factors in the Emergence and Control of Rodent-Borne Viral Diseases*, J.F. Saluzzo, B. Dodet eds, 1999, Elsevier, pp. 147-156.

18. Yongxin Y. et coll., « Inactivated cell-culture hantavirus vaccine developed in China », in *Factors in the Emergence and Control of Rodent-Borne Viral Diseases*, J.F. Saluzzo, B. Dodet eds, 1999, Elsevier. pp. 157-161.

BIBLIOGRAPHIE

En français

ALIBEK K., *La Guerre des germes*, Presses de la Cité, 2000, Paris.

CHASTEL C., *Histoire des virus. De la variole au sida*, Boubée, 1992, Paris.

—, *Ces virus qui détruisent les hommes. L'histoire des virus des origines à nos jours*, Ramsay Archimbaud, 1996, Paris.

CHRISTEN Y., Alexis Carrel, *L'ouverture de l'homme*, Editions du Félin, 1986, Paris.

DELAPORTE. F., *Histoire de la fièvre jaune*, Médecine et sociétés, Payot, 1989, Paris.

DULBECCO R., *Aventurier du vivant*, Plon, 1990, Paris.

GALLO R., *Chasseur de virus. Cancer, sida et rétrovirus humains*, Robert Laffont, 1991, Paris.

GRMEK M.D., *Histoire du sida*, Médecine et société, Payot, 1989, Paris.

MONTAGNIER, *Des virus et des hommes*, Editions Odile Jacob, 1994, Paris.

MOULIN A.M., *L'Aventure de la vaccination*, Fayard, 1996.

LEVADITI C., LÉPINE P., *Les Ultravirus des maladies humaines*, t. I et II, Librairie Maloine, 1937, Paris.

SALTZMANN S., *La Fièvre de Lassa*, Editions des groupes missionnaires, 1978.

VON DRIGALSKI et LOT F., *L'Homme contre les microbes*, Plon, 1955, Paris.

En anglais

BRAY R.S., *Armies of Pestilence*, The Lutterworth Press, 1996, Cambridge.

CARTWRIGHT F.E., *Disease and History*, Barnes and Noble, 1991, New York.

COHEN J., *Shots in the Dark. The Wayward Search for an Aids Vaccine*, W.W. Norton and Company, 2001, New York.

CRAWFORD D.H., *The Invisible Enemy. A Natural History of Viruses*, Oxford University Press, 2000, Oxford.

CROSBY Jr. A.W., *Epidemic and Peace*, Greenwood Press, 1976, Westport.

DAVIES P., *The Devil's Flu*, Henry Holt, 2000, New York.

DESOWITZ R.S., *Tropical Diseases*, HarperCollinsPublishers, 1997, London.

DIAMOND J., *Guns, Germs, and Steel*, 1999, W.W. Norton and Company, New York.

ED REGIS, *Virus Ground Zero*, Pocket books, 1996, New York.

FEEN E.A., *Pox America*, Hill and Wang, 2001, New York.

FENNER F., HENDERSON D.A., ARITA I., JEZEK Z., LADNYI I.D., *Smallpox and its Eradication*, World Health Organization, 1988, Genève.

FISK D., *Dr. Jenner of Berkeley*, Heinemann, 1959, Londres.

FRIEDMAN M., FRIEDLAND G.W., *Medecine's 10 Greatest Discoveries*, Nota Bene Book, 1998, Yale.

FULLER J.G., *Fever. The Hunt for a New Killer Virus*, Reader's digest press, 1974, New York.

GARRET L., *Betrayal of Trust. The Collapse of Global Public Health*, Hyperion, 2000, New York.

—, *The Coming Plagues*, Penguin Books, 1994, New York.

GOUDSMIT J., *Viral Sex. The Nature of AIDS*, Oxford University Press, 1997, New York.

HARPER D.R., Meyer A.S., *Of Mice, Men, and Microbes*, Academic Press, 1999, San Diego.

HELLMAN H., *Great Feuds in Medecine. Ten of the Liveliest Disputes Ever*, John Wiley et Sons, Inc., 2001, New York.

HOOPER E., *The River. A Journey Back to the Source of HIV and AIDS*, Allen Lane The Peguin Press, 1999, Harmondsworth, Middlesex.

HOPKINS D., *Princes and Peasants: Smallpox in History*, 1983, Chicago.

HUMPHREYS M., *Yellow Fever and the South*, Rutgers University Press, 1992, New Brunswick.

KARLEN A., *Man and Microbes*, Touchstone, 1995,. New York.

KLENK H.-D., *Marburg and Ebola Viruses*, Springer-Verlag, 1999, Berlin, Heidelberg.

KOLATA G., *Flu. The Story of the Great Influenza Pandemic of 1918 and the Search for the Virus that Caused it*, MacMillan, 2000, Londres.

LEDERBERG J., SHOPE R.E., OAKS S.C., *Emerging Infections. Microbial Threats to Health in the United States*, National Academy Press, 1992, Washington.

MANGOLF T., GOLBERG J., *Plague Wars. The Terrifing Reality of Biological Warfare*, St Martin's Griffin, 1999, New York.

MARTINI, G.A., Siegert R., *Marburg Virus Disease*, Springer-Verlag, 1971, Berlin.

MCCORMICK, J.B. Fisher-Hoch S., *Level 4. Virus Hunter of the CDC*, Turner Publishing, Inc., 1996, Atlanta.

MCNEIL W.H., *Plagues and Peoples*, Anchor Press, 1976, Garden City/Doubleday.

OLDSTONE M.B.A., *Viruses, Plagues and History*, Oxford University Press, 1998, Oxford.

PATTYN SR., *Ebola Virus Haemorrhagic Fever*, Elsevier, 1978, Amsterdam.

PAUL J.R., *A History of Poliomyelitis*, Yale University Press, 1971, New Haven.

PETERS C.J., *Virus Hunter. Thirty Years of Battling hot Viruses Around the World*, Anchor Books, 1997, New York.

PRESTON R., *The Hot Zone*, Random House, 1994, New York.

RYAN F., *Virus X. Tracking the New Killer Plagues*, Back Bay Books, 1997, Boston.

SALUZZO J.F., DODET B., *Factors in the Emergence of Arbovirus Diseases*, Elsevier, 1997, Amsterdam.

—, *Emergence and Control of Rodent-Borne Viral diseases (Hantaviral and Arenal Diseases)*, Elsevier, 1999, Amsterdam.

SHILTS R., *And the Band Played On*, St. Martin's Press,1987, New York.

SILVERS B.R., *Hidden Histories of Science*, New York Review Book, 1995, New York, pp. 69-112.

SMITH JS., *Patenting the Sun*, William Morrow and Company, Inc., 1990, New York.

STRODE G.K., *Yellow Fever*, McGraw-Hill Book Company, Inc., 1951, New York.

THOMAS P., *Big Shot. Passion, Politics and the Struggle for an AIDS Vaccine*, PublicAffairs, 2001, New York.

TUCKER J.B., *Scourge. The Once and Future Threat of Smallpox*, Atlantic Monthly Press, 2001, New York.

WILLS C., *Yellow Fever. Black Goddess. The Coevolution of People and Plagues*, Addison-Wesley, 1996, Reading, Massachusetts.

TABLE

Cet ouvrage a été composé
par GRAPHIC HAINAUT
59163 Condé-sur-l'Escaut

Achevé d'imprimer en octobre 2002
sur les presses numériques de Bookpole
BP 12 - ZI Route d'Étampes - 45330 Malesherbes
http://www.bookpole.com

N° d'édition : 13538 - N° d'impression : J02/02015L
Dépôt légal : septembre 2002
Imprimé en France